Sex sells
Mythos oder Wahrheit?
sexed up by Hans-Uwe L. Köhler

Sex sells

Mythos oder Wahrheit?
sexed up by
Hans-Uwe L. Köhler

Bibliografische Information der Deutschen Bibliothek
Die Deutsche Bibliothek verzeichnet diese Publikation in der
Deutschen Nationalbibliografie; detaillierte bibliografische
Informationen sind im Internet über http://dnb.ddb.de abrufbar.

ISBN 3-89749-623-2
Fotos des Umschlags: Herbert W. Hesselmann, www.hesselmann-foto.de
Umschlaggestaltung: +malsy Kommunikation und Gestaltung, Willich
Satz und Layout: Martin Zech, Bremen
Lektorat: Christiane Martin, Köln
Druck und Bindung: Aalexx Druck GmbH, Großburgwedel

www.gabal-verlag.de
www.gabal-shop.de
www.gabal-ist-ueberall.de

Inhalt

Vorwort des Herausgebers
Warum haben Sie sich dieses Buch gekauft?

Warum haben Sie sich dieses Buch gekauft? Lassen Sie mich raten! Wegen der Form? Vielleicht – schließlich ist es ein aus jedem Bücherregal herausragendes Buch. Wegen der farblichen Gestaltung? Möglich – schließlich wurde die Farbkombination der Erotik gewählt. Vielleicht besitzen Sie auch das erste Buch dieser Serie, »Best of 55«. Nein, alles falsch! Sie haben das Buch wegen seines Titels gekauft!

Hätten Sie ein Buch gekauft mit dem Titel »Morphologische Schwingungen zwischen Cortexrinde und absatzrelevanten Bedingungen«? Natürlich nicht. Egal in welcher Form und Farbe – Sie hätten es nicht gekauft!

Damit wäre zunächst der Beweis erbracht, dass der Titel »Sex sells« zieht, dass dieser Mythos sehr lebendig ist.

Da Sie dieses Buch gekauft haben und jetzt diesen Text lesen, sollen Sie ein wenig über den Hintergrund und die Entstehungsgeschichte dieses Buches erfahren. Alles begann am 05.05.05. An diesem Tag trafen sich auf der Zugspitze in 2962 m Höhe 55 Experten, um an 55 IBM-Laptops in weniger als 555 Minuten ein ganzes Buch zu schreiben, dass dann 555 Stunden später, am 25.05.05 als fertiges 5-eckiges Produkt der Presse präsentiert wurde. Der Titel des Buches: »Best of 55 – *Die Olympiade der Verkaufsexperten*«.

Und natürlich tauchte die Frage auf: Und – was ist am 06.06.06? Quantitativ war der 05.05.05 nicht zu toppen. Wohl aber thematisch. Dieses Datum bietet sich geradezu für das Thema Sex an. Durch die Profession der meisten Autoren erfolgte dann der Fokus auf »Sex sells«.

So viel zur Geschichte.

Die 38 Experten, die sich der Aufgabe stellten, den Mythos zu hinterfragen, haben spannende Themen gefunden und außergewöhnliche Positionen besetzt. Ihre Vielfalt wird für Sie, liebe Leserin, lieber Leser, aufschlussreiche Entdeckungen ermöglichen, die Ihre Verkaufstätigkeit im weitesten Sinne mit noch mehr Erfolg krönen werden. Das fertige Buch wurde am 06.06.06 in Hamburg abends um 6 Uhr auf der Reeperbahn im Dollhouse Diner präsentiert.

Und wenn Sie wissen wollen, was am 07.07.07 geschieht, dann können Sie heute schon gespannt sein. Es gibt natürlich ein weiteres Buch …

Hans-Uwe L. Köhler
Herausgeber

Exkurs:
Sex sells

Sex sells ist eine in gleicher Bedeutung aus dem Englischen ins Deutsche übernommene Redewendung aus der Sprache der Werbung. Sie bringt zum Ausdruck, dass sich ein Produkt besser verkauft, wenn es in einem Kontext präsentiert wird, der sexuelle Inhalte präsentiert. Ein typisches Beispiel sind leicht bekleidete Frauen in der Werbung für Autos oder Motorräder, sie dienen als Blickfang.

Wirkungsprinzip

Die Lernpsychologie bestätigt empirisch, dass sich ein Thema, also auch ein Produktname, besser in das Gedächtnis einprägt, wenn es in einem emotional erregenden Kontext kennen gelernt wird. Eine solche emotionale Erregung kann außer durch sexuelle Anspielungen hervorgerufen werden durch Angst, Ekel oder Wut. Die Gehirnforschung identifiziert durch funktionelle bildgebende Verfahren (z.B. funktionelle Magnetresonanz-Tomographie) die Gehirnareale, die an der durch Emotionen erleichterten Merkfähigkeit beteiligt sind (bei positiven Emotionen unter anderem der Hippocampus und bei negativen Emotionen der Mandelkern).

Entstehung

Um die Jahrhundertwende 1890 bis 1905 zeigte die Anheuser Busch – ein US-amerikanischer Brauereikonzern – erstmals fotografische Abbildungen in der Bierwerbung. Bis in die 1950er-Jahre wurde in den USA vereinzelt immer wieder mit leicht erotisch anmutenden Motiven geworben. Doch erst im Spätsommer 1953 kam die erste Playboy-Zeitschrift in den USA auf den Markt. Herausgeber Hefner war sich noch nicht sicher, ob sie sich etablieren ließe. Zitat: »*Ich wusste ja nicht einmal, ob es je eine zweite Ausgabe geben würde.*«

Die Skepsis erwies sich als unbegründet. Er hatte die damals noch junge Marilyn Monroe abgebildet. Die Schauspielerin war gerade mit dem Film »*Niagara*« einem großen Publikum in den USA bekannt geworden. Er erwarb für 300 Dollar die Rechte an den Nacktfotos. Sie zeigten Marilyn im Studio des Fotografen Tom Kelley in Los Angeles ganzseitig im Alter von 19 Jahren, also noch vor Beginn ihrer Schauspielkarriere. Sie trug nichts als ihren Lippenstift und, wie sie später sagte, Chanel No. 5. Das Foto wurde zum bekanntesten Pin-up der Welt und die Erfolgsgeschichte des Playboys war geboren. Mit ihr und den entprechend geschalteten Werbeanzeigen des Playboys wurde der Slogan »Sex sells« als solches bekannt.

Inwieweit die erotische Darstellung in Tanz, Malerei oder Poesie im sozialen Kontext bereits seit frühester menschlicher Kultur im übertragenen Wortsinn des Mottos zur Förderung von frühem Tauschhandel, dem Anwerben von Soldaten oder dem Durchsetzen von anderen wirtschaftlichen Zielen bekannt war, kann nicht zweifelsfrei festgestellt werden.

Quelle: Wikipedia, die freie Enzyklopädie
http://de.wikipedia.org/wiki/Sex_sells
abgerufen am 04.05.06

Thomas Baschab
Auch Charisma beginnt im Kopf

Der Ursprung

»Sex sells«. Diese Erkenntnis ist so alt wie die Menschheit. Ob Sie nun der biblischen oder der darwinistischen Entstehungsgeschichte des Menschen anhängen, das Grundprinzip des Einsatzes körperlicher Reize im Verkaufsprozess bestand von Anfang an. So hat es in der biblischen Version schon Eva meisterlich verstanden, mit vollem körperlichen Einsatz Adam zu verführen, und dieser ist ihr schließlich mit Haut und Haaren verfallen (möglicherweise auch noch mangels Alternativen). Und ist es nicht in der darwinistischen Version so, dass die Weibchen ihre körperlichen Reize einsetzten, um das Männchen mit dem besten genetischen Material für sich und somit als Erzeuger des bestmöglichen Nachwuchses zu gewinnen? (Auch wenn die Männchen selbst schon von jeher fälschlicherweise glauben, sie würden sich die Weibchen aussuchen.)

Diese seit Urzeiten ausgesprochen bewährte Methode, sich an den Mann beziehungsweise an die Frau zu bringen, hat sich längst auch auf das Verkaufen von Produkten übertragen. Sobald man es schafft, die Vorteile eines Produkts auch nur ein wenig mit dem Fortpflanzungstrieb zu verbinden, erhöht das die Verkaufschancen des Produktes geradezu dramatisch. Hätten beispielsweise die Leser des einen oder anderen Boulevardblättchens ohne das Mädchen auf Seite eins wirklich den Weg zu diesem Blatt gefunden? Erliegen die Zuschauer eines Fernsehspots eher den

Reizen des angepriesenen Schokoriegels oder finden sie nicht doch viel mehr das präsentierende Sexbömbchen zum Anbeißen? Wahrscheinlich ist es selbst den größten Gegnern Freud'scher Theorien (»Alle Motivation liegt im Sexualtrieb.«) nicht entgangen: »Sex sells!«

Das Missverständnis

Aber ist Sex wirklich nur über körperliche Attribute zu transportieren? Sind es nur wogende Busen und reizende Kurven bei Frauen beziehungsweise beeindruckende Muskeln und knackige Hintern bei Männern, die den nötigen Sexappeal vermitteln? Ganz sicher gibt es darüber hinaus eine nicht zu verachtende Komponente dessen, was Menschen reizvoll oder anziehend macht: Die Ausstrahlung, das Charisma, der Charme, »das gewisse Etwas« sind letztlich die Merkmale, die wirklich attraktiv machen. Damit lässt sich so mancher optische Nachteil oder mangelnde körperliche Reiz ausgleichen. Und dies ist schließlich die Komponente, die gerade auch Verkäufer in die Waagschale werfen können und mit deren Unterstützung sich Verkaufserfolge in erheblicher Weise erzeugen lassen. Um es einmal in der Computersprache zu formulieren: Ob Mann oder Frau, mit dieser Form der Sexy-Software lässt sich das ein oder andere Sexy-Hardwareproblem kompensieren.

Während sich Sexy-Hardwareprobleme – trotz steigender Möglichkeiten der plastischen Chirurgie – nur schwer lösen lassen, sind die Chancen, die eigene Ausstrahlung und alles, was damit zusammenhängt, zu verbessern, ungleich größer. So bietet gerade das mentale Training einige unglaublich einfache und dennoch ausgesprochen wirkungsvolle Methoden, schon in kurzer Zeit die Sexy-Software immens aufzuwerten. Um Ihnen dieses Thema näher zu bringen, eignet sich ganz hervorragend das Beispiel von Markus, einem meiner Klienten.

Der Problemfall

Als ich Markus vor etwa vier Jahren kennen lernte, war er in jeder Hinsicht ein mittelmäßiger Verkäufer in der Finanzdienstleistungsbranche. Obwohl er fachlich sehr kompetent und ausgesprochen fleißig war – was in dieser Branche eher die Ausnahme ist –, konnte er nicht einmal durchschnittliche Erfolge erzielen. Er war überzeugt von seinen Produkten, hatte eine durchaus positive Einstellung zu seinem Unternehmen und zu seinem Beruf und war ein konsequenter Akquisiteur. Dennoch konnte er, trotz der daraus resultierenden zahlreichen Verkaufsgespräche, nur bescheidene Verkaufserfolge verbuchen.

Auch mir war zunächst nicht klar, wieso er bei diesen günstigen Voraussetzungen so wenig zustande brachte. Doch, nachdem ich mich einige Zeit mit ihm unterhalten hatte und nachdem ich auch Gelegenheit hatte, ihn bei einem Kundengespräch zu beobachten, war schnell klar, wo der Hase im Pfeffer lag. Markus hatte den Charme einer unbeklebten Litfaßsäule und die Ausstrahlung einer durchgebrannten Glühbirne. Sein Sexappeal lag deutlich unter null. Mit anderen Worten war Markus vollständig charisma- und ausstrahlungsfrei.

Markus eine Analyse und ein Feedback über seine Defizite zu geben, ohne ihn zu beleidigen und ohne sein Selbstwertgefühl zu vernichten, war eine der größten Herausforderungen meiner Tätigkeit als Coach. Seiner ungewöhnlichen Kritikfähigkeit war es zu verdanken, dass es mir dennoch gelungen ist und dass er die Bereitschaft entwickelte, in die ihm unbekannte Welt der charmanten und gewinnenden Persönlichkeit aufzubrechen.

Die Grundlagen

Um Ihnen den Funktionsmechanismus der Methoden zu vermitteln, mit denen es Markus schließlich schaffte, seinem ganzen Leben in vielerlei Hinsicht eine völlig neue Qualität zu geben, empfehle ich Ihnen folgendes Experiment:

Stellen Sie sich etwa schulterbreit hin. Strecken Sie jetzt den rechten Arm gerade nach vorne. Die Füße bleiben während der ganzen Übung fest auf dem Boden stehen. Drehen Sie nun den rechten Arm so weit wie möglich nach rechts hinten, bis zum äußersten Punkt, der für Sie erreichbar ist, und merken Sie sich dann diesen Punkt. Dann kommen Sie mit dem Arm wieder zurück und stehen Sie nun entspannt mit herabhängenden Armen. Jetzt machen Sie diese Übung nur mental, das heißt, nur in Ihrer Vorstellung. Drehen Sie bei dieser bildlichen Vorstellung (Visualisierung) den Arm allerdings einen halben Meter weiter, als Sie es gerade eben in der

Realität konnten. Für diese Visualisierung reichen fünf bis zehn Sekunden aus. Danach machen Sie diese Übung wieder in der Realität und gehen Sie dabei jetzt wieder so weit Sie können. Und? Wie weit sind Sie gekommen?

Mit größter Wahrscheinlichkeit werden Sie jetzt, beim zweiten tatsächlichen Versuch, ungefähr diesen halben Meter weiter gekommen sein als beim ersten Versuch. Und ebenso wahrscheinlich ist es, dass dieser zweite Versuch für Sie keineswegs schwerer oder anstrengender war als der erste. Was passiert bei dieser Übung?

Das Bild, das Sie sich vorgestellt haben, geht von Ihrem Gehirn in Ihr Unterbewusstsein und ihr Unterbewusstsein versucht dann, dieses Bild zu verwirklichen. Es nutzt dabei alle in Ihnen schlummernden Potenziale und Ressourcen. Dies ist der generelle Funktionsmechanismus einer jeden Visualisierung. Wie konnte nun Markus diese Methoden für seine Situation nutzen?

Der Weg

In seiner ersten Visualisierung stellte er sich vor, wie seine Körpersprache als charismatischer und charmanter Mensch aussehen würde. Angefangen bei der Körperhaltung, dann die Mimik, die Gestik und die Sprechweise. Er stellte sich dabei auch vor, wie andere Menschen positiv auf ihn reagieren und ihm interessiert zuhören. Im zweiten Schritt seiner Visualisierungen hat er das Bild vor Augen, dass er die Energie der Sonne anzapft. Ein von der Sonne ausgehender gelborangefarbener Energiestrahl tritt am Scheitel in den Körper ein und füllt ihn vollständig mit dieser Energie aus. Im dritten Schritt visualisiert er, dass diese nun in ihm vorhandene Energie aus ihm herausströmt und sich auf die Menschen in seiner Umgebung überträgt.

Für die vierte Visualisierung suchte er sich zunächst gedanklich eine Person, die mit dem größtdenkbaren Charme ausgestattet ist. Dann stellte er sich vor, wie der Charme dieser Person sich auf ihn überträgt und dann bei ihm die gleiche Wirkung erzielt. Normalerweise genügen für jede dieser Visualisierungen täglich jeweils einmal etwa 30 bis 40 Sekunden intensives Vorstellen. Aufgrund der Schwere des Problems bei Markus empfahl ich ihm jedoch, dreimal täglich pro Visualisierung 30 bis 40 Sekunden zu investieren. Zudem begann Markus, sich vor jedem Verkaufsgespräch vorzustellen, wie dieses optimal und mit positivem Abschluss verläuft.

Das Ergebnis

Die Summe dieser Maßnahmen sorgte bei Markus für eine sofortige Vollbeschäftigung seines Unterbewusstseins. Die Wirkung, die sein mentales Training dann aber hervorbrachte, war in jeder Hinsicht durchschlagend. Schon nach kurzer Zeit beispielsweise fragten ihn seine Kollegen, ob er neuerdings Drogen konsumiere. Seine Bekannten und Freunde fragten ihn, ob er gerade aus dem Urlaub käme oder gar ob er verliebt wäre. Und Markus selbst konnte kaum fassen, was um ihn herum vorging. Erst hatte er den Eindruck, alle anderen hätten sich verändert, aber bald schon erkannte er, dass es sich nur um die Resonanz auf seine neue Ausstrahlung handelte. Auch die verkäuferischen Erfolge ließen nicht lange auf sich warten. Innerhalb kürzester Zeit katapultierte er sich in den Bestenlisten seines Unternehmens nach oben und mutierte zum absoluten Toppverkäufer.

Schon bald dehnte Markus seine neu gewonnene Akquisitionsstärke auch in den Privatbereich aus. Früher eher schüchtern und kontaktarm, fand er jetzt sogar Zugang in die ihm vorher fast vollständig verschlossen gebliebene Damenwelt. Er ist auch heute noch immer nicht der Typ, den Frauen auf offener Straße anfallen, aber er hat es immerhin geschafft, eine äußerst nette und attraktive Frau als Lebenspartnerin zu gewinnen.

Ihre Chance

Mit ähnlichen mentalen Methoden, wie sie heute im Spitzensport unverzichtbar geworden sind, hat Markus es geschafft, seinem Leben die entscheidende Wende zu geben. Und dies mit einem täglichen Zeitaufwand von fünf bis zehn Minuten. In gleicher Weise könnten auch Sie Ihr Leben durch mentales Training bereichern. Die beschriebenen Übungen sind bei Ihnen genauso wirksam. Mittels dieser Methoden können auch Sie Ihre noch ungenutzten Potenziale aktivieren und das Beste aus sich und Ihren Möglichkeiten machen. Probieren Sie es aus!

Cornelia Bäuml
»Das will ich!«

Was haben Sex und Produktdesign gemeinsam? Handelt es sich hier nicht um gänzlich gegensätzliche Welten?

Gerade, wenn man an technische und in erster Linie praktische Produkte wie beispielsweise an einen Akkuschrauber, ein Elektrogerät oder auch an ein Fernglas denkt, mag es auf den ersten Blick kaum gelingen, die Verbindung zum Thema Sex und Sinnlichkeit herzustellen.

Wie also kann ein Werkzeug oder ein Gegenstand des täglichen Gebrauchs sinnlich, sexy und begehrenswert werden?

Lassen Sie uns dies am Beispiel Fernglas näher betrachten.

In Zeiten der Digitalisierung und Miniaturisierung und immer kürzer werdender Produktlebenszyklen lassen sich die Massen mit einem Produkt, das sich in seinen grundlegenden Funktionen in den letzten 100 Jahren wohl kaum geändert hat, nur schwer in Begeisterungsstürme versetzen.

Dazu kommt ein nicht unerheblicher Imageverlust durch immense Stückzahlen an Billigangeboten, die unser Freund, der Discounter, so über das Kassenband schiebt und damit obendrein den Markt verstopft.

Um die Misere komplett zu machen, wurde die junge, mobile Handy-generation bei Fernglasentwicklung und -design bislang oft sträflich außer Acht gelassen. Und das, obwohl Omas vererbtes Familienfernglas für die junge Generation ganz und gar nicht sexy ist.

Warum also nicht einmal ein Fernglas anders gestalten? Einfach anders als die andern. Sinnlich, stylish und begehrenswert.

Wir wollten es wissen und stellten uns folgende Fragen:

– Was will jeder haben? Welche Art von Produkten werden von der jungen Generation besonders begehrt? Und was zeichnet diese Produkte aus?
– Was verleitet dazu, etwas anfassen, betasten und anschauen zu wollen? Was macht ein Produkt sinnlich?

Die wichtigsten Antworten lauten:

– Kleine, runde und gebogene Formen, die gut in der Hand liegen, werden als besonders angenehm empfunden.
– Wechselnde Oberflächenstrukturen und für ein Fernglas ungewöhn-liche Materialien animieren zum Anfassen und Betasten.
– Das Spiel mit verschiedenen Farbtönen, mit wechselnden matten und glänzenden Flächen, betont die Sinnlichkeit noch zusätzlich. Weg vom Einheitsgrau und -schwarz des Standardfernglases, hin zu verschiede-nen Silbertönen, die bei der jungen Lifestyle-Generation besonders gut ankommen!

**Fernglas club 8x21 B
von Eschenbach –
anders als die andern.**

Product Manager Consumer Optics **Cornelia Bäuml**
cornelia.baeuml@eschenbach-optik.com

Was rauskommt, ist ein sexy Produktdesign, das dem Bedürfnis vieler Menschen, sich abzuheben, anders als die andern zu sein, Rechnung trägt und es somit erst wirklich begehrenswert für sie macht. Cool, stylish und doch edel.

Das Optikunternehmen Eschenbach hats probiert und siehe da: Es funktioniert. Schon die erste Produktpräsentation vor einem überwiegend männlichen Publikum hat gezeigt, dass die ungewöhnlich sinnliche und emotionale Komponente bei einem üblicherweise technischen Produkt genau den Nerv vieler Menschen trifft. Die Verkaufszahlen sprechen für sich.

»Das will ich!«

Prof. Dr. Christian Blümelhuber
Learning from Love and Pornography

Im Jahr 1972 verfassten Robert Venturi, Denise Scott Brown und Steven Izenour eine Aufsehen erregende Schrift über die Postmodernisierung der Architektur, die letztlich ein Aufruf war, mit und nicht gegen den »ordinären« Massengeschmack zu arbeiten: »Learning from Las Vegas« war ihr programmatischer Titel. Diese nehmen wir nun zum Anlass, ein weiteres »Vorbild« aus dem Bereich der Popkultur – manche mögen es auch als »ordinär« empfinden – zu nutzen, um Marketing besser zu verstehen. Wir sprechen von der Pornographie! Dabei werden wir – dies sei hier vorweggenommen – den Beweis antreten, dass sich das Marketing wieder stärker auf seine Wurzeln besinnen sollte. Ganz im Sinne der Retromania empfehlen wir, die Kunden wieder stärker zu verführen, indem wir sie stärker in Geschichten verstricken, die Geschichten erlebbar machen – und nicht nur erzählen! Kundenerlebnisse statt Werbung! Einzelne Höhepunkte statt Dauerberieselung. Das ist die Botschaft der Pornographie fürs Marketing!

Wie lange dauert eigentlich die Liebe?

Marken gelten heute nicht nur als wesentliches Betätigungsfeld des Marketing, sondern vor allem als wertvolles *Asset,* als zentraler Vermögenswert von Unternehmen. Die amerikanische Marketingprofessorin Susan Fournier macht mit ihren Forschungsarbeiten dabei klar, dass die Beziehung zwischen Kunde und Unternehmen diesen Wert, den berühmten *Brand Equity* maßgeblich mitbestimmt und mitprägt. Eine extreme Ausprägungsform einer jeden solchen Beziehung ist dabei die Liebe. Dass man dieses »Konstrukt« durchaus auch auf Marken anwenden darf, dass also Kunden so etwas wie Liebe empfinden, wenn sie an bestimmte Produkte und Marken denken, das machen Beispiele deutlich, wie der berühmte Fall eines von seiner Freundin verlassenen jungen Mannes in den USA, der versucht hat, sein Auto zu heiraten. Sein Wunsch wurde ihm allerdings verwehrt, mit der Begründung, dass nach dem Gesetz eben nur Mann und Frau heiraten können.

Eine andere, ähnlich extreme Form der »Beziehung« kann als masochistisch beschrieben werden. Damit bezeichnen wir den Lust- oder Nutzengewinn aus Leiden, aus – im übertragenen Sinn – Schlägen, Auspeitschungen, Erniedrigungen. Jeder von uns ärgert sich über offensive Missachtungen der eigenen Interessen bei der Benutzung öffentlicher Verkehrsmittel, über Server, die laufend »down« sind, Mailinglisten, die alle Nachrichten zweimal verschicken, und die unerträgliche Arroganz von BMW (alles Aussagen aus einer unserer qualitativen Studien). Doch zum Abbruch der Kundenbeziehung führt all dies nur in den seltensten Fällen. Wir sind nicht nur zu bequem, teilweise scheint es, als würde man diese Missachtung als Kunde regelrecht genießen. Schließlich ist nichts langweiliger als eine pünktliche und perfekte Lufthansa, als Microsoftprogramme ohne Fehler oder als einfach und schnell zu handhabende Internetseiten. Es ist also oft die Unzufriedenheit, die als Quelle von Befriedigung genutzt wird und bei Kunden wohlige Gemeinschaftsgefühle hervorruft (hierzu auch: Liebl 1999). Was hätte man auch sonst zu erzählen? Der Lustgewinn aus einer solchen Erfahrung ist also weitaus komplexer, als es die Einfachvokabel von der »Kundenorientierung« vorgaukelt!

An diesem Beispiel wird deutlich, dass sich die Beziehungsfrage in zwei Teilfragen trennt: einmal in die Frage nach der »Liebe« – im »Marketingdeutsch« nach der affektiven, gefühlsmäßigen Loyalität – und dann die Frage nach deren »Institutionalisierung« und Absicherung, also der Frage nach der tatsächlichen, verhaltensbezogenen Loyalität. Im alltäglichen Leben bedeutet dies die Trennung in Liebe einerseits und Ehe, als deren Institution, andererseits. Dieser Trennung geht auch das Kernwerk der Sado-Maso-Literatur, Sacher-Masochs »Venus im Pelz«, nach. Boris Groys knüpft in seinem interessanten und empfehlenswerten Essay »*Die Muse im Pelz*« an Sacher-Masoch an und stellt die intelligente, oft vernachlässigte Frage nach der Länge der Liebe. Und liefert die ebenso klare wie einleuchtende Antwort: Die Liebe dauert »nur« eine Evidenz, einen Augenblick (Groys 2004, S. 6f.). Damit hat sie eigentlich gar keine Dauer, sie zerfällt und verschwindet, denn was keine Dauer hat, existiert nicht. Eine auf Liebe basierende Beziehung zerfällt also in eine Reihe von Augenblicken. Oder anders formuliert: Liebe muss über Evidenzen oder Augenblicke immer wieder erarbeitet werden. Und ohne diese Evidenzen, ohne diese Augenblicke der Wahrheit, in denen »*die Liebe lebt*« (Michelle-Song 2001) wird auch die Institution (wie die Ehe oder die markenrechtlich institutionalisierte Marke) blutleer und »tot«. Marken leben – und das ist die Botschaft der SM-Literatur im übertragenen Sinne – aus ihrer Evidenz und nur im Augenblick.

Wie diese »*moments of truth*« nun »gestaltet« werden können, darüber gibt uns der pornographische Film Auskunft.

Das Erfolgsgeheimnis des pornographischen Films

Was unterscheidet eigentlich den pornographischen Film von einer Liebesromanze à la »Sissy« (1955 – 1957), »Pretty Woman« (1990) oder »Romeo & Julia« (1996)? Abgesehen vom Prinzip der »radikalen Sichtbarkeit«, ist es vor allem die narrative Struktur, die man als Abfolge von Nummern bezeichnen könnte. Ähnlich wie auch der Horror-, Splatter- oder Musicalfilm baut der Porno nicht auf eine lineare Struktur, die sich zu einem »Höhepunkt« hin entwickelt, sondern reiht einzelne, in sich mehr oder weniger abgeschlossene Nummern (Williams 1999, S. 120ff.) oder »Höhepunkte« collageartig aneinander. Definiert werden solche Nummern als Unterbrechungen des traditionellen Plots, die als herausgehobenes, visuell sinnliches Spektakel wahrgenommen werden (Freeman 1999, S. 262).

Ähnlich könnten wir nun die Marke verstehen. Sie wird über einzelne herausragend spektakuläre Nummern erlebt, wahrgenommen und abgespeichert und widersetzt sich so der klassischen Annahme einer durch Werbung mit Image-Assoziationen »aufgeladenen« Marke. Dass es die selbst erlebten Nummern – oder in der Sprache des Marketing: die

Customer EXperiences oder *CEX* – sind, die die Evidenz und Strahlkraft der Marke ausmachen, kann nun auch psychologisch und »marketingtechnisch« erklärt werden:

CEX zwischen Erleben und Erlebnis

CEX, also *Customer EXperiences* – das ist nicht, wie manchmal behauptet wird, eine neue Kategorie, um die man die bekannten Leistungssystematisierungen nun ergänzen oder nach oben abrunden müsste. *Experiences* sind keine eigenständige Produktart, die – und auch das hört man in oberflächlichen Vorträgen häufig – die Dienstleistungen ersetzen. Vielmehr gilt:

»Customers always have an experience.«

Egal, welches Produkt wir nutzen, egal, welche Dienstleistung wir gerade in Anspruch nehmen, der Kunde erlebt immer eine Art *»Experience«*.

»Customer Experience Management« bedeutet dann weniger produktorientiert, weniger in *»Features und Benefits«*, weniger in Design und Ästhetik zu denken, und stattdessen wirklich zu erfassen und zu managen, was und wie Kunden eine bestimmte Situation erleben. Angeboten, gestaltet und vermarktet werden dieser Idee folgend also weniger Produkte und Leistungen, sondern vielmehr die damit untrennbar verbundenen Erfahrungen des Kunden!

Jeder Kunde erlebt laufend *Experiences,* die Frage ist nur: Erlebt er *Experiences,* die ihn begeistern und glücklich machen? Die wirklich herausragend und merkwürdig sind? Nur einige wenige »Nummern« ragen als Höhepunkte aus der Fülle an Erfahrungen heraus, werden figural, treten also im Sinne des Figur-Grund-Prinzips der Wahrnehmungspsychologie in den Vordergrund. Das sind *Experiences,* die nicht einfach nur geschehen, sondern die sich der Kunde merkt. Die Geburt des Sohnes. Die letzte mündliche Prüfung. Den Championsleague-Erfolg der Bayern. »Erleben« wird zum »Erlebnis«. Und ein solches Erlebnis ist stets – und das grenzt das Erlebnis vom bloßen Erleben auch ab – »merk-würdig«. Es lohnt, sich diese *Experiences* zu merken. Man erinnert sich an sie und erzählt sie weiter. Solche *Experiences* sind lebendig, verführerisch, individuell und mit unterschiedlichen Interpretationen aufgeladen. Sie können mehr oder weniger kongruent sein mit bestimmten Schemata, die in den Köpfen der Konsumenten bereits abgespeichert sind. Sie vermitteln in der Regel glaubwürdige, authentische und lebendige Erfahrungen für den Kunden: Darin liegt ihr großes Potenzial und ihre starke Bedeutung für ein wirklich kundengerichtetes Marketing. Es sind die Nummern, die Kundenbeziehungen strukturieren.

Aber wie merkt sich der Kunde etwas? Unter welchen Bedingungen setzen sich Erfahrungen langfristig im Gedächtnis fest? Oder allgemeiner: Wie funktioniert unser Gedächtnis?

Unser Gedächtnis – genauer der Langzeitspeicher – ist aus verschiedenen Systemen komponiert, wobei vor allem zwei Systeme entscheidend sind, wenn man sich mit Marken beschäftigt:

– Das semantische Gedächtnis, das Wörter, Tatsachen und Bedeutungen umfasst und das Fakten- und Allgemeinwissen eines Individuums abbildet.
– Das episodische Gedächtnis, das zeitlich markierte Erinnerungen an Erlebnisse der individuellen Biographie enthält.

Wann und wie setzen sich nun Informationen durch? Wann setzen sie sich im Gedächtnis fest und werden nachhaltig erinnert? Zwei wesentliche Gründe sind für eine tiefe Verankerung verantwortlich. Einerseits werden »tiefe Gedächtnisspuren« und Erinnerungen durch Wiederholungen des »Gleichen«, also durch Redundanz gebildet. Zum anderen durch überraschende, einzigartige Erlebnisse, also »Nummern«, Evidenzen, Augenblicke der Wahrheit. Durch das Aufsehen erregende Außergewöhnliche, das Spektakuläre, das Besondere, das Wichtige. Informationen, die im Gegensatz dazu nur diffuse Eindrücke vermitteln oder nur durchschnittliche Qualität besitzen, haben es schwerer aufzufallen, abgespeichert und wieder erinnert zu werden. Und häufige Wiederholungen sind insofern problematisch, als sich eine »*Experience*« auf Dauer »abnutzen« kann, der Grenznutzen einer Erfahrung also abnimmt. Deswegen verlangen wir –

und der Porno ist hier quasi das Vorbild –, *Experiences* zu schaffen, deren Grenznutzen zu- und nicht abnimmt! Solch einzigartigen Augenblicken gelingt es, Gedächtnisse langfristig zu besetzen und als Gedächtnis-»Meme« weitergetragen zu werden.

An dieser Aufgabe sind nun alle Mitarbeiter – vor allem die im direkten Kundenkontakt –, aber auch Kunden und sonstige Meinungsbeeinflusser beziehungsweise Geschichtenerzähler beteiligt. Das Marketing findet also nicht mehr in einer Marketing- oder Vertriebsabteilung statt. Alle sind beteiligt. »Du bist Marketing« oder »Wir sind Marketing« – um zwei populäre Schlagzeilen des Jahres 2005 aufzugreifen.

Solche Geschichten und Erlebnisse müssen nicht unbedingt selbst erlebt worden und auch nicht bis ins letzte Detail glaubwürdig sein. Sie können auch von ihrer Lebendigkeit und metaphorischen Kraft leben. Dies beweist beispielsweise folgende Geschichte, die der Kabarettist Michael Mittermeier in seinem Programm »ZAPPED« über American Express erzählt:

»Bei American Express bist du tief im Dschungel am Amazonas. Du kämpfst gerade mit einem Krokodil. Plötzlich fällt aus Versehen deine »Golden American Express-Card« ins Wasser: Ohhhh! Du ziehst sofort dein Handy: »American Express. Karte verloren. Bitte Ersatz!« American Express: »Ersatz-Karte: Kein Problem, schicken wir Ihnen sofort zu!« Zehn Stunden später kämpft sich ein Mitarbeiter von American Express mit einer Machete durch den Dschungel, am ganzen Körper von den Pfeilen der Eingeborenen durchbohrt, und überreicht dir deine … American-Express-Ersatzkarte. Und erst danach stirbt er.«

Natürlich könnte eine Marke wie American Express mittels Werbung einzelne Informationen vermitteln, um Attribute wie »… ist kundenorientiert« in den Köpfen der (potenziellen) Kunden langfristig zu verankern. Viel glaubwürdiger und damit effektiver und effizienter ist es aber, einzelne »Nummern«, konkrete Geschichten parat zu haben, an die man sich gerne wieder erinnert, die den Vorteil der Marke lebendig machen und die Marke so mit wahrem Leben füllen!

Prof. Dr. Christian Blümelhuber
Solvay Business School
christian.bluemelhuber@ulb.ac.be

Porno – weit mehr als »Sex sells«!

Sowohl die Liebe als auch die Pornographie setzen erfolgreich auf ein Prinzip, das weiter reicht als ein bloßes »Sex sells«. Denn die Formel »Sex sells«, die gerade im Marketingkontext in vielen Studien nachgewiesen und umgesetzt wurde, setzt vor allem an einem Entscheidungsmodell des Kunden an. Nämlich an der stimulusorientierten »Kauf«-Entscheidung, bei der der Kunde direkt auf einen vorgegebenen Reiz reagiert. Nun sind viele Kunden für sexuelle Reize besonders empfänglich, was bedeutet, dass diese Reize eben besonders gut geeignet sind, Konsumentscheidungen direkt zu beeinflussen.

Wenn wir hier aber von Nummern oder *Customer Experiences* sprechen, so rückt ein zweiter Pfad, ein alternatives Entscheidungsmodell in das Blickfeld. Nämlich gedächtnisbasierte oder *»memory-based«* Entscheidungen, die auf Basis von Gedächtnisinhalten getroffen werden, bei denen Reiz (Information) und Reaktion (Kauf) zeitlich auseinander fallen. Es ist dieses Modell des *»Memory«*, das in Wirklichkeit die Marke prägt. Wenn wir eben auch über unsere Erinnerungen leben, so verlangt das von jedem Marketer, von jedem Vertriebsmitarbeiter, Innendienstler und Vorstand, seine Marke – am besten in Form einer Geschichte – im Kopf seiner Kunden zu platzieren. Dies gelingt durch starke, merkwürdige Ereignisse oder Erlebnisse. Diese *Customer Experiences* sind die »Nummern«, nach denen wir unser Leben organisieren. Es sind die Nummern, die im Gedächtnis bleiben und die in uns die »Liebe« zu einer Marke begründen. Und es sind die Nummern, die das Leben so lebenswert machen. Denn ohne »Höhepunkte«, ohne Erlebnisse, an die man immer wieder gerne zurückdenkt, oder auf die man sich im Vorgriff freut, wäre das Leben kein Leben, sondern eine einfache Folge von Reiz-Reaktions-Beziehungen.

In Anlehnung an die berühmten letzten Worte Goethes also: »Mehr Pornographie! Für die Marke. Und fürs Leben!«

Und für die, denen Johann Wolfgang von Goethe zu fremd oder im Rahmen einer Abhandlung zur Pornographie zu unpassend ist, Madonna: *»Experience has made me rich.«*

Andreas Buhr
Geist ist geil!
Warum VertriebsIntelligenz sexy ist

»888 fly hoot« – so wirbt einer der jüngsten Sprosse eines schnell wachsenden ameri-
kanischen Unternehmens: eine Airline. Es könnte auch gleich heißen: »888 fly hot«
oder »Heb ab mit den Sirenen (Hooters) der Lüfte«, denn die Airline gehört zur
Hooters-Gruppe.

Stammgeschäft von Hooters ist eine Strandbar, in der die Kellnerinnen ihren D-
Größen offenherzig den Zugang zu Luft und Sonne gönnen. »Mann« geht gern dort-
hin, bestellt und schaut, bestellt noch etwas mehr – alles wirkt sich positiv auf die
Umsätze aus: Sex sells! Aus der Hütte wurde schnell eine Kette, und jetzt hat Hooters
nicht nur die USA, sondern auch Mittel- und Südamerika, Kanada, Teile Asiens,
England, Österreich und die auch sonst an Bergen nicht eben arme Schweiz erobert.
Mit nackter Haut schraubt sich das Unternehmen zur sexy Marke. Geplant sind als
Nächstes ein Hooters-Fernsehsender, ein Hooters-Hotel sowie ein Las-Vegas-Kasino
und ein Hooters-Kinofilm. Sind Sie auf den schon gespannt, Herr Buhr?

Andreas Buhr: Ja, aber nicht nur aus den Gründen, die einem zuallererst
ins Auge springen, sondern, weil sich hinter Hooters ein Konzept verbirgt,
das den kalkulierten Erfolg konsequent ausbaut. Und diese Form von Intelligenz im Vertrieb beschäftigt mich als Experten für VertriebsIntelligenz
und imponiert mir sogar – hier gilt: Geist ist geil! Ich bin gespannt darauf,
wies weitergeht.

Geist ist geil! Das heißt: Ein Konzern wie Hooters hat einen Weg gefunden, geschickt auf herkömmliche »Sex sells«-Strategien zu setzen und damit ein »*Off topic*«-Geschäft aufzubauen. Ein Erfolg, an den so wohl niemand geglaubt hätte. Natürlich hat der »Sex sells«-Markt immer weiter große Zuwachsraten, gerade wenn es tatsächlich um erotikbezogene Dienstleistungen und Produkte geht, doch ist der Erfolg der konsequenten Übertragung eines sexy Images auf vertrauensbedürftige Dienstleistungen wie beispielsweise eine Fluglinie doch eher unerwartet. Und meines Erachtens ein Beweis von VertriebsIntelligenz.

VertriebsIntelligenz setzt als ganzheitliches Kompetenzmodell nämlich auf Erfolgsstrategien in verschiedenen Kompetenzbereichen, die im Zusammenspiel für den Erfolg eines Unternehmens von entscheidender Bedeutung sind.

Was stellt man sich denn konkret darunter vor? Vielleicht den nächsten geschickten Marketingschachzug von Hooters: das soziale Engagement. Denn die Hooters-Girls haben über die Jahre viele Millionen US-Dollar für behinderte Kinder, Krankenhäuser, Stiftungen und soziale Einrichtungen gesammelt. Und sie hübschen gleich auch noch die »Marke USA« auf, weil sie mit einer Musikshow vor den US-Soldaten im weltweiten Einsatz auftreten.

Andreas Buhr: Die Verquickung von Show, Sex und Patriotismus scheint mir ein amerikanisches Phänomen zu sein, doch ja: In der Verknüpfung etabliert sich das Unternehmen als »*good fellow americans*«, das zu den traditionellen amerikanischen Werten steht. Zusammen mit dem wohltätigen Engagement sicher eine vertriebsintelligente Strategie.

In der Produktdiversifizierung unter dem erfolgreich positionierten Markenimage liegt ein weiteres Zeichen für VertriebsIntelligenz: Kernpositionierung und Kernzielgruppe sind klar, und nun werden konsequent darum herum Angebote entwickelt, die den Markt weiter ausbauen und abschöpfen. Klassisches »*up- und cross-selling*«, und das ist, bci ständiger Beobachtung der Märkte und der Trends für neue Angebotsentwicklungen, eine stringente, intelligente Strategie.

Bleibt abzuwarten, ob man damit auch den deutschen Markt erobern kann. Der scheint sich ja mit Sexyness noch ein wenig schwer zu tun. Sind anderswo eine Paris Hilton, eine Pamela Anderson, eine Jodie Marsh oder eine Katie »Jordan« Price Ikonen mit hohem Werbewert für den Mittelstand und internationaler Strahlkraft, mühen sich hierzulande schon mehrere Generationen sexy Damen ab, das so genannte »Ludertum« zu etablieren. Doch haben es einige davon über die Jahre zu erheblicher Bekanntheit und einigem Einkommen gebracht. Ist das also eine vertriebsintelligente Strategie oder Positionierung?

Andreas Buhr: Ob und gegebenenfalls wie Hooters den deutschen Markteintritt stemmen wird, kann ich nicht beurteilen. Dazu gehören neben der Positionierung ganz klar noch weitere Kompetenzen der VertriebsIntelligenz wie Führungswissen, Vertriebsvermögen und Gestalterkraft, also die Fähigkeit des einfachen Handelns. Dass man insbesondere ein gastronomisches Konzept nicht so ohne weiteres auf einen Markt wie den deutschen exportieren kann, zeigt der überschaubar gebliebene Erfolg von Starbucks. Anderswo Kult, in Deutschland – ja, nicht gerade kalter Kaffee, aber auch kein Sahnehäubchen.

Ob Sexyness als Positionierung ausreicht, ist eine Frage, die ich mit ja und nein beantworten muss. Klar ist, dass diese so genannten »Luder« einige Marktparameter wirklich meisterhaft verstanden haben: Sie haben eine klare Positionierung gefunden, sie haben Marktnischen entdeckt und konsequent besetzt, sie haben sich selbst zur Marke ausgebaut, sie haben ihr Markenimage dann erfolgreich auf Merchandising-Produkte und Spin-Offs ihrer Selbst übertragen, sie haben verstanden, dass sie ständig weiter daran arbeiten müssen, ihre Marke in der Öffentlichkeit zu präsentieren und den Expertenstatus weiter auszubauen. Und wenn das dann heißt, dass beim Defilee auf dem roten Teppich mal ein Oberteil verrutscht, dass intime Partnerschaftsdetails »versehentlich« an den Klatschreporter der Yellow-Press weitergeleitet werden oder dass dem Betrachter beim Aussteigen aus der Limo gewisse »Einblicke« gewährt werden, dann ist das nur konsequent.

Auf der anderen Seite ist das natürlich eine recht kurzfristige Positionierung, die nicht weit trägt. Mal ganz abgesehen von dem Fakt, dass die

Andreas Buhr
go! Akademie für Führung und Vertrieb
www.go-akademie.com

Damen »Luder« und Herren »Überflieger« auch älter werden und freigelegte Oberweiten, Tattoos oder graue Brusthaartoupets vielleicht nicht mehr dem gängigen Schönheitsbild entsprechen, reicht der »reine Marktaufriss« natürlich nicht weit. Für die langfristige Marktbearbeitung muss mehr kommen. Da muss mehr Kompetenz vorhanden sein, um im Vertriebsparadigma zu bleiben. Dazu gehören eine Reihe von Kompetenzen aus dem Selbstführungs- und Führungsbereich, aber auch aus den Bereichen Marktwissen und -Strategien. Darin liegen auch die eigentlichen Gründe dafür, dass sich die so genannten »Luder« mit der Zeit umpositionieren (müssen). Manche gewinnen Profil und Glaubwürdigkeit als *Charity Lady* und übernehmen gesellschaftliche Pflichten, manche gewinnen die Zuneigung der Verbraucher und damit neuen Werbewert als Mütter und Familienmenschen, andere setzen sich als selbst ernannte »Mutter aller Luder« zur Ruhe und wechseln ins seriöse Fach als ernst zu nehmende Schauspielerin. Und auch damit wird wieder deutlich: Am Ende des Tages ist im langfristigen Erfolg nicht nur nackte Haut sexy. Das Gegenteil kann der Fall sein: Richtige Verhüllung schont manches Auge und beflügelt möglicherweise noch dazu unsere Fantasie. Alles eine Frage der richtigen Überlegung, eine Frage des richtigen Denkens des Geistes. Geist ist geil! Der bringt den Markterfolg!

Umso mehr, wenn der Geist in knackiger Hülle daherkommt. Wie kann dann etwas Abstraktes wie VertriebsIntelligenz sexy sein?

Andreas Buhr: VertriebsIntelligenz ist ein wertebewusstes, ganzheitliches Kompetenzmodell für Unternehmen und Unternehmerpersönlichkeiten, das, richtig entwickelt, unweigerlich zum unternehmerischen Erfolg führt.

Erfolg, der sich zunächst in höheren Umsätzen manifestiert. Der Märkte erobert. Der außergewöhnliche Geschichten schreibt. Der Zukunftsvisionen entwirft und angeht. Der den Markt und das Börsenparkett begeistert. Da ist alles drin: großer Geist und große Gefühle. Wissen, Können, Wollen. Wettkampf, Erreichen, Gewinnen. Und ich finde, das ist alles sehr sexy!

Das Gespräch führte Dr. Christiane Gierke (www.text-ur.de),
Kommunikationsberaterin und Sachbuchautorin.

Thomas Burzler
Rainer Rohstock
Die schnelle Nummer

Aufklärungsarbeit

Was der gesunde Menschenverstand schnell versteht, hat die Lernpsychologie empirisch bestätigt: Ein Thema, also auch ein Produktname oder eine Marke, prägt sich besser in das Gedächtnis des Betrachters ein, wenn es in einem emotional erregenden Kontext vermittelt und somit nicht nur betrachtet, sondern richtiggehend erlebt wird. Wut, Angst, Ekel oder – auf der Seite der positiven Emotionen – Freude, Hoffnung, Lust sind wahres Kraftfutter für unser Gehirn und entfalten ihre Wirkung beim Verarbeiten und Speichern der Informationen, die wir aufnehmen.

Dass Sex und alle darauf abzielenden Informationen zu den stärksten Auslösern emotionaler Erregung zählen, ist unbestritten. Sex an und für sich – auch das ist bei einer Bewertung von Schlüsselreizen von Bedeutung – ist der Menschen liebste Nebensache, ein physisches und psychologisches Bedürfnis und somit für alle Alters- und Gesellschaftsschichten gleichermaßen präsent und bedeutungsvoll! Und dennoch funktioniert Sex in der werblichen Zielgruppenansprache mal mehr, mal weniger gut. Was nun? Ist »Sex sells« wahr oder bleibt es der wohl größte Marketingmythos aller Zeiten?

Sigmund hätte an einer Diskussion über den Wahrheitsgehalt der Faustformel sicher seine helle Freud gehabt – an der Allgemeingültigkeit der

Aussage »Sex sells« darf allerdings stark gezweifelt werden, denn als Wunderwaffe oder Allheilmittel in der Marketingkommunikation gilt »Sex sells« nicht unbedingt. Schade eigentlich. Eine Fülle von peinlichen Motiven und kommunikativen Fehltritten haben der Faustformel einen zwiespältigen Ruf beschert. Wer es in Marketing und Vertrieb richtig machen will – insbesondere bei der Verwendung erotischer Bildmotive oder stimulierend wirkender Situationen – sollte vor dem Hintergrund seiner Kommunikationsziele gewissenhaft folgende Fragen beantworten: Wer mit wem, wie, wofür und vor allem warum?!

Die richtige Partnerwahl und das ausgiebige Vorspiel

Dass Sex nicht zwingend gut verkauft, liegt schlicht und ergreifend daran, dass er spontan eingesetzt natürlich auch in der Übermittlung einer Markenbotschaft jede Menge Risiken mit sich bringt. Wie im richtigen Leben. Abenteuerlustige Zeitgenossen können ein Liedchen davon singen, dass die schnelle Nummer zwischendurch entweder richtig gut tun oder eben ziemlich stark schmerzen kann. Das Dumme an der Sache ist, dass man in den meisten Fällen leider erst hinterher schlauer wird und manchmal lieber die Finger davon gelassen hätte …

Im Umgang mit Marketing- und Werbebudgets beziehungsweise mit dem Imagewert einer Marke ist ein derartiges Glücksspiel tabu. Vom Tisch fegen muss man das Thema Nummer eins dennoch nicht von vornherein. Vielmehr gilt es im Vorfeld gezielt zu überlegen und die Gefahren bei der schönsten Nebensache der Welt zu minimieren. Eine Gedankenstütze auf dem Weg dorthin kann die längerfristig angelegte Beziehung im eigenen Privatleben sein: Wer sein Gegenüber bestens kennt, wird auch in sexueller Hinsicht mit ziemlicher Sicherheit bestens »bedient«! Gleiches gilt für »Sex sells«: Die Chemie zwischen Marke oder Produkt und Kunde muss stimmen, damit es klappt und jeder voll auf seine Kosten kommt …

Wer also sind die Zielpersonen der kommerziell kommunikativen Anmache? Welche Einstellungen und Standpunkte vertritt der Kunde? Welche Werte spielen in seinem Leben, Denken und Handeln eine zentrale Rolle? Welche Motivation steuert sein Konsumverhalten?

Handelt es sich beim Empfänger der (Werbe-)Botschaft eher um den Sparer, den Ordnungsliebenden? Der mit Fleiß und vollkommener Disziplin nach Sicherheiten für die eigene Familie strebt? Ein Moralist, für den Gesundheit, Hygiene, Traditionen und feste Strukturen von größter Bedeutung sind?

Oder ist der Wunschkandidat für Produkt oder Dienstleistung eher der extravagante Rebell, der impulsiv und mutig nach der Abwechslung, dem ultimativen Kick sucht und dabei die Kreativität dem Kontrollierbaren ohne zu zögern vorziehen würde? Einer, der die Heimatverbundenheit durch den eigenen Freiheitsdrang zumindest im Kopf schon längst ersetzt hat?

Welcher Konsumententyp mit dem entsprechend definierten Psychogramm auf Sex und Erotik als Blickfang anspringt und welcher eher die kalte Schulter zeigen würde, liegt auf der Hand. Ein weiteres Beispiel: Wo sitzt das wohlgeformte Bikini-Model besser? Auf der Motorhaube des geräumigen Familien-Vans oder auf der des rassigen zweisitzigen Cabriolets?

Die Zielgruppe für das kommunikative Vorhaben muss also klar definiert sein, damit der Schuss in Sachen Aufmerksamkeit mit Haut und Co. ins Schwarze geht und nicht in den Ofen. Wer die Psyche seines Kunden mit allen relevanten Facetten verstanden hat und somit sicher sein kann, dass es zur Identifikation mit der Marke und im späteren Schritt zur Kaufentscheidung führen kann, liegt beim Einsatz von erotischen Stimuli als Gestaltungsmittel erfolgreich oben. Das ist das Geheimnis der Zielgruppenansprache oder anders ausgedrückt: Das sind die nackten Tatsachen beim Gerangel um mehr Aufmerksamkeit.

Bevor Sex als elementares Tool in der PR- oder Werbekampagne verbastelt wird, muss klar sein, ob das Produkt mit einer wie auch immer gearteten erotischen Verpackung dem Kunden das gewünschte »Dich will ich haben« entlockt. Schnell lässt sich die Nummer »Sex sells« also nicht aus dem Handgelenk schütteln – die Formel ist kein Verkaufsquickie für zwischendurch!

Sex sells, dass es nur so brummt

Vom Quicky zum absatzfördernden Dauerbrenner hat es die Formel »Sex sells« hingegen in der Automobilindustrie und bei den breit gestreuten Zulieferern gebracht, vor allem in den Bereichen Tuning und Accessoires. Das Auto ist offenbar ein Produkt, das – mit einem Hauch von Erotik dekoriert – vor allem beim männlichen Käufer schnell ankommt. Im gesamten Wirtschaftszweig rund um des Deutschen liebstes Kind wird zu »Sex sells« zustimmend genickt. Models und Modelle sind hier so untrennbar wie siamesische Zwillinge. Was wären Automessen oder Boxengassen ohne die optisch ansprechende Garnitur? Formschöne Grazien schmeicheln Blech und Besuchern und werten beides auf. Es gehört hier zum guten Ton, jeweils zwei lange Beine für vier schnelle Räder bereitzustellen.

Im hart umkämpften Automarkt haben die Firmen also längst erkannt, dass sich Mobilität am besten mit flotten Frauen samt Hotpants verkaufen lässt. Das Konzept ist auf den männlichen Konsumenten abgestimmt und geht demnach zumindest hier recht schnell auf. Für Besucher der Motorshows ist neben den heißen Kisten eben auch interessant, wer die mit Abstand rassigsten Frauen am Messestand hat.

Sexy und weiter? Die Professionelle muss her!

Wird das Produkt nun aber spezieller und hat einen hohen Erklärungsbedarf oder ist die Zielgruppe spitzer definiert, benötigt der sexy Eyecatcher additionale Elemente. Was muss die erotische Werbefigur neben gutem Aussehen bei komplexen Sachverhalten noch mitbringen, um nicht nur kurz wahrgenommen, sondern authentisch und nachhaltig mit Marke und Botschaft akzeptiert und gespeichert zu werden?

Ein Beispiel: Eine Online-Direkt-Versicherung will Kfz-Haftpflichtversicherungen verkaufen. Zielgruppe sind junge dynamische Führerscheinneulinge mit limitiertem Budget für die erste Autoversicherung, die dennoch den Drang nach Mobilität und Unabhängigkeit verspüren. Der Zielgruppe ein nettes, leicht bekleidetes Püppchen vorzusetzen, wäre in diesem speziellen Fall wahrscheinlich sogar kontraproduktiv – trotz der wissenschaftlich erwiesenen Erkenntnis, dass Werbung mit Personen mehr Aufmerksamkeit erhält als Reklame ohne Testimonials, Celebrities und Co.

Was also tun, um die Vorzüge des fleischlichen Blickfanges auszunutzen und dennoch die Sympathie einer kritischen Käuferschicht in Sachen Authentizität nicht aufs Spiel zu setzen? Glaubwürdig kommunizieren! Und zum Beispiel ein durchaus erotisch belegtes Image eines glaubwürdigen Testimonials auf das eigene Produkt und die Botschaft übertragen.

Eine junge, bekannte Sportlerin beispielsweise kann mehr als nur gut aussehen. Sie hat ein spezielles Talent, setzt dieses geschickt ein und die genannte Zielgruppe kann sich altersmäßig mit ihr identifizieren. Wenn die junge Sportlerin nun noch fürs Autofahren bekannt ist, dann passt sie thematisch sowohl zum Produkt als auch zum Kunden. Die Kunden haben es eilig, endlich trotz kleiner Kasse vom Fleck zu kommen – die Variante der Online-Direktversicherung lässt diese Kunden schnell im Ziel ankommen. Und der Einsatz einer erfolgreichen jungen Rennfahrerin als Werbefigur in einer solchen Kampagne ist somit nur konsequent.

Kati Droste ist 21 Jahre jung, modern, seit zehn Jahren im Motorsport aktiv, neben ihrer langjährigen Kompetenz immer sportlich fair geblieben und obendrein bildhübsch. Weil sie (noch) nicht bei den ganz großen Superstars ihres Metiers wie den Schumacher-Brüdern mitmischt, ist sie zudem auf Augenhöhe mit den in obigem Beispiel anvisierten Kunden.

Auslöser vieler Medienanfragen: Katis Dessous-Fotostrecke in der Zeitschrift Coupé

Sportlich und medial schließt Kati die Lücke zu den Königsdisziplinen Formel 1 oder DTM mit Starts bei Markenpokalen wie der MINI Challenge, dem SEAT Leon Supercopa im Rahmenprogramm der DTM, der Langstreckenmeisterschaft auf dem Nürburgring oder bei Rennsport-Spektakeln wie den 24-Stunden-Rennen in der grünen Hölle des Nürburgrings, in Dubai und Bahrein. Abseits der äußerst vielfältigen Betätigungsmöglichkeiten im Bereich des aktiven Motorsports und der Nähe zum Renngeschehen bedeutet dies für Werbungtreibende (wie den oben genannten, günstigen Versicherer) auch, dass die Deckungsbeiträge für die Werbefigur niedrig sind, der kommunizierbare Mix aus Sport, Racing, Optik und Prominenz jedoch einen sehr hohen Return verspricht und den Verkauf beflügelt.

Sex and drive and remember it!

Der Verkauf wird gepusht – wer oder was pusht den Verkäufer? Auch im Bereich der Seminare, Trainings und Coachings ist die Frage nach dem Wert der Devise »Sex sells« erlaubt: Welche Themen finden Verkäufer sexy? Einfache Antwort: Frauen und Autos. Was liegt also näher, als die beiden zu kombinieren und sie zur Motivation der Verkäufer einzusetzen? Klar, viele haben schon ein Fahrsicherheitstraining gemacht – aber mal ehrlich, was ist spannender? Neben einem Instruktor zu sitzen, der im Nebenberuf Lehrer ist, oder neben einer 21-jährigen Profi-Rennfahrerin, die auch noch gut aussieht? Fragen Sie Ihre Verkäufer!

Bei der Überlegung, was mit einer Event- oder Incentive-Maßnahme erreicht werden soll, stehen zwei Themen im Vordergrund:

– Antrieb durch Freude auf die Veranstaltung, die es als Belohnung gibt
– Veranstaltung als positiven Anker für später nutzen

Auch hier ist eine professionelle Rennfahrerin wie Kati Droste ein gutes Beispiel für einen optimalen Einsatz der Mittel. Welcher Verkäufer würde nicht gerne mal einem jungen Mädel zeigen, wie man Auto fährt? Wird sich der Verkäufer daran erinnern, wie er in den Sitz rutschte, als »das Mädel« noch Gas gab vor der Kurve, wenn er selbst schon längst gebremst hätte? Spätestens, wenn die Rennfahrerin im Abendkleid auch noch eine gute Figur macht und heiße Runden dreht, haben die Emotionen genügend Kraftfutter für das Gehirn freigesetzt, um das Erlebnis und das Erlebte (Produkt, Marke und Botschaften eingeschlossen) mit einem hohen Erinnerungswert abzuspeichern.

Das erste Mal – Wer erinnert sich nicht daran?

Nicht nur für Verkäufer gilt die Regel vom hohen Erinnerungswert durch hohe emotionale Ansprache. Das gilt natürlich auch für Kunden! Folgendes Szenario: Kundenveranstaltung, Rennen, Boxengasse. Aus dem Rennwagen steigt – eine Frau! 21 Jahre alt, sieht gut aus und beantwortet den neugierigen Kunden charmant ihre Fragen rund ums Thema Autorennen. Und dann lädt sie ein: »Wer hat Lust, mal 'ne Runde mit mir zu drehen?«

**Authentische
Markenbotschafterin:
Berufskleidung als
Werbefläche.**

Der hohe persönliche Erinnerungswert wird durch mediale Multiplikation und Wiederholung weiter verstärkt: Bei jeder Berichterstattung, bei jedem Artikel und jeder Sportsendung, in der Kati auftaucht, erinnern sich die Kunden an die Veranstaltung und deren Inhalte. Nun geht es in der Situation als Beifahrer von Kati Droste zweifellos nicht um Sex, aber, dass Sexappeal in der Boxengasse eine gewisse Rolle spielt, ist unbestritten. Ebenso wie die Tatsache, dass die hübschen Beine einer Frau in Zusammenhang mit verkaufsfördernden Maßnahmen öfter auftauchen als unrasierte Männerbeine. Wenn das Leitmotiv »Sex sells« ein adäquates Bildmotiv sucht, dann ist eine Rennfahrerin mit Sexappeal interessanter als ein männlicher Kollege.

Ein gutes Beispiel für die Wirkung erotischer Aspekte auf das Interesse des Publikums und der Medien ist die Berichterstattung infolge einer Fotostrecke von Kati in Dessous in der Zeitschrift Coupé. Während die enge Motorsportszene zum Teil die Nase rümpfte und ein neues Gesprächsthema hatte, folgten in den Wochen nach Erscheinen der Fotostrecke in Coupé viele Medienanfragen, über die sich nicht zuletzt das Coupé-Magazin freute, weil dabei oft auf das Coupé-Bildmaterial zurückgegriffen wurde. Dutzende deutschsprachige Print- und Onlinemedien (Fach- und Publikumstitel, Magazine und Tageszeitungen) berichteten über Kati und ihre Aktivitäten – die kumulierte Gesamtreichweite im Jahr 2005 lag im zweistelligen Millionenbereich.

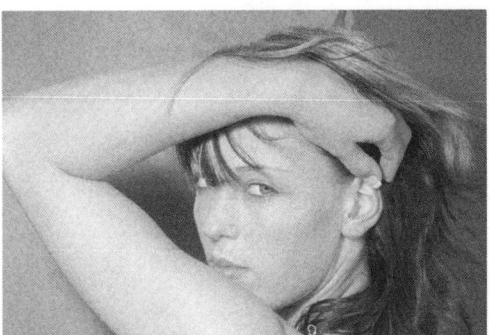

Das merkt sich der Kunde! Wer seiner Marke ein Gesicht wie dieses gibt, stiftet emotionalen Mehrwert und erhöht die Erinnerungswerte enorm.

Thomas Burzler/Rainer Rohstock
Sales Motion GmbH
www.sales-motion.de
cc perion GmbH
www.cc-perion.cc

Katis Sponsoringumsatz ist konstant steigend, und durch ihren steigenden Bekanntheitsgrad werden auch die sportlichen Angebote, als Rennfahrerin ein Cockpit zu besetzen, immer besser. Sie gewann durch die PR-Aktion zusätzlich an Profil. Es half, ihrem eigentlichen Markenkern als professionelle Rennfahrerin ein Gesicht beziehungsweise einen ganzen Körper zu geben. Einen ausgesprochen nett anzusehenden noch dazu.

Sponsoren und Werbungtreibende setzen auf hohe Aufmerksamkeitswerte, positive Imagetransfers und emotionalen Mehrwert für die eigene Marke. Das richtige Testimonial trägt entscheidend zum Erreichen der Ziele bei. Im Fall der jungen Rennfahrerin Kati Droste setzen Partner auch auf die Wertsteigerung bei der weiteren Entwicklung der Personenmarke Kati Droste, wobei sich der Wert nicht nur am sportlichen Erfolg bemisst, sondern vor allem am medialen Wert, an der qualitativen und quantitativen Berichterstattung. Durch Katis bisherige Medienpräsenz haben Sponsoren und/oder Partner ohne einen einzigen Euro Investment in eigene Aktivitäten eine sehr hohe Media-Leistung erhalten.

Wer eigene Media-Aktivitäten entwickelt oder eine eigene Veranstaltung in deren Folgezeit mit Erinnerungsstücken wie Fotos oder kleinen Rennsportgeschenken gezielt unterstützt, motiviert Mitarbeiter, Kunden, Verkäufer und Partner und stiftet viele positive Aufhänger für den nächsten Termin! Ein Foto von Kati mit Widmung als Erinnerung an den Renntag – das bleibt in Erinnerung! Nur aufpassen, dass das Foto in Dessous im Büro bleibt und das im Rennanzug mit nach Hause genommen wird – und nicht umgekehrt!

Claudia E. Enkelmann
So kriegen Sie jede rum

Autohändler Herbert F. liebt seinen Job. Bevor er sich mit seinem Autohaus selbstständig gemacht hat, war er schon mit Leib und Seele Verkäufer. Beraten, informieren, verhandeln – das liegt ihm immer noch. Außerdem ist Herbert F. bekennender Autonarr. Nicht umsonst hat er sich eine Nobelmarke, für die er schon als kleiner Junge geschwärmt hat, als Vertragspartner gewählt. Natürlich verfügt er über beeindruckendes Fachwissen. Er ist in der Lage, jede Frage eines Kunden mit präzisen Daten, Zahlen und Fakten kompetent beantworten zu können, ohne erst nachschlagen oder nachfragen zu müssen.

Doch, weil Herbert F. ein leidenschaftlicher Verkäufer ist, weiß er, dass kaum ein anderes Produkt so stark über den Faktor Sex verkauft wird wie ein Auto. Ein guter Autohändler, davon ist er überzeugt, sollte wissen, wovon seine Kunden träumen.

Wenn Herbert F. auf einer Automobilmesse ist, kann er zufrieden feststellen, dass er alles richtig macht: Autos werden an nahezu jedem Stand mit einem lockenden Augenaufschlag ebenso reizender wie leicht bekleideter Hostessen präsentiert, die sich bevorzugt kameratauglich auf Motorhauben räkeln und kühlem Blech ebenso wie nüchterner Technik eine leidenschaftliche, ja geradezu ekstatische Aura verleihen. Wirkungsvoll ranke Bikinischönheiten als Pappfiguren oder überdimensionale Kalender mit lasziv dreinblickenden Blondinen, die außer einem sportlichen Käppi mit dem Markenlogo eher gar nichts zu tragen pflegen.

»Sex sells.« Natürlich. Wenn lustvolle Fantasien im limbischen System des Gehirns aktiviert werden, erliegt der Kunde dem unwiderstehlichen Charme des Produktes nahezu willenlos. Oder mit anderen Worten: Sexuelle Reize machen Männer unvernünftig (zumindest schalten sie vorübergehend ihren Verstand aus).

Wenn Herbert F. dann noch vertraulich die Hand vor den Mund hält und dem noch etwas zögerlichen Kunden einige technische Details verschworen zuraunt (die Gattin muss ja schließlich nicht alles wissen), wenn er augenzwinkernd von den »200 wilden Pferdchen unter der Motorhaube« plaudert, die »nur freigelassen werden müssen«, wenn er schaudernd schildert, wie man bei Tempo 280 »in den Sitz gedrückt wird wie bei einem Raketenstart«, dann werden Männerträume und -fantasien zum Leben erweckt, dann geht es um Eroberer unter sich, um Jäger und den Traum vom Heldentum – dann geht es immer um Sex und Macht. Schnell ist der Kunde gewonnen.

Männer fühlen sich gern als unwiderstehliche Verführer, als Eroberer, als Helden. Dieser Impuls hat sich im limbischen System des menschlichen Gehirns, auch Reptiliengehirn genannt, über Jahrmillionen bewahrt und drückt sich oft als Wunsch oder als Fantasie aus. Die limbischen Instruktionen können – etwa durch Reize von außen – immer wieder neu aktiviert werden. Doch nur, wenn eine Botschaft (etwa im Verkaufsgespräch) direkt in das limbische System vordringt, hat die Information auch eine Chance, im Gedächtnis verankert zu werden. Dies geschieht normalerweise mithilfe eines visuellen Reizes, eines Bildes, das mit der Botschaft verknüpft wird.

So kann die Verankerung im limbischen System über die Verknüpfung eines leb- und seelenlosen Produktes wie einem Auto mit einem lebendigen Bildmotiv – zum Beispiel mit schönen Frauen – erfolgen. Männer empfangen diese Verknüpfung als sexuellen Reiz. Gute Verkäufer wissen das und setzen diese Verknüpfungen zielgerichtet in der Verkaufssituation ein.

Da Herbert F. viele Verkaufsseminare besucht hat, weiß er, dass Männer, wenn sie ein Auto kaufen, eigentlich kein Auto kaufen, sondern ein Lebensgefühl. Ein Lebensgefühl, das verspricht: »Mit diesem Auto, alter Junge, wirst du noch einmal zu einer ganz großen Nummer und kannst sie alle haben, die hübschesten Mädchen, die heißesten Feger. Mit dem Kauf dieses Schlittens werden alle deine Träume wahr ...« Der Verstand hat zu diesem Zeitpunkt kaum noch eine Chance, Einfluss zu nehmen. Das Reptilienhirn hat bereits die Macht übernommen – und will jetzt unbedingt das haben, was ihm ein gutes Lebensgefühl verspricht. Zumindest bei Männern funktioniert das. In einem Teil seines Gehirns ist der Mann nun einmal der Jäger von einst geblieben.

Schwieriger wird es dagegen bei Frauen. Sein persönliches Waterloo als Verkäufer erlebt Herbert F. an dem Tag, an dem Renate G. in Begleitung ihres Gatten das Autohaus betritt. Seine Fehler der Reihe nach: Herbert F. begrüßt Renate G. mit einem charmant dezenten Lächeln und wendet sich mit einem kumpelhaften Handschlag Herrn G. zu: »Na, welchen Schlitten wollen wir uns denn mal vornehmen?« Renate G. stoppt den Beginn einer wunderbaren Freundschaft unter Männern jäh mit den Worten: »Aber ICH bin es, die sich für ein Auto interessiert!«

Den Fauxpas überspielt Herbert F. mit dem nächsten Fehler: Er übergeht Renate G.s leicht gekränkten Hinweis darauf, dass sie sich regelrecht übergangen gefühlt hat, mit dem freundlichen und etwas gönnerhaften Vorschlag: »Aber gern – zeigen wir Ihrer Gattin doch mal unsere schicken neuen Kleinwagenmodelle!« Renate G.s Reaktion übersieht Herbert F. leider: Sie verschränkt die Hände vor der Brust und läuft missmutig hinter ihrem Ehemann her in den Nebenraum. Ihr Blick sucht bereits den Ausgang.

Statt zu überlegen, wie er die Situation noch retten könnte, begeht Herbert F. Fehler Nummer drei: Er versucht nun, der Kundin das Modell schmackhaft zu machen, indem er es als »typisches Frauenauto« anpreist und ins »Detail« geht: »Kaum technischen Schnickschnack, da müssen Sie nicht mal die Bedienungsanleitung lesen, um damit klarzukommen ... , fährt nicht schneller als 130, da geraten Sie erst gar nicht in brenzlige Situationen …, der Kofferraum ist groß genug, da passen locker Ihre gesamten Einkaufstüten hinein …, einer der wenigen Wagen, die noch einen Kosmetikspiegel über dem Fahrersitz haben, haha …« Ab und zu lockert ein verschwörerisches Augenzwinkern oder ein leichtes Grinsen in Richtung Herrn G. (Signal: »Wir Männer verstehen uns schon!«) das Verkaufsgespräch auf. Umsonst: Renate G. wird zunehmend eisiger.

Herbert F. erkennt die Rückzugstendenz und sieht seine Chancen schwinden. Um doch noch einen Verkaufserfolg zu erzielen, kommt er auf seine ansonsten so erfolgreiche »Sex sells«-Masche zurück – der nächste Fehler: »Wenn Sie aus diesem schicken Wägelchen aussteigen«, verspricht Herbert F., »werden sich die Männer nach Ihnen umdrehen. Dieses Auto macht sexy!« Jetzt ist alles zu spät, kurz angebunden verabschiedet sich Renate G. und rauscht – ihren Gatten im Schlepptau – aus dem Autohaus. Auf Nimmerwiedersehen. Das weiß auch Herbert F., erfahren genug ist er schließlich.

Und was hat er daraus gelernt? Frauen, denkt er genervt, haben einfach keinen Spaß an Autos. So verkniffen und humorlos wie Renate G. kaufen Männer niemals Autos. Beim nächsten Mal, nimmt sich Herbert F. vor, werde ich einer Frau einfach eine Fülle an Zahlen und Daten um die Ohren hauen oder, noch besser, lediglich ein paar Verkaufsprospekte in die Hand drücken. Herbert F., der Starverkäufer, der die geheimen Sehnsüchte seiner Kunden doch so gut kennt, hat resigniert. Seine Erkenntnis: Männer können Frauen einfach keine Autos verkaufen (oder Fonds-Investments oder Immobilien oder Hi-Fi-Anlagen oder Computer …).

Schade, sehr schade für Herbert F., hat jener doch nicht nur eine Kundin verloren, sondern ist auch mit einem Knick in seinem Selbstbewusstsein als Verkäufer und einer großen Portion Ratlosigkeit zurückgeblieben – und das, ohne wirklich zu wissen, was er denn nun eigentlich falsch gemacht hat. Ganz zu schweigen davon, dass Renate G. allen erzählen wird, wie unmöglich dieser »Typ« war, und dass sie allen davon abrät, bei diesem Händler ein Auto zu kaufen. Um es ohne Umschweife zu sagen: Es ist Herbert F. nicht gelungen, Renate G. zu »verführen«, sie, salopp gesagt, »rumzukriegen«, sich in eines der Autos im Laden von Herbert F. zu »verlieben«. Der Verkäufer hat es nicht verstanden, in Frau G. den »Kick« auszulösen, sie einfach nur »glücklich zu machen«. Reden wir hier über Sex? Ja, denn auch bei Frauen funktionieren sexuelle Reize, um sie in Kaufstimmung zu bringen. Nur: Um welche Reize handelt es sich dabei? Würde es nicht einfach genügen, das Bild eines attraktiven, halb nackten Mannes mit einem Produkt zu verknüpfen – und schon hätte man die gewünschte Kaufstimulation bei Frauen erzeugt?

Frauen schätzen die Kunst der genussvollen Verführung und des kultivierten Flirts, wie ein Casanova sie perfektionierte – immerhin der erfolgreichste Liebhaber aller Zeiten. Als echter »Frauenversteher« wusste er, dass man Frauen erzählen lassen, ihnen zuhören muss, um sie glücklich zu machen. Denn beim Flirt wie beim Sex spielt bei Frauen Reden und dass, was sie zu hören bekommen, eine weitaus größere Rolle als visuelle Reize. Mit anderen Worten: Männer wollen gucken, Frauen reden und verbal umworben werden. Die »Sex sells«-Methode, mit halb nackten Menschen des anderen Geschlechts auf Motorhauben Autos an den Mann zu bringen, würde deshalb bei Frauen niemals funktionieren. Die Sache läuft hier ganz anders: Wer möchte, dass Frauen sich in seiner Gegenwart wohl fühlen, muss sie mit viel Geduld und Einfühlungsvermögen zum Sprechen bringen. Er muss sich ihr Vertrauen verdienen und ihre Zweifel besiegen. Gucken geht schnell – zum Reden muss man sich jedoch Zeit nehmen. Casanova kannte dieses Geheimnis, auch Heiratsschwindler bringen immer wieder Frauenherzen mit diesem Rezept zum Dahinschmelzen – doch viele qualifizierte Verkäufer haben offenbar noch nie etwas von der Kunst des Verzauberns und Verführens gehört. Sie ziehen es vor, ihre Kundinnen »totzureden«, statt sie reden zu lassen. Und schlagen sie damit in die Flucht …

Casanova wusste, wie man Frauen glücklich macht: Indem man ihnen das Gefühl gibt, unwiderstehlich zu sein, und zwar ganz genau so, wie sie sind. Jede Frau lässt sich gerne verführen, jede Frau liebt es, wie eine Königin behandelt zu werden. Jede! Doch niemals hat Casanova Frauen respektlos behandelt, immer war es ihm ein Anliegen, auch das Herz seiner jeweiligen Herzensdame zu gewinnen. Dazu muss man wissen, wie man Frauen glücklich macht, wie man sie in Stimmung bringt. Was fürs Flirten und für

45

guten Sex gilt, das gilt auch für eine gute Verkaufsverhandlung: Das schönste Gefühl ist stets das tolle Gefühl »danach«. Deshalb konnte auch keine Frau ihrem Casanova wirklich böse sein, wenn er sie verlassen hat: Er hatte ihr doch schließlich so viele gute Gefühle geschenkt. Und was lernen wir daraus? Auch ein Verkäufer muss eigentlich nicht mehr tun, als einem Kunden mit und durch den Kauf ein gutes Gefühl zu vermitteln, das auch danach noch anhält.

Bei Männern scheint dies relativ einfach zu funktionieren: Ein männlicher Autoverkäufer und ein männlicher Autokäufer zum Beispiel sprechen eine gemeinsame Sprache: Wie beim Sex sind Männer mit visueller Stimulation leicht zufrieden zu stellen. Pirelli-Kalender und Messe-Hostessen auf Motorhauben beweisen diesen Effekt immer wieder aufs Neue. Mit Sex fängt man also Männer. Doch nur, weil Frauen ihre sexuellen Interessen unauffälliger leben, heißt das nicht, dass sie nicht empfänglich dafür sind. Allerdings ziehen sie es vor, mit Geduld und Hartnäckigkeit erobert zu werden – ganz einfach, weil sie es wert sind. Eine Frau möchte einzig um ihretwillen unwiderstehlich sein. Um diese Wirkung zu verstärken, geht sie zwar auch zum Friseur oder zur Kosmetikerin oder kauft sich schöne Kleider – ein Auto jedoch zählt für sie nicht wirklich dazu.

Blicken wir noch einmal auf Herbert F.s unglückliche Verkaufssituation und fragen wir uns, was der Autohändler falsch gemacht hat und was er besser hätte machen müssen, um Frau G.s Interesse zu einem Verkaufsabschluss zu führen. Und vielleicht fragen Sie sich, wie Casanova in der gleichen Situation gehandelt hätte.

Das Verhalten von Herbert F. hat bei Renate G. das Gefühl hervorgerufen, von dem Verkäufer nicht ernst genommen zu werden. Dass bis zum Jahr 2020 rund 20 Millionen Autos in Deutschland auf Frauen zugelassen sein werden und damit die Zahl der weiblichen PKW-Halter seit dem Jahr 2000 um 65 Prozent angestiegen sein wird, ist bei Herbert F. offenbar noch nicht angekommen. Für ihn fallen Frauen nach wie vor unter die Kategorie: »Papa kauft Mama einen schnuckeligen, kleinen, möglichst günstigen Zweitwagen für Shoppingtouren. Und Papa zahlt.« Viele Verkäufer – insbesondere von technischen Produkten – tun sich schwer mit der Tatsache, dass Frauen mündige Kunden sind, inzwischen oft genauso viel oder sogar mehr Geld verdienen als ihre Lebenspartner und als solche (schon aus rein wirtschaftlichen Gründen) einen Anspruch haben, ernst genommen zu werden.

Doris Kortus-Schultes, Leiterin des Kompetenzzentrums Frau und Auto der Hochschule Niederrhein, unternahm mit Marketingstudenten Testkäufe in 52 Autohäusern und fasste die ernüchternden Ergebnisse mit den Worten zusammen: »Ein Auto kauft frau am besten beim Juwelier.« Dort werde sie als Kundin immerhin ernst genommen, beim Autokauf dagegen nicht. Das Verhalten der Verkäufer im Test ähnelte übrigens stark dem Auftreten von Herbert F.: So hatte nur jede zweite Testkundin das Gefühl, vom Verkaufspersonal überhaupt wahrgenommen zu werden, Hinweise der Kundinnen, mit denen sie die Wünsche an das neue Auto präzisierten, wurden ignoriert, und war die Frau in männlicher Begleitung im Autohaus erschienen, richtete sich die Aufmerksamkeit der Verkäufer nur auf den Mann. Und schließlich: Nur jede zweite Kundin erhielt nach dem Verkaufsgespräch ein schriftliches Angebot.

Auch Herbert F. ignoriert Renate G.s mögliche Wünsche, indem er sie gar nicht erst fragt, welches Auto sie sich vorstellt. Mit dem Hinweis auf den Kleinwagen wertet er die Kundin sogar ganz selbstverständlich ab. Was wäre, wenn sie als erfolgreiche Managerin oder selbstständige Unternehmerin auf der Suche nach einem richtig repräsentativen Wagen gewesen wäre? Renate G. hätte Herbert F.s Aussage als Beleidigung empfinden müssen. Doch selbst wenn sie an einem Kleinwagen interessiert gewesen wäre: Es wäre allein ihre Sache als mündige Kundin gewesen, diesen Hinweis zu geben. Bei einem Mann hätte Herbert F. garantiert nicht in dieser Weise vorgegriffen. Wobei wir wieder beim Problem von Herbert F. angekommen sind, Frauen als mündige Kunden zu respektieren und ernst zu nehmen.

Die fehlende Bereitschaft – oder Fähigkeit – von Herbert F., Renate G. in ihren Wünschen und Bedürfnissen ernst zu nehmen, äußert sich am gravierendsten in Fehler Nummer drei: In dieser Phase des Verkaufsgesprächs ignoriert er nicht nur einen möglichen Wissensstand der Kundin (Sie könnte sich ja vorher über die Automarke informiert haben.), er verweigert ihr zudem die Informationen, die für einen Fachverkäufer seines Formats selbstverständlich sein sollten, indem er Frau G. erneut in seine Vorurteilsschublade steckt. Dabei begeht er den großen Irrtum zu glauben, dass Frauen beim Autokauf nicht mit dem Kopf entscheiden, sondern ihnen lediglich die Farbe der Polster, das schicke Design oder der geräumige Kofferraum (für die Einkäufe) wichtig sind und ein Auto ansonsten eine gefährliche Waffe ist, die eigentlich in Männerhände gehört. Dabei haben Studien längst ermittelt, dass Frauen wesentlich rationaler entscheiden als Männer, wenn sie ein Auto kaufen.

So kam die Aral-Studie »Trends beim Autokauf 2005« zu dem Ergebnis, dass Frauen beim Kauf eines Neuwagens vorrangig auf finanzielle Aspekte wie das Preis-Leistungsverhältnis und die Wirtschaftlichkeit eines Autos achten, während für Männer das Prestige einer Marke wichtiger ist. Etwa ein Drittel mehr Frauen als Männer legen Wert auf Familien- und Umweltfreundlichkeit sowie die Variabilität eines Wagens, sie lassen sich bei ihrer Entscheidungsfindung vor allem von rationalen Argumenten leiten und prüfen genau, welcher Wagen ihre persönlichen Anforderungen erfüllt.

Die amerikanische Marketingspezialistin Martha Barletta unterstellt Frauen bei einer Kaufentscheidung insgesamt ein weit höheres Anspruchsdenken als Männern: Während Männern häufig die Erfüllung von zwei oder drei Argumenten ausreicht, um sich für ein Angebot zu entscheiden, erwarten Frauen sehr viel mehr. Sie sammeln während des Informations- und Beratungsprozesses jede neue Information, die sie über ein Produkt erhalten, und bewerten diese. Handelt es sich um ein für sie wichtiges Kriterium, kehren sie zum Ausgangspunkt zurück und beginnen von neuem mit der Bewertung. Das mag für einen männlichen Verkäufer etwas irritierend sein, macht für eine Frau jedoch Sinn.

So hart sich jedoch Frauen beim Autokauf von Fakten leiten lassen, so emotional fühlen sie sich nach dem Kauf mit ihrem Wagen und der Marke verbunden und betrachten ihn oft gar als ihr fahrendes Wohnzimmer, wie eine weitere Aral-Studie ermittelte. Frauen stellen also enorm hohe Ansprüche an Autoverkäufer: Sie wollen zum einen sachlich beraten werden, ohne dabei mit technischen Details überfrachtet zu werden – und sie wollen sich zum anderen in ihr künftiges »Zweitwohnzimmer« verlieben. Mit anderen Worten: Sie wollen als Ganzes respektiert werden, mit ihrem Verstand und mit ihrem Gefühl ernst genommen werden. Frauen möchten ein Produkt, eine Marke in ihr Leben integrieren. Dabei wollen sie, dass ihr Verstand und ihr Gefühl gleichermaßen angesprochen werden, sie wollen Alltag und Träume miteinander verbinden und sich mit diesem Bedürfnis verstanden fühlen.

Was so kompliziert erscheint, ist eigentlich ganz einfach: Es reicht bereits, wenn man einer Frau ernsthaftes Interesse signalisiert und sie zum Reden bringt, damit sie ihre Wünsche und Bedürfnisse formulieren kann. Verführen kann man eine Frau nur, wenn man ihr die Wünsche von den Augen abliest – oder sich die Wünsche einfach erzählen lässt. Casanova wäre im Autohaus zweifelsohne der Starverkäufer. Herbert F. dagegen hat ganz und gar versagt. Und sein Versuch, mit der »Sex sells«-Masche noch etwas herauszuholen, musste von Renate G. lediglich als plumpe Anzüglichkeit empfunden werden. Zuerst zeigt ihr der Verkäufer, dass er ihren »Kopf« nicht ernst nimmt, schließlich lässt er sie auch noch wissen, dass er ihre Gefühle und Bedürfnisse nicht respektiert. Wäre Casanova so vorgegangen, wäre aus ihm garantiert nicht der erfolgreichste Verführer der Welt geworden.

Dabei ist es überhaupt nicht schwer, ein wenig von Casanova zu lernen und Frauen glücklich zu machen. Es gibt sechs Regeln, die man beachten sollte – beim Flirt, beim Sex und beim Verkauf:

1. Bringen Sie sie zum Reden! Interessieren Sie sich für ihr Leben, für das, was sie will! Lassen Sie sich Zeit – denn, »nur langsam ist sexy«!
2. Unterschätzen Sie niemals eine Frau – sonst haben Sie schon verloren.
3. Machen Sie sie zur Verbündeten, indem Sie Ihre Sympathie beweisen – zum Beispiel durch winzige Gefälligkeiten, Komplimente und Geschenke.
4. Geben Sie ihr das Gefühl, wichtig zu sein, und verhalten Sie sich mit dem größtmöglichen Respekt. Sie sehnt sich danach, wie eine Königin behandelt zu werden.

5. Vergessen Sie nicht, sich auch nach dem Kauf um sie zu kümmern! Sonst fühlt sie sich ausgenutzt, wird ihnen nicht mehr vertrauen und kauft nie wieder bei Ihnen.
6. Unterschätzen Sie niemals die Rache einer Frau: Sie wird es allen erzählen, wenn sie sich schlecht behandelt fühlt. Machen Sie Ihre Kundinnen glücklich – und Sie bekommen, was Sie wollen!

Diese Gesetze sollten sie nicht nur beherzigen, wenn Sie Autohändler oder Verkäufer im Autohaus sind, sondern auch im Elektronikhandel, in der Finanzberatung, im Computerservice – und überall dort, wo Frauen noch immer nicht wie Kundinnen – also wie Königinnen – behandelt werden. Und vergessen Sie nie das Geheimnis aller wirklich guten Liebhaber: Glückliche Frauen sind die schönsten Frauen. Glückliche Frauen sind treue Frauen. Glückliche Kundinnen sind treue Kundinnen!

Stéphane Etrillard
Sex-PR oder Selbst-PR: Selbstmarketing auf dem Prüfstand

Hugh Hefner ist der Herausgeber des Magazins Playboy. Als 1953 die erste Ausgabe auf den Markt kam, war die Skepsis groß, ob es jemals zu einer zweiten Ausgabe kommen würde. Hefner hatte damals für eine sehr kleine Summe die Rechte an Nacktfotos der noch unbekannten Marilyn Monroe erworben. Parallel zur ersten Ausgabe wurde Monroe mit ihrem ersten großen Film »Niagara« weltberühmt. Der Herausgeber druckte sein Heft mit einem Foto der hüllenlosen Monroe auf dem Titelblatt – der Verkaufserfolg war gewaltig und übertraf alle Vorstellungen. Der Mythos »Sex sells« war geboren. Spätestens hiermit änderten sich auch die allgemeinen Werbebotschaften, denn alle wollten von der neuen Formel profitieren. Seitdem wurden unzählige Produkte mit einem Anstrich von Erotik versehen, und heute scheint es, als sei die Erfolgsformel präsenter als jemals zuvor. Und was dazu taugt, über Jahrzehnte hinweg das Marketing ganzer Unternehmen aufzupeppen, muss schließlich auch für eine andere Variante des Marketings gut sein: für die Selbst-PR. Doch ganz so einfach verhält es sich gerade hierbei schließlich doch nicht mit diesem speziellen Erfolgsrezept.

Sexappeal als Komponente des Selbstmarketings?
Bei der Selbst-PR geht es darum, berufliche Ziele und Erfolge systematisch zu planen und das Geschehen – zum eigenen Vorteil – selbst zu gestalten. Ein Unternehmen, das unbekannt ist und von dessen Produkten niemand

weiß, ist mit einem Manko belastet und reduziert durch den Mangel an Aufmerksamkeit die gegebenen Möglichkeiten. Nicht anders verhält es sich bei allen Angestellten, Selbstständigen und überhaupt jedem Einzelnen. Geschickte Selbst-PR ist damit gleichbedeutend mit dem Start einer systematischen Offensive. Es gilt, dem Versteckspiel ein Ende zu machen und die eigene Karriere ins Visier zu nehmen. Eines der obersten Ziele ist es dabei, nicht in der Masse unterzugehen und sich stattdessen von ihr auf positive Weise abzuheben. Mit einer ewigen Positionierung auf den hinteren Rängen machen wir uns selbst nur zum Zuschauer der an uns vorbeiziehenden Chancen. Kommen beispielsweise mehrere Mitarbeiter für eine verantwortungsvollere Position infrage, wird die Wahl mit größter Wahrscheinlichkeit auf denjenigen fallen, dem es am besten gelingt, seine Qualifikation hervorzuheben und anderen zu verdeutlichen. Und entscheidend ist hier einmal mehr der Faktor Aufmerksamkeit – weshalb auch Sexappeal schon längst ein beliebtes Mittel für das Marketing in eigener Sache geworden ist.

Doch ist ein gewisses Maß an Aufmerksamkeit eher ein wichtiges Etappenziel, noch nicht aber das Ende vom Rennen. Wer beruflichen Erfolg will, hat zunächst einmal dafür zu sorgen, aus dem finsteren Hintergrund ans Tageslicht zu treten, das ist richtig, doch dann muss man schließlich auch noch etwas zu bieten haben. Das allgemeine Interesse verpufft allzu schnell wieder, wenn hinter einer aufpolierten Fassade nicht mehr viel zum Vorschein kommt. Schönheit, Attraktivität und geschickt eingesetzter Sexappeal sind noch lange kein Garant für einen nachhaltigen Erfolg. Fehlen seriöse Inhalte und echte Fähigkeiten, bleibt am Ende nichts als ein großer Bluff, der dann für die Zukunft einfach nicht mehr zieht und sich sogar negativ auswirken kann. Eine nachhaltig wirksame Selbst-PR ist eben doch weit mehr als nur geschickt in Szene gesetzte Effekthascherei.

Unbestritten ist, dass mit dem eigenen Auftreten immer eine bestimmte Wirkung verbunden ist. Eine große, im Optimalfall sogar charismatische Ausstrahlungskraft begünstigt die Erfolgschancen. Nicht zu unterschätzen ist hierbei der Faktor Sympathie. Wer sympathisch auf seine Umwelt wirkt, das Vertrauen anderer zu gewinnen vermag und dabei ein hohes Maß an Glaubwürdigkeit ausstrahlt, ist gegenüber Menschen, denen ebendies nicht gelingt, deutlich im Vorteil. Hier zeigt die Erfahrung, dass attraktive Menschen oft einen Bonus erhalten. Ob gerechtfertigt oder nicht, der gut aussehende Mensch weckt positive Gefühle. Und hätten wir die Wahl, würden wir an unserem Schreibtisch zunächst sicher lieber Typen à la Cathérine Deneuve oder Sean Connery gegenübersitzen als einer durchweg unvorteilhaften Gestalt. Auch würden wir bei einer wichtigen Anschaffung wie etwa einem Autokauf einen gut aussehenden Berater sicher bevorzugen. Ein unangenehm hässlicher Autoverkäufer müsste sich ganz gewiss stärker ins Zeug legen, um ebenso glaubwürdig zu erscheinen. Doch lässt sich dieses Prinzip eben nicht zur generellen Wahrheit erheben. Denn es gibt noch nicht einmal die eine Schönheit, sondern verschiedene Schönheitstypen – und jeder einzelne Typus weckt ganz spezifische Assoziationen.

Schönheit ist nicht gleich Schönheit

Schönheit ist keine feste Größe, der bestimmte und immer gleiche Wirkungsmechanismen zugeschrieben werden können; denn Schönheit ist mehrdimensional und kann nicht in eine einzige Kategorie verpackt werden. Der Beweis wird von allen durchdachten Werbekampagnen geliefert: Ein makelloses Modell eignet sich bestimmt hervorragend als Werbeträger, zum Beispiel für ein Kosmetikprodukt, weitaus weniger aber dafür, das Image eines seriösen Finanzdienstleisters zu stärken. In der Vorbereitung einer Kampagne wird demnach sehr sorgfältig die spezifische Passgenauigkeit eines Schönheitstyps bedacht. Wichtig ist hierbei, dass der gesuchte Typus möglichst nahtlos zu dem Produktimage passt. Allein für die weibliche Schönheit werden in der Werbung inzwischen sechs unterschiedliche Kategorien benutzt:

- die klassisch weibliche Schönheit
- die sinnlich exotische Schönheit
- die sexbetonte Schönheit
- die modische Schönheit
- die mädchenhafte Schönheit
- die natürliche Schönheit

Es wird davon ausgegangen, dass jeder dieser Typen einen bestimmten Eignungsgrad aufweist, wobei eine unpassende Besetzung kontraproduktive Effekte für eine Kampagne mit sich bringen kann. Daneben lassen sich entsprechende Kategorien ebenfalls für die männliche Schönheit herauskristallisieren. Und natürlich stellt sich in allen Fällen die Frage, ob nun überhaupt ein Mann oder eine Frau der passende Werbeträger ist. Diese Wechselwirkungen demonstrieren sehr eindringlich, dass irgendeine Schönheit allein noch lange kein Garant für den Erfolg ist. Körperliche Attraktivität kann zwar helfen (und tut es auch oft), die persönliche Präsenz und auch die eigene Glaubwürdigkeit zu erhöhen, mit ihr alleine kann jedoch kaum bei jedem und für jeden Fall ein nachhaltig wirksames Image vermittelt werden. Dafür erfordert es zusätzlich weitere und auch ganz anders geartete Aspekte, denn ein Image geht letztlich weit über Äußerlichkeiten wie Attraktivität hinaus.

Selbst-PR: die ersten Schritte

Auch wenn es auf den ersten Blick berechnend und fast inhuman klingt: Schon immer waren Menschen zugleich auch perfekt inszenierte Produkte ihrer jeweiligen Branche. Das Paradebeispiel dafür liefert die Unterhaltungsindustrie – der Mensch, seine stilisierte Persönlichkeit, ist hier zugleich auch das gleichnamige Produkt. Beide Seiten verschmelzen hier zu einer symbiotischen Einheit. Und eine tüchtige Portion Sexappeal steigert den Marktwert unter Umständen sogar enorm. Selbst-PR, Selbstmarketing, oder wie das Instrument auch immer genannt wird, impliziert für viele eine Mechanisierung der Persönlichkeit, die mit Kalkül nur noch auf den wirtschaftlichen Erfolg aus ist und dafür jedes Mittel, wenn es denn hilft, einzusetzen bereit ist. Heißt es nun ganz plakativ und ohne jede weitere Erklärung zusätzlich noch »Sex sells«, bekommt das Ganze fast schon einen Touch von Anrüchigkeit, und das Missverständnis ist komplett.

Seriöse Selbst-PR führt jedoch ganz im Gegenteil weder zu einer Leugnung noch zu einer Verkehrung der eigenen Persönlichkeit, sondern verhilft dazu, die Besonderheiten und spezifischen Fähigkeiten der eigenen Person sinnvoll einzusetzen. Es geht darum, die Überzeugungskraft der eigenen, und zwar authentischen Persönlichkeit zu erhöhen. Das Stichwort heißt tatsächlich: Authentizität.

Erschreckend viele Menschen glauben zwar, sich selbst zu kennen, kommen jedoch schon ins Schleudern, wenn es darum geht, die eigenen Stärken und Schwächen konkret zu benennen. Wir neigen entweder zur Beschönigung oder jedoch, was noch häufiger vorkommt, zur überzogenen Selbstkritik. Das Ergebnis ist in beiden Fällen gleich: ein Selbstbild, das nicht der Realität entspricht. Nur, wenn wir über ein stimmiges und authentisches Persönlichkeitsprofil verfügen, können wir dieses auch systematisch kommunizieren und also mit der eigentlichen Selbst-PR starten. Erst dann, wenn wir wissen, wer wir sind, welches unsere Stärken und Schwächen sind, wo noch verborgene Potenziale liegen, was uns motiviert oder auch blockiert, was genau unsere Wünsche und Ziele sind, können wir beginnen, konkrete Zielsetzungen zu formulieren. Daraufhin erst können Überlegungen stattfinden, was genau zu tun und zu ändern ist, um diese Zielsetzungen auch zu erreichen. Während dieses Prozesses stellen sich viele Menschen jedoch selbst ein Bein, indem sie es mit der notwendigen Ehrlichkeit gegenüber sich selbst nicht sehr ernst nehmen. Doch ist gerade diese Ehrlichkeit zwingend erforderlich, um ein authentisches Selbstprofil zu generieren. Nur auf dieser Basis kann eine wirkungsvolle Selbst-PR einsetzen und auch nachhaltig erfolgreich vorangetrieben werden.

Alles, was nicht der authentischen Persönlichkeit entspricht, wirkt – früher oder später – auch für andere gekünstelt und unecht. Damit gehen Glaubwürdigkeit, Vertrauen und erst recht jede Sympathie verloren. Hier können wir einem Zitat von Abraham Lincoln uneingeschränkt zustimmen: »*Sie können die Menschen eine Zeit lang täuschen; Sie können sogar einige Menschen die ganze Zeit täuschen; Sie können aber nicht alle Menschen die ganze Zeit täuschen.*« Und wir haben es auch gar nicht nötig, herumzutricksen und die Dinge aufzubauschen. Weil jeder, wirklich jeder Mensch über viele spezifische Fähigkeiten verfügt, reicht es vollkommen aus, mit dem zu arbeiten, was man tatsächlich hat.

Bewusste Imagepflege

Wenn es gelingt, positive Eigenschaften ins rechte Licht zu rücken, braucht niemand noch irgendetwas hinzuzudichten. Überhaupt setzt Selbst-PR längst nicht allein darauf, bestimmte Aspekte hervorzuheben – sehr viel ist allein schon damit erreicht, negativ wirkende Verhaltensweisen einfach zu vermeiden. Stellen wir uns einen Mitarbeiter vor, der ständig jammert, sich permanent über irgendwelche widrigen Umstände beklagt, der fortwährend den Eindruck macht, überlastet zu sein, der insgesamt desinteressiert an den Vorgängen in seiner Firma wirkt und zudem auch noch ein grimmiges Verhalten an den Tag legt. Wer würde auf die Idee kommen, einem solchen Menschen eine höhere Position anzubieten? Natürlich niemand – und, ob der entsprechende Kandidat seine Arbeit nun gut oder schlecht bewältigt, spielt dabei schon fast keine Rolle mehr.

Ein wesentlicher Aspekt der Selbst-PR ist es also, der Umwelt nicht auch noch ständig die eigenen Schwächen und Unzulänglichkeiten (die eigene »Unschönheit« also) unter die Nase zu reiben. Bereits mit der Vermeidung solcher unvorteilhafter Verhaltensweisen gehen wir über zu einer aktiven und systematischen Imagegestaltung. Der berufliche Erfolg basiert zwar sicherlich auf den uns eigenen Fähigkeiten, mehr noch allerdings darauf, wie es uns gelingt, ein passendes Bild unserer Person nach außen zu transportieren. Deshalb liegt es auf der Hand, dass bereits von aktiver Selbst-PR gesprochen werden kann, wenn wir damit aufhören, vorzugsweise mit unseren Schwächen hausieren zu gehen. Und eben dies kann man sich im Rahmen einer bewussten Selbstwahrnehmung – wenn vielleicht auch nicht ohne weiteres, so doch wenigstens mit etwas Beharrlichkeit – wirklich abgewöhnen. Die persönlichen Erfolgsaussichten (wie meistens auch die eigene Zufriedenheit und damit die »Schönheit« der individuellen Ausstrahlung) steigen sofort, und das übrigens ganz ohne auch nur in die Nähe irgendeiner Hochstapelei zu geraten.

Oft sind es eher blockierende Selbstzweifel und allgegenwärtige Bescheidenheitsfallen, die uns daran hindern, ganz einfach besser jene vorteilhaften Dinge auf den Tisch zu legen, über die wir schließlich ebenfalls verfügen. Weiterer Erfolg stellt sich nämlich dann ein, wenn eine Persönlichkeit tatsächlich auch noch etwas zu bieten hat und ebendieses Angebot auch zeigt. Wie auf allen Märkten ist es dabei auch beim Selbstmarketing unerlässlich, dass das Angebot auf die bestehende Nachfrage abgestimmt wird. Wenn niemand Kohlen kaufen will, wird auch das beste Angebot nicht viel einbringen. Es lohnt sich also, genau hinzusehen, um ermitteln zu können, wo und an welcher Stelle überhaupt ein Bedarf besteht. Dennoch sollte sich hierbei niemand allein von den Vordergründigkeiten abschrecken lassen, zuweilen ist letztlich doch eine Nachfrage vorhanden, von der wir selbst im Augenblick gar nichts ahnen. Zunächst ist es zwar am sinnvollsten, diese Fähigkeiten zu kommunizieren, die auch eindeutig gefragt sind, doch schadet es nur höchstselten, zusätzlich – sozusagen prophylaktisch – noch weitere Fähigkeiten zumindest bekannt zu machen. Unterscheidungsmerkmale und sehr spezifische Fähigkeiten sind ein nicht ganz von der Hand zu weisender Erfolgsfaktor. Dass ein Sekretär oder eine Sekretärin Organisationstalent besitzt, dürfte eine Selbstverständlichkeit sein – hiermit wird sich jedoch noch niemand von seinen Kollegen unterscheiden. An dieser Stelle nimmt das Selbstmarketing also eine kleine Abzweigung in Richtung Aneignung und Ausbau von zusätzlichem Fachwissen. Durch den Erwerb von solchem Zusatzwissen, der Ausweitung von Kernkompetenzen und einer zusätzlichen Spezialisierung entsteht eine sinnvolle Möglichkeit, sich von der Allgemeinheit abzuheben.

Ein weiteres ganz wesentliches und zentrales Element einer jeden Selbst-PR bildet die (verbale und nonverbale) Kommunikation. Mithilfe der Kommunikation treten wir mit unserer Umwelt in Beziehung, folglich wird unsere Fremdwahrnehmung größtenteils durch die Gepflogenheiten der Kommunikation bestimmt. Wer sich umständlich ausdrückt, gilt als schwerfällig, wer jedoch prägnante Formulierungen findet und sich leicht verständlich machen kann, gilt meist als intelligent. Es kommt eben nicht nur darauf an, was wir sagen, sondern vielmehr darauf, wie wir etwas sagen, ob wir etwas auf »schöne« Art vermitteln können. Selbst die persönliche Ausstrahlungskraft wird zu großen Teilen von der Kommunikation bestimmt. Und die persönliche Ausstrahlung ist immer mitverantwortlich für das Image eines Menschen. Allzu mundfaul und mit grimmiger Miene werden wir kaum jemanden auf unsere Seite ziehen, während wir gute Erfolge einheimsen, wenn wir uns von der Schokoladenseite zeigen – eine Erfahrung, die schon jeder sicher mehrfach machen konnte. Kein Wunder also, dass die Bemühungen groß sind, genau an diesem Punkt lenkend einzugreifen und den Faktor Sexappeal ins Spiel zu bringen.

Was bringt Sex-PR wirklich?

Natürlich lässt sich die Ausstrahlungskraft mit einem Hauch von Erotik mitunter ganz erheblich aufpeppen. Doch ganz so einfach ist das nicht. Schon die Rechnung, dass körperliche Attraktivität immer und grundsätzlich einen gewissen Bonus mit sich bringt und somit den Erfolgskurs bestimmt, scheint nicht ganz aufzugehen. Unter gewissen Umständen kann selbst Schönheit eher zum Hindernis werden und zu Ressentiments führen. Hier brauchen wir nur an Berufsbilder zu denken, bei denen größte Seriosität gefragt ist (zum Beispiel Politiker, Rechtsanwälte, Ärzte). Auffällige Attraktivität – insbesondere dann, wenn sie sexbetont ist – löst hier eher Irritationen aus, bringt jedoch keinerlei Vorteile. Schönheit kann also auch Skepsis verursachen und somit zu einer Hürde werden.

Die Versuchung bleibt gleichwohl in vielen anderen Fällen weiter groß, körperliche Reize auch zu Zwecken der Selbstvermarktung einzusetzen, um die Aufmerksamkeit auf sich zu lenken. Dabei ist allerdings auch eine gewisse Vorsicht angezeigt, denn zu schnell kann der Schuss nach hinten losgehen. Geht es allein darum, fehlende Fähigkeiten zu übertünchen, wird irgendwann – und meistens noch schneller, als man glaubt – der Punkt kommen, an dem das hübsch aufgetürmte und schön anzusehende Kartenhaus doch wieder zusammenbricht. Was bleibt, das ist ein kaum wieder gutzumachender Imageschaden, denn die Folge solcher entlarvter Manipulationsversuche sind oft unüberbrückbare Distanzen und kompletter Vertrauensverlust.

Die dem Sexappeal nachgesagte Macht wird also erstens allzu häufig übertrieben, vor allem jedoch zweitens einseitig dargestellt. Dichtung und Wahrheit liegen hier zuweilen arg weit auseinander. Weiter oben wurden beispielhaft Cathérine Deneuve und Sean Connery genannt, beide gelten als besonders attraktiv und sind mit einer nahezu zeitlosen Schönheit gesegnet. Beide lassen sich jedoch keinesfalls auf körperliche Aspekte reduzieren, noch vor ihrem Aussehen zählt die Ausstrahlungskraft ihrer jeweils spezifischen und überaus starken Persönlichkeit. Und aus eben diesem Zusammentreffen von Charakterstärke und Schönheit resultiert das gewisse Etwas. Das heißt, die Arbeit an der eigenen Persönlichkeit ist also mindestens ebenso Erfolg versprechend, wie der Einsatz körperlicher Reize – sie bietet obendrein den klaren Vorteil, dass negative Begleiterscheinungen hierbei nahezu völlig ausgeschlossen sind. Gerade, wer des Guten zu viel tut, wer mit seinen Bemühungen aufdringlich oder gar plump wirkt, darf nicht auf nachhaltige Vorteile hoffen. In keinem Fall kann reine Attraktivität eine echte und systematisch durchgeführte Selbst-PR ersetzen. Gleichwohl ist weder gegen Schönheit noch gegen ein ausgeprägtes Bewusstsein der eigenen Attraktivität etwas einzuwenden. Im Optimalfall wird Attraktivität als hilfreiche Komponente in eine seriöse Selbst-PR eingebettet. Aber wie so oft kommt es eben auf die richtige Dosierung an. Dort, wo die Grenzen zwischen hilfreich und kontraproduktiv nicht klar umrissen sind, ist es oft sinnvoller, seiner Umwelt nur kleine und gut verträgliche Mengen zu verabreichen. Eine Überdosis Sexappeal schadet immer mehr als sie nützt. Und als Ersatz für eine seriöse Selbst-PR kommt das Schlagwort »Sex sells« allein ohnehin nicht infrage.

Klaus Fink
Sex sells – gilt das auch fürs Telefon?

Dass die menschliche Stimme eine unwiderstehliche Verlockung sein kann, ist keine Neuigkeit. Schon bei den alten Griechen musste sich Odysseus mit dem Vorläufer von Oropax ausrüsten, um dem liebreizenden Gesang der Sirenen zu widerstehen.

Inzwischen sind ein paar Jahrhunderte vergangen und seit knapp 150 Jahren gibt es die segensreiche Erfindung des Telefons. Kaum wegzudenken aus der modernen Kommunikation und eine einschneidende Technik in unserem alltäglichen Umgang mit Menschen: Wir hören Stimmen, ohne die entsprechenden Personen zu sehen.

Kein Problem für unser Gehirn. Es ersetzt einfach das fehlende Bild durch ein zur Stimme passendes. Wie automatisch und selbstverständlich das passiert, merken wir erst, wenn wir einen ausschließlich telefonischen Kontakt plötzlich leibhaftig vor uns sehen. Wer hat sich nicht schon dabei ertappt zu denken: »Den hab ich mir aber ganz anders vorgestellt!«

Attraktive Stimme – mehr Sex-Appeal?

Was passiert also in unserer Vorstellungskraft? Eigentlich ein normaler Vorgang. Wir schöpfen aus dem Potenzial, das wir uns im Laufe unseres Lebens angeeignet haben. Die Stimme vermittelt also einen ersten »visuellen« Eindruck einer Person. Das belegt auch eine Studie der State University of New York. Darin erläutert der Psychologe Gardon Gallup: »Wenn das Telefon klingelt, werden Sie üblicherweise sofort wissen, ob Sie mit einer Frau oder einem Mann sprechen, einem Kind oder einem Erwachsenen, auch wenn Sie die Person am anderen Ende der Leitung nicht kennen. Anders formuliert bedeutet das, dass der Ton der Stimme einer Person Informationen über den biologischen Status des Sprechenden übermittelt.«

Die Studie geht allerdings noch weiter, sie stellt einen Zusammenhang her zwischen attraktiver Stimme und erhöhtem Sex-Appeal. Sie belegt, »dass die Stimme auch ein Medium sein kann, das subtile Informationen über sexuelles Verhalten und Körperkonfiguration in sich trägt«. So lässt eine tiefe männliche Stimme hohen Wuchs, breite Schultern und schmale Hüften vermuten, während eine verführerische Frauenstimme Hinweis auf ein – aus Männersicht – optimales Verhältnis von Taille und Hüftumfang zu sein scheint. Und tatsächlich konnten die Probanden mit den attraktiven Stimmen ein aufregenderes Sexualleben vorweisen.

Was macht eine Stimme »attraktiv«?

Nachweislich empfinden Frauen tiefe, sonore Stimmen als anziehend. Männer lassen sich von zarten, hohen, gehauchten Stimmen verführen. Das hat sicherlich mit der biologischen Entwicklung zu tun, die beim Menschen einzigartig ist: Kein Tier durchläuft eine so klare, durch den Stimmbruch markierte, geschlechtsspezifische Differenzierung. Die deutlich unterschiedlichen Stimmlagen scheinen also ein wesentliches Auswahlkriterium in der Evolution zu sein. Und ausgeprägt männliche oder weibliche Merkmale steigern bekanntlich den Sex-Appeal. Das gilt auch für die Stimme. Warum Frauen eine Vorliebe für tiefe Stimmen entwickelten, lässt sich nicht mit Sicherheit sagen. Fest steht nur: Tiefe Töne haben eine größere Reichweite. Das weiß jeder, der sich schon einmal über den Partylärm aus der Nachbarwohnung geärgert hat. Die Bässe der Stereoanlage dröhnen deutlich hörbar, während die hohen Töne von der Wand verschluckt werden.

Gingen in der Urzeit die Männer auf die Jagd, verteilten sie sich im Gelände, um die Beute einzukreisen. Sie verständigten sich dabei durch Rufe – bei Dunkelheit und schlechter Sicht die einzige Möglichkeit der

Verständigung. Wer da wegen seiner tiefen Stimme über weite Entfernung zu hören war, behielt den Kontakt zur Gruppe und war damit ein erfolgreicher Jäger. Das steigerte seinen Sex-Appeal und damit seinen Erfolg bei den Frauen. Beste Voraussetzungen für die Vererbung eben dieser Merkmale!

Und Erfolg ist auch der Maßstab für das Telefonmarketing, bei dem die Stimme naturgemäß eine wichtige Rolle spielt.

Telefonmarketing – nach wie vor aktuell

Täglich prasseln unzählige Werbebotschaften auf den Verbraucher ein. Da ist es schwer, überhaupt Gehör zu finden. Der telefonische Kontakt – quasi von Mensch zu Mensch – ist eine einzigartige Chance, direkt zum Kunden durchzudringen und ein Angebot ganz persönlich vorzustellen. Wegen dieser direkten Kommunikation ist das Telefonmarketing eine effektive Möglichkeit, Kunden zu gewinnen und fest an ein Unternehmen zu binden.

Inzwischen sind nahezu alle deutschen Haushalte mit mindestens einem Telefon ausgestattet. Die Erreichbarkeit via Stimme ist also gewährleistet. Davon lebte der Boom des Telefonmarketings in den 1990er-Jahren. Diese Entwicklung ist längst nicht abgeschlossen. Weiterhin entstehen Call Center mit dem Ziel, potenzielle Kunden zu erreichen und zu akquirieren. Allerdings blieb die Reaktion des Verbrauchers nicht aus: Er ist entsprechend sensibilisiert und wählerisch. Kurz: Er lehnt schneller ab oder legt einfach auf. Die ersten Sekunden Ihres Akquisetelefonats, der erste Eindruck, den Sie vermitteln, sind deshalb entscheidender denn je.

Lernen Sie Ihre Stimme kennen

Aus eigener Erfahrung wissen Sie, dass Sie sofort sagen können, ob Ihnen eine Stimme sympathisch ist oder nicht. Aber wie sieht es mit der Einschätzung der eigenen Stimme aus: Wissen Sie, wie Ihre Stimme klingt? Ist sie eher hell oder dunkel, hoch oder tief? Klingen Sie selbstbewusst oder eher unentschlossen? Und wie verändert sich Ihre Stimme bei unterschiedlichen Sätzen. Oder bleibt sie immer gleich? Wie klingt Ihre Stimme, wenn Sie freundlich oder begeistert wirken wollen?

Mit einer simplen Tonaufnahme schaffen Sie Klarheit. Befragen Sie außerdem Ihren Freundes- und Bekanntenkreis, um Meinungen einzuholen, wie andere Menschen Ihre Stimme einschätzen, wie sie auf andere Menschen wirkt. Damit sind Sie schon einen bedeutenden Schritt weiter: Sie können einschätzen, welche Wirkung Ihre Stimme – das wichtigste Instrument beim Telefonmarketing – entfaltet.

Stimme, Tonlage, Klang – die Softskills des Telefonmarketings

Im zweiten Schritt setzen Sie sich zum Ziel, Ihre Stimme bewusst einzusetzen. Damit ist nicht gemeint, die Sprechstimme zu verstellen und plötzlich etwas zu imitieren, was man selbst nicht ist. Das kann nur künstlich wirken. Gemeint ist: Loten Sie das natürliche Potenzial Ihrer Stimme aus, damit Sie es effizient nutzen können. Dafür brauchen Sie einen Profi wie zum Beispiel einen Sprechtrainer oder einen Logopäden. Er kann Ihnen in relativ kurzer Zeit zeigen, wie Sie Ihre individuelle Stimme besser ausarbeiten, eventuell an Ihrer Atmung arbeiten und Ihre Tonlage noch authentischer werden lassen. Aber das wichtigste ist: Er verhilft Ihnen zu mehr Bewusstsein über Klang und Tonlagen Ihrer eigenen Sprechstimme und ermöglicht Ihnen damit, diese bewusst einzusetzen, ohne künstlich zu wirken.

Nicht jede Stimme ist bei jedem Produkt sexy

Die gute Nachricht ist: Für jede Stimme gibt es das passende Produkt. Die schlechte: Nicht jedes Produkt passt zu jeder Stimme. Hier muss ausgewählt werden, um den potenziellen Neukunden zu überzeugen. Eine gehauchte Frauenstimme für ein seriöses Versicherungsprodukt oder eine Finanzdienstleistung ist so undenkbar wie eine sonore Stimme, die einen gestandenen Mann im besten Alter vermuten lässt, bei einem jungen, frischen Teenie-Produkt. Ein Tausch der Sprecher ist da schon eher Erfolg versprechend. Und für die Zielgruppe »weibliche Teenager« sind die piepsenden Stimmen – die übrigens keinerlei Alter der Sprecherin verraten – einfach perfekt. Falls Sie das Erfolgspotenzial von Piepsstimmen bezweifeln: Schauen Sie sich die Karriere von Verona Feldbusch an. Hätten Sie dieser Stimme so viel Erfolg zugetraut?

Verkauft die attraktive Stimme besser?

Diese Frage ist sicher nicht mit einem klaren Ja oder Nein zu beantworten. Das Handwerkszeug eines erfolgreichen Telefonverkäufers sind und bleiben:

- eine gute Nutzenargumentation,
- eine wirkungsvolle Überzeugungsstrategie und
- eine ausgefeilte Rhetorik.

Die angenehme, sympathische Stimme erhöht ganz sicher die Aufmerksamkeit für das, was gesagt wird. Sie fördert die Bereitschaft des Kunden, sich mit dem Angebot auseinander zu setzen. Deshalb spielt die richtige Auswahl einer Telefonstimme auch eine wichtige psychologische Rolle beim Verkauf. Aber auf die einfache Formel »Sex sells« lässt sich das sicher nicht reduzieren. Die ansprechende Stimme ist ein zusätzliches Plus und erhöht die Erinnerbarkeit. Eine gute Fragetechnik und ein strategischer Gesprächsaufbau können damit aber nicht ersetzt werden. Der Klang der Stimme ist die emotionale Komponente beim Telefonmarketing und unterstützt – ohne explizit ausgesprochen zu sein – die ausgefeilte, rationale Gesprächsarchitektur.

Killerphrasen – für jede Telefonstimme tödlich!

Der schönste Klang nützt wenig, wenn der Inhalt nicht stimmt. Und eines gleich vorab: Mit Standardphrasen kann man im Telefonmarketing schon lange nicht mehr punkten.

Formulierungen wie »Dieses Produkt ist sicherlich interessant für Sie, weil es die neueste Entwicklung ist«, oder »Sicherlich haben Sie schon davon gehört, dass ...« sind absolute Killerphrasen. Sie orientieren sich nicht am Bedürfnis des Neukunden. Der möchte seinen individuellen Vorteil wissen. Möglichst sofort. Mit einer hervorragenden Telefonstimme allein kommen Sie da nicht mehr weiter. Jetzt ist Handwerk gefragt. Und entweder Sie sind eines der seltenen Naturtalente oder Sie gehören zu den erfolgreichen Verkäufern, die ihr Handwerkszeug gelernt haben: Höflichkeit, strategische Rhetorik, zielgerichtete Fragetechnik.

Verkaufserfolg ist individueller Erfolg – Formulierungen nach Maß

Wie Sie sich den Bereich der Rhetorik und der Gesprächsstrategie systematisch erarbeiten, können Sie mit entsprechender Fachliteratur oder in Seminaren lernen. Verzichten Sie aber darauf, vermeintliche »Erfolgsphrasen« auswendig zu lernen. Hier ist Individualität gefragt und jede Formulierung muss an die eigene Persönlichkeit angepasst werden, damit sie als echt und authentisch wahrgenommen wird.

So begeistern Sie Ihr Gegenüber

Fassen Sie sich kurz und kommen Sie zum Punkt. Dafür reichen 15 Seku-nden. Garantiert. Diese Viertelminute sollte allerdings die drei »V« enthalten:

– Vorstellen (Guten Tag, ich bin … von der … (Unternehmen nennen).)
– Vorteil nennen (Ihr Vorteil ist …)
– Vorwärts fragen (Ist das interessant für Sie?)

Probieren Sie es aus. Sie kommen mit 15 Sekunden aus und die Aufmerksamkeit Ihres Neukunden ist Ihnen gewiss – vorausgesetzt der Produktvorteil ist für ihn relevant. Wenn Sie außerdem durch Ihre Stimme Sympathiepunkte sammeln können, steht dem Erfolg beziehungsweise einem zweiten Gespräch sicher nichts im Wege.

Sex sells – auch bei der ganz jungen Generation?

Wie wichtig es ist, sich seine Zielgruppen sehr genau anzusehen, zeigen aktuellste Erkenntnisse aus Skandinavien. Eine brandneue schwedische Untersuchung (vgl. Focus Money vom 14.12.2005) lässt die Werbewelt aufhorchen.

Die Studie ergab, dass sich die Werbeexperten irren, die auch heute noch glauben, auf eine sichere Karte zu setzen, wenn sie Werbung mit Sex würzen. Denn Sex verkauft sich nicht besser als andere Werbekonzepte – und manchmal sogar schlechter.

Die renommierte Stockholmer Handelshochschule befragte 700 schwedische Nachwuchskonsumenten im Alter zwischen 15 und 18 Jahren, eine Gruppe, die als besonders offen in Bezug auf Geschlecht und Sexualität gilt, inwieweit sie Sexanspielungen in der Werbung zum Kauf eines Produktes bewegen kann.

Werbung ohne Sex kommt besser an

Das Ergebnis der Umfrage war überraschend: Die Jugendlichen beurteilten Werbung mit sexuellen Elementen fast durchgehend negativ und geben an, lieber Produkte zu kaufen, die nicht durch Sex vermarktet werden.

Die Jugendlichen hatten sich bereit erklärt, einen Fragebogen zu beantworten und sich Reklamefilme anzusehen, um sie hinterher zu bewerten. »Die Untersuchungsgruppe war im Großen und Ganzen negativ gegenüber Reklame eingestellt, die mit Sexanspielungen arbeitet. Allerdings waren die weiblichen Jugendlichen stärker dagegen als die männlichen«, sagt Studienleiterin Caroline Bergsten.

Missfallen bei jungen Menschen

Die starke Ablehnung von Sex in der Werbung durch beide Geschlechter der für Schweden repräsentativen Untersuchungsgruppe könne daran liegen, dass vor allem jüngere Frauen in der Werbung oft als Sex-Objekte missbraucht würden, und dies aufgeklärten, emanzipationsbewussten Jugendlichen missfallen würde.

Den Jugendlichen wurde Limonaden- und Parfumreklame vorgeführt. In beiden Produktbereichen jeweils mit und ohne sexuelle Anspielungen. Mehrheitlich reizte die Reklame ohne Sex eher zum Kauf der umworbenen Produkte. »Zwischen Parfum- und Limonadenreklame gab es bei der Bewertung keinen nennenswerten Unterschied. Wir dachten zunächst, dass die Jugendlichen Sexanspielungen in Parfumreklame eher gut heißen würden als in der Limonadenreklame, aber dem war überraschenderweise nicht so«, sagt Bergsten.

Klaus Fink
Telefontraining
www.fink-training.de

Die Studienleiterin folgert: Bei der Bewerbung von schnell umsetzbaren Produkten sollten sich Werber, die Jugendliche erreichen wollen, genau überlegen, ob sie sexuelle Elemente benutzen sollten. Denn vor allem jüngere weibliche, aber auch männliche Konsumenten, deren Sinn für Gleichstellung zwischen den Geschlechtern sensibler ist als der vorhergehender Generationen, werde durch nackte Frauenkörper in der Werbung eher negativ beeinflusst.

In der jungen Generation scheint also ein geänderter Umgang mit Sexualität stattzufinden. Ob dies eine kurzzeitige Erscheinung ist oder der Beginn eines Trends, wird sich zeigen. In jedem Fall lohnt es, sich sehr genau mit seiner Zielgruppe auseinander zu setzen, um nicht schon im Vorfeld Schiffbruch zu erleiden. Steht die Gesprächsstrategie, dann gilt ganz sicher auch fürs Telefon: Der richtige Sex-Appeal an der richtigen Stelle wird für den Verkaufserfolg nur förderlich sein. Aber vergessen Sie nicht, dass die Stimme nur ein Bestandteil eines Verkaufsgespräches ist. Mindestens genauso wichtig sind eine gute Argumentation, eine professionelle Gesprächsführung und das berühmte Quäntchen Glück.

Claudia Fischer
Wirkt der Flirt-Turbo auch beim Telefonverkauf?

Dass Männer genauso gerne mit hübschen Frauen zu tun haben wie Frauen mit attraktiven Männern, ist vielen Vertriebsverantwortlichen durchaus bewusst. Aus gutem Grund werden beispielsweise in Ladengeschäften, in denen dies von der Anzahl der Mitarbeiter her möglich ist, Verkäuferinnen für eine überwiegend männliche Kundschaft beziehungsweise Verkäufer für eine überwiegend weibliche Kundschaft eingesetzt. Die positive Wirkung des gegengeschlechtlichen Gegenübers verkauft definitiv mit.

Nachdem Verkauf und Geschäftsanbahnung heute – auch und gerade bei komplexen Produkten und Dienstleistungen sowie im B-to-B-Bereich – vielfach über das Telefon erfolgen, stellt sich da natürlich die Frage, ob dieser gegengeschlechtliche Vertriebsbeschleuniger denn auch am Telefon funktioniert. Ob es also auch dann von Vorteil ist, wenn Männer etwas an Frauen verkaufen beziehungsweise Frauen an Männer?

Meine Antwort, die von der Erfahrung von Tausenden selbst geführter oder gecoachter Vertriebstelefonate geprägt ist, fällt eindeutig aus: Ja, es kann durchaus hilfreich sein, beim Telefonvertrieb einen gegengeschlechtlichen Gesprächspartner zu haben. Die wenigsten Menschen kaufen aus rein rationalen Gründen, die meisten sind »Beziehungskäufer«. Oder noch deutlicher ausgedrückt: Sex sells – auch via Telefon!

Ehrliches Interesse am Gegenüber ist die Basis für Erfolg im Vertrieb. Eine sympathische Beziehungsebene oder ein Neukontakt, der beiden Gesprächspartnern über das Geschäftliche hinaus auch noch Spaß macht, ist der »Klebstoff« eines soliden Miteinanders. Wenn all das dann auch noch durch einen kompetenten und charmanten Flirteffekt unterstützt wird – umso besser! Allerdings sind dabei einige Regeln und Hinweise zu beachten – und zwar in beiden Geschlechterkombinationen – sonst ist es möglich, dass die Chancen für weitere Kontakte ein für alle Mal zerstört werden. Also Vorsicht! Beide Geschlechter sind gut beraten, mit Augenmaß an gegengeschlechtliche Telefonvertriebskontakte heranzugehen. Nachfolgend habe ich für Sie jeweils zehn zentrale Tipps zusammengestellt, die Frauen beim Telefonvertriebskontakt mit Männern beziehungsweise Männer beim Kontakt mit Frauen beachten sollten.

Zehn Tipps für Frauen

1. **Lächeln Sie!**
   Nutzen Sie beim Umgang mit männlichen Kunden die Waffen einer Frau: Lächeln Sie beim Sprechen! Das entspannt Sie. Ihr Gesprächspartner wird neugierig und aufmerksam. Sie selbst fühlen sich sicherer und optimistischer.

2. **Beweisen Sie Fingerspitzengefühl!**
   Sollte Ihr männlicher Gesprächspartner unter Zeitdruck stehen, erklären Sie ihm kurz und konkret, worum es geht! Fragen Sie ihn dann, wann Sie ihn am besten (Zeitfokus definieren!) erreichen können! Wenn er den Termin festlegt, fühlt er sich eher daran gebunden.

3. **Stimmen Sie Ihren Gesprächspartner ein!**
   Seien Sie nicht zu kurz angebunden! Männer brauchen (manchmal) etwas länger, das heißt einige Sekunden, um sich auf Gesprächspartnerinnen einzustellen, besonders dann, wenn sie am anderen Ende einen Mann erwarten. Nennen Sie Ihren Vor- und Nachnamen! Gerade als Frau gewinnen Sie dadurch Vertrauen – Sie zeigen Offenheit, Zeitgeist und Professionalität.

4. Sexy Stimme!

Sie dürfen am Telefon durchaus Ihre Reize ausspielen, nicht nur mit
Worten, sondern vor allem mit Ihrer Stimme. Nutzen Sie das. Sprechen
Sie in mittlerer Tonhöhe – zu hohe Frauenstimmen kommen beim
anderen mitunter als piepsig an. Modulieren Sie durch sämtliche Tonlagen, bleibt auch der trockenste Inhalt lebendig.

5. Sitzen oder stehen Sie typgerecht!

Eine typgerechte Körperhaltung unterstreicht Ihre Stimme im positiven Sinne – egal, ob Sie vom festen oder mobilen Telefon aus anrufen.

6. Geben Sie Ihrer Stimme Freiheit!

Schauen Sie möglichst geradeaus, damit die Stimmbänder frei sind!
Essen, Trinken, Rauchen während des Telefonierens sind verboten,
Ihr Gesprächspartner hört alles. Bei Rückfragen benutzen Sie die
Stummtaste. Vermeiden Sie es, laut zu werden!

7. Formulieren Sie positiv und aktuell!

»Lieber Herr Kunde, ich erledige das selbstverständlich«, ist besser als
»Ich weiß nicht, wann ich dazu komme.« Grundsätzlich wissen Sie
alles, auch wenn Sie nichts wissen. Trotz möglicher technischer
Unkenntnis äußern Sie sich professionell – mit der Aussicht auf rasche
Klärung, wenn möglich noch während des Gesprächs oder mit einem
sofort von Ihnen vereinbarten Rückruftermin.

8. Agieren Sie, statt nur zu reagieren!

Hören Sie genau zu! Nehmen Sie bestimmte Wörter Ihres männlichen Gesprächspartners auf und lassen Sie diese in Ihren nächsten
Satz einfließen! Achten Sie dabei auf typisch männliche Begriffe und
operieren Sie damit! Fallen Sie aber keinesfalls in einen befehlenden,
autoritären Stil! Überlassen Sie das den Männern!

9. Machen Sie sich Notizen!

… und sagen Sie Ihrem Telefonpartner, dass Sie sich Notizen machen!
Notieren Sie sich Hinweise, die den anderen betreffen, aber nichts
mit dem Geschäft zu tun haben, zum Beispiel Hobbys! Nutzen Sie

solche Themen als Einstieg für ein nächstes Gespräch! Sie gewinnen dadurch an Achtung. Außerdem reden Männer am allerliebsten über ihre Hobbys.

10. **Verabschieden Sie sich charmant!**
Gehen Sie Wichtigstes (und nur Positives) chronologisch durch: Wiederholen Sie, was ausgehandelt wurde, kurz und freundlich! Schließen Sie mit einem persönlichen Wunsch ab, der nur aus dem Mund einer Frau kommen kann – persönlich, charmant und gleichzeitig professionell!

Zehn Tipps für Männer

1. **Vermeiden Sie hilflosen Smalltalk!**
Das gilt vor allem bei noch fehlender Beziehungsebene.

2. **Versprechen Sie nur, was Sie halten können!**
Vermeiden Sie Standardfloskeln wie: »Da haben Sie sich aber einen Champagner verdient.« Wenn Sie es ehrlich meinen, loben Sie lieber emotional mit Worten wie: »Sie sind ein Goldschatz, vielen Dank, dass Sie mir so schnell geholfen haben.«

3. **Machen Sie es wie die Frauen: Lächeln Sie!**

4. **Anmache ist tabu!**
Sie zeigen damit nur Unbeholfenheit und Schwäche.

5. **Steigen Sie auf den Charme einer Frau ein!**
Versuchen Sie, auch die schwierigste Sache sympathisch zu lösen. Machen Sie, wenn es besonders schwierig wird, einer Gesprächspartnerin kurze, situationsbezogene Komplimente! Zur schönen Stimme, zur konstruktiven Lösung, zu ihrer Kompetenz.

6. **Spielen Sie nicht den »starken Mann«!**
Im Geschäftskontakt sollten Sie die Frau als kompetenten, gleichwertigen Ansprechpartner respektieren. Trauen Sie sich, bei gegebenem

Anlass, ruhig die Stärke und Zuverlässigkeit Ihres weiblichen Gegenübers zu loben!

7. **»Gut gebrüllt Löwe!« – Vergessen Sie's!**
Weder Lautstärke noch Vielwisserei überzeugen, innere Stärke und sachliche Kompetenz unterstreichen stattdessen Ihren Sympathiefaktor.

8. **Hören Sie geduldig zu!**
Auch der größten Schwätzerin! Und steuern Sie das Gespräch sanft! Sie erfahren so sehr viel mehr über Kundenwünsche, als wenn Sie einen Redeschwall abwürgen.

9. **Unterschätzen Sie Frauen nicht!**
Kaum eine Frau prahlt vordergründig – im Gegensatz zu manchem Mann – selbst wenn sie das Know-how dazu hätte. Achten Sie Ihre Gesprächspartnerin und vermeiden Sie es, allein aufgrund des Geschlechts voreilige Schlüsse zu ziehen. Bei Frauen führt Sie statt Arroganz Einfühlungsvermögen zum Ziel.

10. **Reduzieren oder erhöhen Sie Ihre Sprache besonders bei technischen Inhalten auf das Niveau des Gesprächspartners!**

Die Stimme macht's

Gerade beim gegengeschlechtlichen Miteinander entscheidet viel weniger das Was als vielmehr das Wie über Erfolg oder Nichterfolg eines telefonischen Vertriebskontaktes. Und zwar unabhängig davon, ob nun Männer mit Frauen oder umgekehrt Frauen mit Männern telefonieren. Worte, Tonfall und Timbre tragen in beiden Fällen zu 87 Prozent dazu bei, wie Sie von einem Gesprächspartner wahrgenommen werden. Denn die fachliche Kompetenz wird gerade bei einem geschäftlichen Telefonat einfach vorausgesetzt. Für den Erfolg im charmanten Kampf um die Aufmerksamkeit des Gesprächspartners sind viele Faktoren der Stimme wichtig: Komponenten wie Tonhöhe, Klangfarbe, Modulation, Rhythmus, Satzmelodie, Volumen und Lautstärke wirken immer gemeinsam, nie als

Einzelfaktoren. Alle zusammen machen den Sympathiefaktor der Stimme aus und entscheiden darüber, ob der (potenzielle) Kunde am anderen Ende der Leitung weiter zuhören wird oder das Gespräch vorzeitig beendet. Eine sympathische und attraktive Stimme wird weder Mann noch Frau in die Wiege gelegt. Im Gegenteil. In meinen Kursen ist immer wieder »hörbar«, dass nur die wenigsten Menschen das Optimum aus ihrer Stimme »herausholen«, also angenehm und anziehend klingen, indem sie in der richtigen Geschwindigkeit, mit einer wirkungsvollen Modulation und vor allem in der ihnen eigenen Stimmlage, der Indifferenzlage, sprechen. Die meisten reden deutlich höher oder tiefer. Dazu kommen Schwankungen des Stimmbildes durch Nervosität, Anspannung, Hemmschwellenängste oder andere Einflüsse, die sich negativ auf die Gesamtwirkung der Stimme auswirken. Die gute Nachricht dabei ist: Ihre Stimme ist aktiv und (indirekt) trainierbar! Zum Beispiel mit folgenden Übungen:

1. So bekommen Sie Ihre Stimme in die Indifferenzlage
Mithilfe eines so genannten Resonanztons lässt sich die aktuelle Sprechstimme in die Indifferenzlage, also in die individuell natürliche Lage bringen. Probieren Sie es einfach aus! Was Sie dazu brauchen, ist eine entspannte Körperhaltung und Ihr Lieblingsessen. Letzteres allerdings nicht in der Realität, sondern »nur« vor Ihrem geistigen Auge. Stellen Sie sich also bitte Ihr Lieblingsessen vor (und schreiben Sie es auch gleich auf ein Blatt Papier, damit Sie es für künftige Übungen stets parat haben). Notieren Sie das komplette Gericht und das Ambiente, in dem Sie am liebsten speisen. Nun denken Sie sich bitte in die konkrete Situation hinein: Sie haben Hunger. Es riecht gut. Es sieht gut aus. Ihnen läuft das Wasser im Mund zusammen. Sie fangen an zu essen. Es schmeckt fantastisch. Und weil es so besonders gut schmeckt, kommt Ihnen ein genießerischer Wohllaut über die Lippen. »Mmhhh«, sagen Sie. Dieses »Mmhhh« wiederholen Sie bitte mehrmals. Dann sprechen Sie einen kurzen Satz, zum Beispiel Ihre übliche Telefonbegrüßung: »Guten Tag Herr Kunde, mein Name ist ...« Ganz so, als ob Sie tatsächlich telefonieren würden. Wenn Sie die Übung richtig machen, kommt Ihre Stimme nach entsprechend häufigen Wiederholungen automatisch in ihren Normalsprechtonbereich, die Indifferenzlage. Das ist die Stimmlage, in der Ihre Sprechstimme wirklich »zu Hause« ist.

2. So reduzieren Sie eine zu hohe Sprechgeschwindigkeit

Die meisten Menschen neigen dazu, am Telefon schneller zu sprechen als im persönlichen Gespräch. Wenn sich Nervosität einschleicht, sprechen sie meistens sogar noch ein bisschen schneller – unbewusst. Kein Wunder also, dass dies beim Gegenüber nur schlecht ankommt (und kaum verstanden wird). Die Formel für wirkungsvolles Telefonieren heißt deshalb: Langsamer sprechen bringt dem Gegenüber schnelleres Verstehen. Damit Sie überhaupt ein Gefühl für Ihr Sprechtempo bekommen, ist zunächst einmal das Lesen hilfreich. Lesen Sie sich also laut vor: aus der Zeitung, einem Buch oder Magazin. Das erscheint Ihnen anfangs, vor allem wenn Sie eigentlich nicht gerne lesen, möglicherweise seltsam. Doch damit haben Sie bereits einen entscheidenden Schritt nach vorne gemacht: Sie optimieren Ihre Sensibilität für das Gesprochene.

Sprechen Sie beim Vorlesen bewusst deutlich. Betonen Sie jedes Detail. Erfolgreich sind Sie mit dieser Übung, wenn andere Ihnen gerne beim Vortragen zuhören – und auch verstehen, worum es geht.

3. So sprechen Sie deutlicher

Falls Sie zu den Menschen gehören, die beim Reden durch die Zähne sprechen, ohne groß die Lippen zu bewegen, sollten Sie folgende Übung machen: Wählen Sie einen kurzen Text von etwa einer Viertel DIN-A4-Seite, den Sie laut vorlesen. Nehmen Sie nun einen schönen Naturkorken. Beißen Sie darauf. Mit dem Korken zwischen den Zähnen sprechen Sie jetzt den Text noch einmal. Verständlichkeit erreichen Sie mit dem Korken zwischen den Zähnen nur noch durch absolut exakte Betonungen und durch die ausgeprägte Bewegung der Lippen. So schulen Sie Ihre Aussprache sehr gezielt. Üben Sie regelmäßig. Am besten täglich, und zwar immer mit dem gleichen Text. Erst, wenn dieser für Zuhörer richtig gut verständlich geworden ist, wählen Sie einen neuen und verfahren mit diesem ganz genauso.

Als angenehm empfinden wir eine Telefonstimme – unabhängig vom Geschlecht – immer dann, wenn wir sie sympathisch und zugleich authentisch finden. Manche Männer sind, was die Stimme betrifft, im Vorteil (Männer sprechen tiefer, dadurch klingt die Stimme oft wärmer, ruhiger,

kompetenter). Andere – und viele Frauen – sprechen dagegen zu »girlan-
dig« und hinterlassen dadurch bei gegengeschlechtlichen Vertriebstelefo-
naten einen teilweise unsicheren oder inkompetenten Eindruck. Machen
Sie Schluss mit negativen Nebenwirkungen Ihrer Stimme – der Stimme,
die Ihnen sicher noch in schlechter Erinnerung ist, als Sie sie das erste Mal
auf einem Band gehört haben! Stimmt's?

Es ist durchaus möglich, statt in so genannten Girlandensätzen in Bogen-
sätzen zu sprechen und dadurch beim jeweils anderen Geschlecht optimal
zu »punkten«.

Der Girlandensatz zeichnet sich durch Schwankungen in der Tonlage und
durch Bandwurmsätze aus. Wer Girlandensätze benutzt, spricht oft
schnell, die Tonhöhe geht rauf und runter. Ohne Punkt und Komma. Und
deshalb ohne Sinn. Das ist tödlich für Telefongespräche. Denn, wer am
Telefon Girlandensätze spricht, bringt seinen Gesprächspartner zum
»Abschalten«. Garantiert!

Der Bogensatz dagegen ist kurz und verständlich. Er weckt die Aufmerksamkeit des Zuhörers. Die Stimme klingt sympathischer, überzeugter vom
Inhalt und damit überzeugender. Stimme und Sprache signalisieren Kompetenz.

Zu »erfolgreich« beim gegengeschlechtlichen Vertriebstelefonat?

Natürlich ist es schön, im Telefonvertrieb erfolgreich zu sein. Allerdings
kann es gerade bei gegengeschlechtlichen Kontakten durchaus geschehen,
dass es dabei zu »Nebeneffekten« kommt, die so gar nicht gewollt sind. Soll
heißen: Gerade als Vertrieblerin kann es vorkommen, dass Freundlichkeit
im Umgang mit männlichen Kunden von diesen als Zeichen für den
Wunsch nach persönlicher Nähe interpretiert wird.

Wie lässt sich mit solchen Situationen am besten umgehen?

Nun, am besten ist es, sie von Anfang an zu vermeiden. Mein Tipp dazu:
Flirten ja – aber bitte auf geschäftlich freundschaftlicher Ebene. Als Frau

sollten Sie sich abgrenzen. So signalisieren Sie die Erfolgsmischung aus Charme, Flexibilität, Zuverlässigkeit, Kompetenz und Selbstbewusstsein!

Ich kenne verschiedene Frauen, die Probleme haben, sich abzugrenzen. Denen schon das eine oder andere Mal ein »unmoralisches Angebot« gemacht wurde. Mir selbst ist es in meiner langjährigen Tätigkeit als Telefonvertriebsspezialistin und Telefontrainerin erst ein einziges Mal passiert, dass ein männliches Gegenüber bei freundschaftlicher und mehrjähriger Geschäftsbeziehung diese unsichtbare Schwelle überschritten hat. Ich nahm's humorvoll als Kompliment und holte ihn freundlich, aber durchaus klar und eindeutig wieder auf die Sachebene des Gespräches!

Sollte es im Zweifelsfall aber doch einmal »eng« werden – hier die wichtigsten Tipps für Antworten auf taktlose Fragen, die vor allem Frauen und natürlich auch Männer beim Umgang mit dem jeweils anderen Geschlecht anwenden können:

1. **»Unrat vorbeischwimmen lassen!«**
   Überhören Sie die Bemerkung und steuern Sie zurück auf die Sachebene.

2. **Reagieren Sie charmant und abweisend zugleich.**
   »Das nehm ich als Kompliment. Um auf Ihr Anliegen zurückzukommen … folgende Idee … Was halten Sie von …?
   Prima, dann machen wir das so.«

3. **Bringen Sie eine Ich-Botschaft, ohne die Frage zu beantworten.**
   »Ich fühle mich überrumpelt. Zurück zum Thema.
   Wo waren wir stehen geblieben?«

4. **Kontern Sie humorvoll.**
   »Mal sehen, welche unpassende Antwort mir dazu einfällt.
   Wo waren wir stehen geblieben?«

5. **Ziehen Sie die Frage ins Lächerliche, ohne sarkastisch zu werden.**
»Sie machen wohl einen Witz. Das interessiert Sie doch nicht wirklich.
Um auf Ihr Anliegen zurückzukommen …«

6. **Bestätigen Sie die Frage.**
»Das werde ich so häufig gefragt …« (3 Sekunden Pause).
»Wo waren wir stehen geblieben?«

7. **Stellen Sie eine Gegenfrage.**
»Und wie sieht das bei Ihnen aus? Um auf Ihr Anliegen
zurückzukommen …«

8. **Wiederholen Sie das zuletzt sachlich Gesagte.**
Überhören Sie die Frage und wiederholen Sie den letzten Satz
des Gesprächspartners, bevor er die Frage stellte!

9. **Grenzen Sie sich ab, wenn die Frage gar zu indiskret ist.**
»Bitte verstehen Sie, dass ich mich dazu nicht äußere!
Herr/Frau Kunde, einen kleinen Augenblick bitte …«
(Leitung stumm schalten, 10 Sekunden warten, nicht länger!)
»Danke, dass Sie gewartet haben. Zurück zum Thema.
Was halten Sie von …? Sehr gut, dann haben wir ja alles geklärt.«
Kurze Zusammenfassung der Sache und Verabschiedung.

Dr. Stefan Frädrich
Was ist sexy?

Sex sells? Sicher! Sex verheißt Emotionen: Spannung, Erotik, Vorfreude, Spiel, Reiz, Genuss, Erfüllung – aber auch Frust, Schüchternheit oder Eifersucht. Keine Frage: Emotion pur. Wer also Produkt oder Marke mit starken Emotionen koppelt, verführt Kunden zum Zugreifen. Schließlich sind unsere Gefühle starke innere Antreiber. Wir kaufen, was uns gute Gefühle verschafft. Wir tun, was wir sexy finden. Aber was ist das überhaupt, sexy?

Spätestens seit der Schulzeit wissen wir, dass sich Geschmäcker unterscheiden, ja unterscheiden müssen: Schließlich erwies sich manch vordergründige Klassenschönheit nicht unbedingt als die oder der Hellste – ein Problem, das bei »Schönheiten« bisweilen auch heute noch zutage tritt. Und so waren wir gezwungen, unsere Neigungen zu diversifizieren: Ob groß oder klein, blond oder dunkel, lebhaft oder ruhig – wir entwickelten unsere Vorlieben. Ein Glück! Wie traurig hätten sich Sex- und Liebesleben entwickelt, wenn sich jeder nur auf »die eine« Klassenschönheit versteift hätte? Reihenweise traumatisierte Jugendliche, eine eingebildete Schönheit und zahllose unentdeckte! Ein statistisches Desaster. Und anschließend? Jahrelange Askese, militante Jammergruppen und neurotische Genussverweigerung. Keine Frage also: Zu viel Schnittmenge führt zum Psycho-Knacks, Vielfältigkeit dagegen ins Reich der Wolllust. Sex sells? Klar doch! Aber was ist denn nun sexy?

Angelika hatte schöne Augen, Petra schöne Beine und Sandra einen prima Humor. Und obwohl alle drei mit unverkennbar weiblichen Schlüsselreizen ausgestattet waren, reagierten wir Jungs auf sie recht unterschiedlich: Thomas mochte Sandra, Lutz alle drei, und während sich Georg nur selten zwischen Angelika und Petra entscheiden konnte, wäre Sandra nie für ihn in Frage gekommen. (Liebe Ex-Klassenkameraden, natürlich habe ich eure Namen ein wenig modifiziert ...) So waren wir zwar neugierig und experimentierfreudig, hatten aber dennoch unterschiedliche Vorlieben und Abneigungen. Warum auch nicht? Jedem das seine.

Was hat das alles mit dem Verkaufen zu tun? Jede Menge! Denn ist es heute nicht genauso wie damals? Haben wir nicht immer noch unsere unterschiedlichen Vorlieben und Abneigungen, ja vor allem unsere ganz persönlichen Scharfmacher und Willensbrecher? Natürlich! Denn: Sex(y) ist Geschmackssache. Und über Geschmack lässt sich nicht streiten, er lässt sich allenfalls empfinden. Wo manch eine oder einer im Dopaminrausch frisch verliebt feuchte Nächte durchwacht, nehmen andere mit Grausen Reißaus, um ihrer Appetenz schließlich ganz woanders freien Lauf zu lassen. Trotz teilweise beachtlicher Schnittmengen reagieren wir auf sexuelle (Schlüssel)reize also selten gleich. Sex(y) ist individuell. Sex(y) ist authentisch. Uns Sex(y) ist ehrlich: Denn sexy ist nur, was sexy ankommt. Sex sells? Sicher! Jedenfalls dann, wenn der Kunde das sexy findet, was der Verkäufer sexy nennt.

Bevor wir für unsere Produkte also das Prädikat »sexy« beanspruchen, sollten wir einen Moment innehalten und die Perspektive wechseln: Was will eigentlich unser Kunde? Was findet er sexy? Welche innere Stimme leitet seine Lust? Sie wissen ja: Jeder Mensch spricht in Gedanken mit sich selbst. So kommentieren wir permanent, was uns passiert: »Steh auf, der Wecker klingelt!«, »Ruf endlich mal Frau Müller an!« oder »Schade, dass der Aufzug kaputt ist!« Man kann auch sagen: Diese innere Stimme kommt von unserem inneren Schweinehund – nennen wir ihn einfach Günter! Weil Günter will, dass es uns gut geht, gibt er uns den ganzen Tag lang Ratschläge: »Iss eine Pizza, keinen Salat!«, »Sport ist Mord!« oder »Schreib endlich das Angebot!« Und immer dann, wenn wir dem Rat dieser inneren Stimme folgen – also Pizza essen, die Beine hochlegen oder das Angebot schreiben –, belohnt uns Günter dafür mit einem guten Gefühl. Wie sexy! Wenn wir jedoch gegen unsere innere Stimme – also gegen Günters Willen – handeln, wird es anstrengend: »Salat essen?«, »Zum lästigen Sport gehen?«, »Schon wieder Frau Müllers Quengeltelefonate entgegennehmen?«. Dazu müssen wir erst unseren »inneren Schweinehund überwinden«. Und das finden wir gar nicht sexy.

Möglicherweise fragen Sie sich nun: Woher will Günter eigentlich wissen, was gut für uns ist? Nun, das hat er im Laufe seines beziehungsweise unseres Lebens gelernt – von (Groß-)Eltern, Tanten und Onkels, Geschwistern, Freunden, Lehrern und Kollegen sowie unzähligen Medien. Und so unterschiedlich wie unsere Erfahrungen, Prägungen und Lebensvoraussetzungen, so verschiedenartig geraten bisweilen auch Günters Tipps: »Sei nicht so vorlaut!« oder »Sag endlich deine Meinung!«, »No risk, no fun!« oder »Vorsicht ist die Mutter der Porzellankiste!« Keine Frage: Menschen – und Schweinehunde oder innere Stimmen – sind verschieden. So verschieden wie die Geschmäcker von Thomas, Lutz und Georg.

Doch Vielfalt kann verwirren. Und so versuchte bereits der alte Hippokrates, ein wenig Ordnung in den Geschmackswirrwarr zu bringen: Er unterschied vier Grundpersönlichkeiten mit unterschiedlichen Vorlieben. Demnach mögen es Sanguiniker gerne heiter und aktiv, Choleriker sind leicht reizbar und durchsetzungsfreudig, Melancholiker lieben es zu grübeln und Phlegmatiker neigen zur Schwerfälligkeit. Wir sehen: Auch im 5. Jahrhundert vor Christus gab es innere Schweinehunde! Und auch heute noch ist Hippokrates' Typologie in Gebrauch – nur formuliert man »cholerisch«, »sanguinisch«, »phlegmatisch« und »melancholisch« jetzt lieber etwas positiver, wie zum Beispiel »dominant«, »initiativ«, »stetig« und »gewissenhaft«. Klingt irgendwie netter, bedeutet aber eigentlich dasselbe: Vier Charakterzüge sollen modellhaft skizzieren, was wir sexy finden.

Nur keine Verwirrung! Besser, wir bleiben bei der Schweinehunde-Terminologie: So sagt zum Beispiel ein (cholerisch dominanter) Durchsetzungs-Günter »Jetzt oder nie!«, »Ganz oder gar nicht!« und »Du oder er!« Ein (sanguinisch initiativer) Aktions-Günter hingegen rät »Mach endlich!«, »Es wird schon gut gehen!« oder »Alle Menschen sind Freunde!« Ein (phlegmatisch stetiger) Routine-Günter wiederum empfiehlt »Eins nach dem anderen!«, »Was gestern gut war, funktioniert morgen auch noch!« und »Streiten ist doof!«, während ein (melancholisch gewissenhafter) Besserwisser-Günter lieber ahnungsvoll warnt: »Vertrauen ist gut, Kontrolle ist besser!«, »Nur Zahlen zählen!« oder »Der Krug geht so lange zum Brunnen, bis er bricht!«

Womöglich meldet sich nun Ihr eigener Günter zu Wort: »Man soll Menschen nicht in Schubladen stecken!« Und natürlich hat er Recht: Wir Menschen sind ungleich komplexer als vier Nullachtfünfzehn-Grundtypen – wie übrigens auch unsere sexuellen Vorlieben … Dennoch funktionieren die Grundtypen als Modelle. Denn sie zeigen, wie sehr wir es als sexy empfinden, wenn wir unserer inneren Stimme folgen dürfen – gerade im Verkauf, wenn wir unseren Kunden anbieten, was sie haben wollen und dabei genau das betonen, was der innere Kunden-Schweinehund besonders sexy findet: Haben wir es mit einem Durchsetzungs-Günter zu tun, betonen wir »Mit diesem Auto fahren Sie allen davon!«, »Um diesen Anzug werden Sie alle beneiden!« oder »Diese Investition stärkt Ihre Position!« Steht vor uns dagegen ein Aktions-Günter, so raten wir »Dieses Auto wird Ihnen Spaß machen!«, »Dieser Anzug hat den neuesten Schnitt!« oder »Diese Investition bringt Ihnen eine rosige Zukunft!« Einem Routine-Günter empfehlen wir »Dieses Auto ist sehr beliebt!«, »Mit diesem Anzug können Sie nichts falsch machen!« und »Mit dieser Investition haben schon viele gute Erfahrungen gemacht!« Und Besserwisser-Günter hören gerne »Dieses Auto ist besonders sicher!«, »Dieser Anzug hat eine Spitzenqualität!« und »Diese Investition hat ein hervorragendes Preis-Leistungsverhältnis!«. Manipulation? Nein! Nur Handwerkszeug eines guten Verkäufers. Oder besser: empfängerorientierte Verbalerotik …

Fragen wir uns also immer: Passt unser Angebot auch zu den Wünschen unseres Kunden? Kann sein innerer Schweinehund voller Vorfreude mit dem Ringelschwanz wedeln? Darf er seinen Gelüsten wirklich freien Lauf lassen? Dann können wir uns sicher sein: Wir sind wirklich sexy! Ohne Wenn und Aber. Sex sells. Ein bekanntes Bonmot lautet auch: »Der Wurm muss dem Fisch schmecken, nicht dem Angler.« Sex(y) ist demnach vor allem immer anders. Und das ist auch gut so.

Roland Franck
Vibrationen

Verzeihung! Aber im Laufe meines Lebens bin ich dazu übergegangen, die Menschen mit »Du« anzusprechen, weil ich »Du« meine, weil ich keine auch irgendwie geartete Grenze haben möchte. Denn die Wirklichkeit des Menschen beginnt erst dann, wenn er wahrhaft du sagen kann.

Die hier von dir gelesenen Worte sprechen zu dir. Haben sie dir etwas zu sagen? Diese Stimme, die dir etwas erzählt, die möglicherweise in dir anklingt, ist dir diese Stimme gleichgültig? Kannst du sie hören? Macht sie dich neugierig? Hast du eine Empfindung? Magst du sie auf irgendeine Weise? Ist sie scharf oder weich? Hast du das Gefühl, dass sie dir bald etwas Wichtiges sagen wird?

Stimme zeigt Freude und Schmerz, Sehnsucht und Verlangen, Interesse oder Desinteresse, Sicherheit und Zuversicht, Wissen und Macht. Stimme kann uns verzaubern und uns entführen. Auch verführen kann sie uns – zu den zauberhaftesten, aufregendsten und motivierendsten Gedanken oder Erlebnissen, aber leider auch zu abschreckenden Gedanken.

Unsere innere Stimme führt uns, und du hast Grund, ihr zu vertrauen. Alles was du von Kind an erfahren hast, ist in deinem Gehirn gespeichert, das Gute und das weniger Gute. Diese Erfahrungen, das was du erfahren hast, haben dich zu dem gemacht, was du bist.

»Jedem Anfang wohnt ein Zauber inne«

Stimme ist Stimmung. Liebe ist das Höchstmaß an Glück in unserer Stimmung. Verliebte können sich in ihrem Glück scheinbar völlig nebensächliche, fast nichtige Dinge sagen, aber jedes Wort stärkt und wirkt. Die Liebe ist eine Himmelsmacht.

Wenn du Dinge erreichen willst, die noch niemals ein anderer Mensch erreicht hat, ist die größte Macht, über die du verfügst, die Liebe, die Liebe zu dem, was du tust, zu dem, was dich ausfüllt, zu dem, was dich antreibt, die Liebe zu dir. Liebst du dich selbst nicht, ist es deine wichtigste Aufgabe, zu ergründen, was du an dir magst, was du kannst, was du geschafft hast, was dich interessiert, was dich inspiriert – und du wirst deinen Weg finden. Denn in dir klingt ein Lied wie in allen Menschen. Wir sind das Instrument, das es lohnt zu erlernen. Wir spielen die Geige, wir schlagen die Trommel, wir blasen die Trompete. Wir singen das Lied unseres Lebens. Wenn wir das tun, stimmt die Welt in unsere Melodie mit ein. Diese Welt spielt ein großes Konzert. Bring deine Stimme ein, damit dieses Lied größer und schöner und wichtiger wird.

Die Neue Wirklichkeit?

Besitzen wir eigentlich noch die Macht unserer Stimme? Oder haben wir die emotionale Ausstrahlung unserer Stimme verloren? Haben wir das, was das Wichtigste ist, seitdem wir Menschen geschaffen wurden, verlernt?

Denken wir doch nur einmal an das Paradies. Meinst du, Eva hätte mit einer harten keifenden Stimme auf Adam eingeredet, doch nun endlich den Apfel zu pflücken. Du weißt, dass ihre Stimme flüsterte, säuselte und umgarnte.

Mit den 1990er-Jahren begann eine neue unpersönliche, undurchschaubare und verunsichernde Wirklichkeit der Sprache. Worte haben oft keine Stimme mehr. Durch E-Mails und SMS fassen sich die Menschen kurz und knapp und überall kursieren Abkürzungen. Freude und Vorfreude, die man mit schönen Worten, mit wundervollen Gedanken und auch mit einer sinngebenden Stimme ausdrücken kann, werden heute durch alberne »Smileys« per Handy transportiert. Wir hinterlassen kurze schnelle E-Mails ohne persönliche Note, aber gerne mit Schreibfehlern. Selbst erotische Texte und Liebesbotschaften werden auf diese Weise verschickt, und verlieren dadurch ihren Zauber. Brauchen wir unsere Stimmen nicht mehr?

Das Wesentliche bist du, deine Stimmung, deine Stimme

Deine Stimme ist – vielleicht magst du es nicht glauben – unter Tausenden wieder erkennbar für den, den du erreicht hast. Du und deine Stimme sind eins. Deine Art und Weise, wie du dich beim Sprechen gibst, welchen Ausdruck du jedem Satz gibst, in jedes Wort legst, machen dich aus und niemand anderen. Große Schauspieler haben die Worte großer Dichter auf derart unterschiedliche Weise mit ihrer Stimme und mit ihrer Persönlichkeit ausgefüllt, dass du den Eindruck haben könntest, es handele sich um verschiedene Stücke. Du hörst etwas anderes, du empfindest etwas anderes, du kannst von denselben Worten aufgewiegelt, gestärkt oder niedergeschmettert werden, weil es allein der Interpretation und der Stimme des Schauspielers obliegt, diesen Worten ihren Sinn zu geben.

Das bedeutet für dich als Verkäufer, dass du dem, was vielleicht viele andere auch verkaufen, deinen eigenen Sinn, deine eigenen Gefühle, dein Denken und Empfinden geben kannst. Selbst bei den gleichen Worten sind zwei Verkäufer niemals die Gleichen. Selbstverständlich erst recht am Telefon, wo du allein auf deine Stimme angewiesen bist.

Deine Stimme ist einmalig auf dieser Welt

Gewiss hast du schon einmal Stimm-Imitatoren gehört und hast dich gefreut, sofort zu erkennen, wer gemeint ist. Es ist also möglich, Merkmale der Stimme nachzuahmen. Trotzdem bleibt erkennbar, dass es eine Imitation ist. Worte, Stimme – lassen wir uns diese einmal auf der Zunge zergehen. Wir können sie hören, spüren, schmecken, fühlen, ja sogar sehen. Die Stimme malt Bilder, die tief in unserem eigenen Inneren und in anderen sichtbar werden, sodass wir gemeinsam eine Reise antreten, getragen von unserer Stimme und Sprache, unseren Gedanken, die uns gemeinsam dorthin führen, wohin wir den anderen führen oder verführen wollen.

Du wirst deine eigenen Erfahrungen mit deiner Stimme schon gemacht haben. Du weißt, wann du flüstern musst, du weißt, wann du den Ton besser etwas schärfer anschlägst, du kannst dich einschmeicheln, deine Stimme kann abweisend sein, deine Stimme – allein deine Stimme – kann Menschen zur Raserei bringen – auch in der Liebe.

Probier deine Stimme aus. Tu es täglich und wann immer du kannst. Führe Selbstgespräche, lies Bücher laut, wenn du allein bist. Lies dieselben Texte mit unterschiedlicher Betonung. Und erfreue dich an der Unterschiedlichkeit.

Stimme braucht Inhalte

Stimme kann Raum und Zeit vergessen lassen. Stimme regt Millionen grauer Gehirnzellen an und führt zu Taten. Die Bandbreite ist unermesslich. Von einer schläfrigen Stimme zu einer hypnotischen Stimme bis hin zur Ekstase. Solltest du wirklich beginnen, deine Stimme zu einem wundervollen Instrument zu machen, das du beherrschst, kannst du alle Früchte, die du begehrst, ernten.

Kein Käufer wird jemals den Glanz selbst weniger Worte vergessen, wenn du sie einzigartig genutzt hast. Es ist dabei völlig gleichgültig, ob du Obst verkaufst oder Häuser. Deine Stimme ist der Träger deiner Gedanken. Deine Stimme erschafft Bilder, erweckt Gegenstände zum Leben, gibt oder nimmt Menschen Sinn für ihr Tun, raubt Menschen den Schlaf, lässt sie schwach werden oder eisern an ihrem Entschluss festhalten.

Alle Entwicklung auf dieser Welt geht von überzeugten Verkäuferinnen und Verkäufern aus, von Menschen, die uns etwas zu sagen haben. Menschen, die wir gerne hören und verstehen. Menschen, die uns das Gefühl geben, wie wichtig ihr Anliegen ist.

Macht der Rede

Ich weiß nicht, ob du im Fernsehen manchmal politische Reden hörst. Wenn du dies tust, kann es dir passieren, dass du dich vom Redner und seiner Idee gefangen nehmen lässt, auch wenn du politisch eigentlich anderer Meinung bist. Wahrscheinlich wirst du bei der nächsten Wahl, deinem vorher gefassten Entschluss, welcher Partei du deine Stimme gibst, treu bleiben. Aber du weißt, dass es eine große Zahl der so genannten Wechselwähler gibt. Bei der Bundestagswahl im Jahr 2005 konntest du erleben, wie durch den unglaublichen Einsatz vor allem eines Menschen – Gerhard Schröder – unerwartet viele dieser Wechselwähler erreicht wurden und das Wahlergebnis anders aussah, als die Prognosen es vorhergesagt hatten. Schröder ging dabei weit über die Grenzen, gab alles und zog jedes Register – vor allem das seiner Stimme.

Ein ähnlich beeindruckendes Erlebnis hatte ich in den 1960er-Jahren. Ich hörte eine Stimme, die mich bis ins Mark erzittern ließ. Zigtausende von Menschen standen vor dem Rathaus Schöneberg, und Willy Brandt begann seine Rede mit drei Worten: »Berlinerinnen und Berliner.« Er sagte dies in einer so unnachahmlichen Weise, dass ich spürte, dass ich Berliner war und bin und immer bleiben werde. Die anschließende Rede wüsste ich heute nicht wiederzugeben. Es waren diese ersten Worte, die mich packten. Ich wusste plötzlich, was es bedeutet, ein Berliner zu sein, ich kannte meinen Platz, ich wusste, wofür ich bereit war, zu lernen und zu arbeiten. Ich wusste, dass ich dafür eines Tages auch meinen Lohn bekommen würde. Ich glaubte an meine Zukunft. Ich fühlte mich zugehörig.

Tiefes Wissen

Bevor ich meine Ausbildung zum Verkäufer begann, ging ich mit vielen anderen zu einer Informationsveranstaltung. Erst vor Ort erfuhr ich, dass der Vortrag in Englisch gehalten wurde. »Schade«, dachte ich, denn ich konnte damals nur sehr schlecht Englisch. Der Redner kam also, wurde mit Beifall empfangen und begann zu sprechen. Ich verstand kein Wort. Aber durch seine großartige Stimme und Betonung – und nur dadurch – hatte ich nach und nach das Gefühl, dass Verkaufen meine Berufung ist. Das tiefe Wissen erfasst mich, dass das mein Beruf werden musste. Und er wurde es. Bis heute war das der richtige Weg für mich.

Ich weiß nicht, ob du so etwas kennst, dass du, nur weil du etwas hörst und weil du es fühlst, von einer Sache überzeugt wirst!? Wenn du je so etwas erlebt hast und durchgehalten hast, wirst du immer zu den Siegern gehören. Du bist nicht zu entmutigen, du hast keine Zweifel, du siehst dein

Roland Franck
world of nature
rfranck@won.de

Ziel, du spürst den Antrieb in dir, deine innere Stimme oder die Stimme eines anderen drängen dich nach vorne. Du beginnst die Freiheit zu erfahren, die daraus folgt. Du erntest die Erfüllung deiner Wünsche. Dein Leben ist voller Kraft, voller Zuversicht und voller Glauben.

Ans Ziel kommen

Wenn Sex dein Ziel ist, bildet sich in deinem Gehirn eine feste Vorstellung. Du weißt, was du willst. Du weißt es genau. Du weißt, wie es sich anhört, sich anfühlt, wie es riecht und schmeckt. Du hast ein Ziel. Von nun an lotet dein Gehirn jeden Weg aus, der dich dahin bringt. Du setzt Worte ein, deine Stimme. Du spürst den richtigen Zeitpunkt. Du weißt, ohne nachzudenken, wann du drängen kannst und wann nicht. Du weißt Spannung aufzubauen. Und immer ist in dir der Trieb, dein Ziel zu erreichen.

So kannst du auch an andere Ziele kommen. Es liegt an dir, die gleiche Inbrunst, den gleichen Glauben, die gleiche Beharrlichkeit, das gleiche Gefühl für den richtigen Zeitpunkt und die gleiche Macht deiner Stimme einzusetzen und zu bekommen, was du von ganzem Herzen begehrst.

Lass uns die einfachen Dinge lernen, ein Ziel haben und für dieses Ziel, die so lange vernachlässigte Stimme einsetzen. Wenn du diesen Text zu Ende gelesen hast, läute eine neue Ära ein – mit dem nächsten Telefonat, mit dem nächsten Gespräch. Achte darauf, wie deine Stimme wirkt und was vom anderen zurückkommt. Verstärke, was gut ankommt, und benutze es öfter. Unterscheide auch die vielen Möglichkeiten der Stimme. Nicht nur laut und leise, sondern auch schnell, dramatisch, nachdenklich oder erotisch. Teste die Erotik deiner Stimme, auch bei Menschen, die du gerade erst kennen gelernt hast, und du wirst spüren, wie alles beginnt, sich zu verändern. Erotik heißt nicht nur Beischlaf. Erotik ist auch liebevolles Verstehen, ist Nähe, ist Zuverlässigkeit, ist Vertrautheit und ist vor allem der Wunsch auf eine dauerhafte Bindung – auch geschäftlich. Eine normale Stimme vergisst man. Eine in einen eindringende Stimme dagegen wird unvergesslich.

Liebe, was du tust, und sei sorgfältig, aber gib alles!

Hans Peter Frei
Die erogene Zone des Marketings

Als mich Hans-Uwe L. Köhler im Zusammenhang mit seinem Buchprojekt »Sex sells« einlud, einen Beitrag zu schreiben, begab ich mich, dem vorgegebenen gedanklichen Rahmen des Buchtitels entsprechend, auf erotische Spurensuche. Die spannende Auseinandersetzung mit diesem gleichermaßen heiklen wie faszinierenden Thema macht eines überdeutlich: Es herrscht kein Mangel an Theorien und Ratgebern. Anleitungen für die ultimative Ekstase haben nicht nur in den Wochenmagazinen längst Einzug gehalten. Es herrscht gewissermaßen taghelle Aufklärung. Wollen wir über Sexualität überhaupt so viel wissen, wie wir heutzutage wissen?

Woran denken Sie, wenn sie das Wort Erotik hören? Lassen Sie mich raten. Vermutlich nicht an Philosophie. Schade eigentlich, denn Erotik und Philosophie haben ursprünglich mehr miteinander zu tun, als beispielsweise Erotik und Pornografie. Erotik meinte bei den Griechen beides: geistige Entfaltung und körperliche Anregung. Und Erotik meinte immer auch das Wechselspiel von Enthüllen und Verhüllen. In einem Erotik-Shop findet man viele nützliche Artikel, die das Leben bereichern können. Doch erotisch ist dort rein gar nichts!

Das Erotische hat mit Begehren zu tun, das nicht unmittelbar befriedigt werden kann. Platon lässt Eros als Kind von zwei Halbgottheiten erscheinen: der Armut und der List. Eros ist eine Mangelerscheinung. Wären wir immer befriedigt, würden wir keine Erotik entwickeln. Erotik ist die Erfahrung des Mangels, der Armut. Da sehen wir etwas, was wir nicht haben, aber haben wollen. Erotik ist nie die unmittelbare Befriedigung. Es ist jener Ausgleich des Mangels, der sich Wege bahnen muss. Der Umwege gehen muss, sei es durch die Umstände, durch Verbote oder durch Tabus.

Das Erotische als Spiel des Verbergens und Entblößens, der Annäherung und der Ferne, des Andeutens kann entweder ins Leere gehen oder es muss irgendwann zur Befriedigung kommen. Das Begehren muss gestillt werden. Der Akt der Erfüllung ist nicht mehr das Erotische. Wunschträumen kann nicht Schlimmeres passieren als die Erfüllung. Oder, wie es der Philosoph Günter Anders 1949 in seinen »Notizen zur Geschichte des Fühlens« schrieb: »Das Prompte ist das Barbarische.« Das Prompte als das Unkultivierte, das Unzivilisierte, das Animalische.

Mangelerscheinung, Ausgleich des Mangels über Umwege, Einsatz von List, Verbergen und Entblößen, Nähe und Distanz – man müsste schon sehr taub sein, um in dieser Sprache keine Affinität zum Marketing im Allgemeinen und dem Verkauf im Speziellen auszumachen. Erotik und Verkauf verlaufen keineswegs parallel, sondern kreuzen sich kräftig! Beide bilden im Grunde genommen das Gegenteil einer offenen Tauschbeziehung. Auch das Verkaufen hat mit dem Spiel der Verführung zu tun, mit asymmetrischen Verhältnissen, mit jener doppeldeutigen Sprache, die etwas anderes meint, als sie sagt. Auch der Verkaufsakt, als Spiel des Verbergens und Entblößens, der Annäherung und der Ferne, kann entweder ins Leere gehen oder es kommt zur Befriedigung.

Vom Verkäufermarkt der Schimpansen

Woher stammt die verblüffende Ähnlichkeit der Sprache bei der Erotik und des Verkaufs? Was steckt dahinter? Bei meinen Recherchen entpuppte sich die frühe Menschheitsgeschichte als wahre Schatzkammer!

Im Tierreich findet man unzählige Varianten des Sexualverhaltens. Manche Tierarten bleiben sich ihr Leben lang treu, die meisten jedoch nicht. Dies trifft auch auf den so genannten modernen Menschen zu. Wobei Modernisierung immer auch meint: strenge Kalkulation der

Kosten. Und Kosten sind nichts anderes als das Maß für das Opfer der alternativen Optionen. Deshalb steht am Anfang der heutigen Ehe nicht der heilige, sondern der rein juristische Ehevertrag, also die Antizipation der Scheidung. Die Ehe ist deshalb nur noch ein Lebensabschnitt, der nicht mit dem Tod des Gatten, sondern nach Vereinbarung zweier ökonomisch orientierter Vertragspartner endet. Niemand kann sich dabei noch ernsthaft wundern, dass sich Scheidungsraten in den letzten zehn Jahren verdoppelten.

Doch zurück ins Tierreich. Schimpansen sind uns tatsächlich erstaunlich ähnlich, teilen wir doch über 98 Prozent der Erbmasse mit ihnen. In Freiheit ist ihr Werbeverhalten nahezu nicht vorhanden. Die Männchen begatten ein Weibchen nach dem anderen. Schön nach dem Motto: Promiskuität ist geil! Der Geschlechtsakt dauert nur ein paar Sekunden, und die Weibchen verhalten sich so, als würde sie das Ganze nichts angehen. Schimpansen gehen keine festen Bindungen ein. Auch im Verkauf ist dieses Verhalten bestens bekannt. Schnäppchenjäger springen statt von Ast zu Ast von Gelegenheit zu Gelegenheit. Lassen sich im Fachhandel beraten und kaufen beim Discounter. Nehmen ist halt doch seliger als Geben. Wer das als Anbieter nicht durchschaut und sich nicht dagegen wehrt, ist selber schuld.

Eine Chance bei Firmenfusionen?

Wie kommen Jungen und Mädchen zusammen? Wenn Kinder zur Schule gehen, passiert etwas Seltsames. Überall auf der Welt entsteht nun eine Kluft zwischen den Geschlechtern. Die Jungen rotten sich zusammen und auch die Mädchen bleiben unter sich. Beide Gruppen separieren sich nicht nur voneinander, sondern reagieren sogar ziemlich feindselig auf das andere Geschlecht. Dieses Verhalten markiert einen wichtigen Schritt in der sexuellen Entwicklung. Die Jungen und Mädchen *müssen* zuerst Fremde werden, um später in der Pubertät eine neue Form der Beziehung einzugehen!

Diese verblüffende Tatsache könnte in einem anderen Kontext Schlüssel zum Erfolg sein. Bekanntlich scheitern über 80 Prozent aller Firmenfusionen, weil sich Identität und Zusammengehörigkeit nicht per Knopfdruck verordnen lassen. Harmonie per Dekret tötet alle Lust an der Nähe. Auch, wenn noch so zahlreiche Synergien am fernen Unternehmenshorizont locken. Das Management durch harte Fakten, die notabene immer Vergangenheit sind, stößt brutal an seine Grenzen. Entgegen alle Erfahrungen regiert aber weiterhin das Prinzip Hoffnung. So wäre es meiner Meinung nach wesentlich Erfolg versprechender, die beiden Firmen zuerst offiziell Fremde sein zu lassen, bevor sie selbst beginnen, ihre gegenseitige Voreingenommenheit abzubauen und gemeinsam eine selbst gewählte Form der Partnerschaft eingehen.

Auch bei den jungen Menschen beginnen die beiden Geschlechtergruppen, ihre gegenseitige Feindschaft sukzessive abzubauen und ersetzen sie durch Neugier. Das neue Interesse am anderen Geschlecht lässt die jungen Menschen beinahe als Verräter an den einstigen Spielkameraden erscheinen. Die neuen Verbindungen sind mächtig, aber ebenso stark ist das Zugehörigkeitsgefühl zum eigenen Geschlecht.

Der periodische Eisprung der Unternehmen

Eine neue Aktivität beherrscht nun das Leben der Teenager – das Promenieren. Ihre Hauptbeschäftigung besteht nun darin, mit so vielen Mitgliedern des anderen Geschlechts wie möglich visuell Kontakt aufzunehmen. Während dieser Phase beeinflussen auch unterschwellige sexuelle Einflüsse das Verhalten. Wissenschaftliche Recherchen in Nachtclubs lieferten erstaunliche Ergebnisse: Genau zur Zeit ihres Eisprungs zeigten die weiblichen Gäste sozusagen instinktiv mehr nackte Haut. Im visuellen Stadium der Partnerwahl fallen in Sekundenschnelle unbewusste Entscheidungen. In einem kurzen Augenblick nimmt das Gehirn hunderte visueller Informationen auf und entscheidet, ob jemand attraktiv wirkt oder nicht. Was sind sexuelle Signale? Was empfindet der Mensch als sexy? Im gesamten Tierreich werden Männchen von Weibchen angezogen, die Gesundheit und Fruchtbarkeit signalisieren. Positive Zeichen dieser Art stehen für potenziellen Nachwuchs. Männer denken zwar nicht primär an Nachwuchs, wenn sie einer Frau nachblicken, aber es beeinflusst ihre Empfindungen. Das gilt auch für Frauen. Wenn sie einen Mann betrachten, suchen sie instinktiv nach Signalen maskuliner Stärke, nach den Merkmalen eines guten Stammhalters. Kraft und Gesundheit sind wichtige Kennzeichen. Viele dieser Geschlechtsmerkmale sind offensichtlich, wie etwa die kräftigen Schultern des Mannes oder die breiten Hüften der Frau. Emanzipierte Frauen signalisieren ihre Durchsetzungskraft in der modernen Gesellschaft ebenfalls mittels schulterbetonter Kleidung.

Welche sexuellen Signale sendet die Welt der Ökonomie aus? Welches sind die Merkmale eines potenten Geschäftspartners? Was den weiblichen Teenagern die nackte Haut, ist den Unternehmen ihr Geschäftsbericht. Periodisch zeigen sie sozusagen nackte Haut in Form von Geschäftsergebnissen und viel versprechenden Fakten zur Unternehmenszukunft. Der Hinweis auf das Gründungsjahr, die Zugehörigkeit zu einer internationalen Firmengruppe, die Aufwendungen für Forschung und Entwicklung sowie die Anzahl der Mitarbeiter sind die Surrogate der starken Schultern und breiten Hüften. Zudem weisen Erfolg versprechende Produkte in der Entwicklungspipeline das Unternehmen als besonders potenten Stammhalter aus und locken auf diese Weise Investoren an.

So differenzieren Sie sich mit absoluter Sicherheit!

Wohin man auch schaut, überall auf der ganzen Welt gibt es regionale Schönheitsideale, die auf uns manchmal befremdend wirken. Oft sind es äußerst subtile Merkmale, die aber von großer Wichtigkeit in der jeweiligen Gesellschaft sind. In Südindien finden die Männer eine starke weibliche Körperbehaarung anziehend. Einer Studie über die erotische Anziehung, bei der weltweit 190 Kulturen untersucht wurden, verdanken wir die Erkenntnis, dass zwei Merkmale überall gleich geschätzt werden: ein gesunder Körper und eine makellose Haut.

Die Modeindustrie manipuliert diese visuellen Codes gekonnt, beispielsweise durch die Veränderung der Augen von Fotomodels. Durch das Aufhellen der Iris tritt der Kontrast zum Schwarz der Pupillen stärker hervor. Wenn die Pupille selbst noch künstlich vergrößert wird, ist die Wirkung noch intensiver. Erweiterte Pupillen sind eine normale Reaktion bei sexueller Erregung und damit ein unterschwelliges Signal. Das Weiß der Augäpfel wird mit Gesundheit, Jugend und Vitalität verbunden. Die Lippen werden außerdem intensiv rot gefärbt und imitieren den Farbwechsel, der auch bei sexueller Erregung auftritt. Und die Gesichtsfarbe erhält einen warmen Ton, um eine gesunde erotische Ausstrahlung zu vermitteln. Übertrieben lange Beine bei Frauen sind ebenfalls ein wichtiges sexuelles Signal.

Nach dem gegenseitigen Betrachten kommt es zur nächsten Phase in der menschlichen Partnerwerbung. Wie brechen die Menschen am schnellsten das Eis? Eine brauchbare Methode ist die Kultivierung des glücklichen Zufalls. Einige irrelevante, absolut nicht sexuell motivierte Faktoren wie das Ausführen des Hundes bahnen ein Gespräch an. Die involvierten Personen suchen nicht direkt nach einem Partner, das wäre zu plump, stattdessen gehen sie einer gemeinsamen Beschäftigung nach, die sie zusammenbringt. Überall auf der Welt werden auf diese Weise neue Beziehungen geknüpft. Die Frage des Eisbrechens bei potenziellen Kunden beschäftigt Verkäufer auf der Welt täglich. Die oben erwähnte Methode der Kultivierung des glücklichen Zufalls ist im Geschäftsleben zwar weder sinnvoll noch besonders Erfolg versprechend. Dessen ungeachtet, erfreut sie sich einer übergroßen Anhängerschaft. Aus Angst vor dem persönlichen Kontakt mit einer wildfremden Person und der damit verbundenen Gefahr der Zurückweisung, beschreiten Unternehmen defensive und meist sehr kostspielige Wege, um die Kunden zu animieren, selbst Kontakt aufzunehmen. Und dann wird, frei nach dem Prinzip Hoffnung, gewartet. Nach den ersten, schüchternen Blicken werden freundliche Worte gewechselt. In dieser Phase beginnt der Informationsaustausch, wo jeder so viel wie möglich über den anderen erfahren möchte, über seine Vorlieben ebenso wie über seine Schwächen. Diese detektivische Kleinarbeit erfordert viel Zeit, ist aber ein wichtiger Prozess, wenn eine länger anhaltende Partnerschaft angestrebt wird. Die Parallelen zum Verkauf sind evident. In einer Region Chinas hilft den jungen Männern und Frauen eine traditionelle Methode, die Schüchternheit beim Ansprechen zu überwinden. Anstatt sich untereinander anzusprechen, bilden sie zwei getrennte Gruppen und kommunizieren mittels Gesang miteinander!

Die gesungene Gesprächseröffnung! Genial. Weshalb nicht? Damit wären Sie wirklich einzigartig und wohl für ewige Zeit in den Köpfen und Herzen Ihrer Kunden verankert. Ich ahne schon, was Sie jetzt denken: Erstens kann ich nicht singen und zweitens, was würden denn meine Kunden denken. Zudem hat das bislang noch nie jemand in der Branche gemacht. Stimmt. Bis einer kommt und es tut. Weshalb nicht Sie?

Weshalb Sie Ihre Kunden füttern sollten

Es ist nicht einfach, den idealen Partner zu finden. Meist liegen einige Fehlstarts dazwischen, bis die Mischung stimmt. Aber wenn es so weit ist, treten wir in eine Phase, die seltsamerweise wie ein Rückfall in die Kindheit anmutet. Pärchen streicheln und liebkosen einander, geben sich alberne Kosenamen, sprechen mit hoher kindlicher Stimme miteinander und umarmen sich ständig. Dieses Stadium nennen wir im Allgemeinen: verliebt sein. Was ist Liebe? Vielleicht nur ein höfliches Wort für Sex? Und ist Sex das, was der deutsche Philosoph Immanuel Kant im 18. Jahrhundert in eine sehr nüchterne, unterkühlte Sprache verpackte: »Sex ist in einer Geschlechtsgemeinschaft der wechselseitige Gebrauch, den ein Mensch von eines anderen Geschlechtsorganen macht.« Oder ist Liebe eine romantische Umschreibung für sexuelle Anziehungskraft. Das sicher nicht, es ist mehr als das.

Liebe ist ein grundlegender biologischer Mechanismus und erfüllt eine spezielle Funktion. Das erste Mal in unserem Leben begegnet uns die Liebe als Babys. In diesem Alter bedeutet sie totale Sicherheit, Schutz und Vertrautheit. Es ist eine verblüffende Tatsache, dass ein Paar beim ersten gemeinsamen Ausgehen für gewöhnlich essen geht. Wir betrachten das als selbstverständlich, aber es hat tiefere Gründe. Es ist wie bei manchen Vogelarten – der Mensch neigt beim Werbeverhalten zum Füttern. Im Verlaufe der Mahlzeit passiert etwas, das typisch ist für das Werberitual des Menschen. Das junge Paar zeigt Verhaltensformen, die man ansonsten eher bei Eltern findet, die kleine Kinder zu versorgen haben; die beiden beginnen, einander wie Babys zu füttern. Dieses Verhalten ist nicht nur eine pseudoelterliche Fütterung, sondern spiegelt eine frühe Entwicklung unserer Spezies wider. In den Jahrmillionen der Jagd lernte der Mensch, seine Nahrung mit seinen Artgenossen zu teilen. Das war die Basis der menschlichen Gesellschaft.

Diese Erkenntnisse wende ich seit vielen Jahren mit verblüffenden Resultaten an. Ich treffe mich, wenn immer möglich, mit neuen Geschäftspartnern zum Essen, bevorzugt zu einem Frühstück oder zu einem Mittagessen. Das bringt für beide Seiten mehrere Vorteile. Erstens sorgt die neutrale Umgebung dafür, dass niemand ein »Heimspiel« hat, und zweitens lockert die besondere Atmosphäre des sozialen Aktes des Essens das Gespräch entscheidend. Die Partner finden wesentlich schneller Zugang zueinander. Oder auch nicht und sparen damit wertvolle Zeit. Das gegenseitige Füttern im wahrsten Sinne des Wortes möchte ich allerdings nur den ganz Mutigen unter Ihnen empfehlen wollen!

Schimpansen würden nie Viagra kaufen

Die menschliche Sexualität weicht in vielen Bereichen von der ihrer Verwandten aus dem Tierreich ab. Das Vorspiel und der Geschlechtsakt sind beim Menschen länger, raffinierter und weitaus intensiver als bei allen anderen Primaten. Unsere erweiterte Sexualität ist jedoch keine Form der kulturellen Dekadenz, sondern ein wesentliches biologisches Merkmal unserer Spezies. Warum konnten wir einem Sieben-Sekunden-Akt, wie ihn die Schimpansen vollziehen, plötzlich nichts mehr abgewinnen?

Erwähnenswert sind zwei Aspekte in der menschlichen Anatomie, die uns von allen anderen Tieren unterscheiden. Wir haben eine beinahe nackte Haut und nutzen sie, um zusätzlich intim stimuliert zu werden. Es gibt noch einen weiteren Unterschied zwischen uns und unseren tierischen Verwandten: Alle Affen und Primaten haben, ebenso wie die meisten Säuger, sozusagen einen knöchernen Penis. Die Funktion dieses Knochens ist simpel. Das Männchen produziert damit eine sofortige Erektion, wenn ihn ein Weibchen sexuell erregt. Der Verlust dieses Knochens beim Menschen bedeutet, dass das zärtliche Umwerben intensiver sein muss, bevor es zum Liebesakt kommt. Das heißt aber auch, dass das menschliche Vorspiel länger und gefühlvoller wurde. Für den Menschen ist Sex also mehr als lediglich ein Zeugungsakt. Er entwickelte sich weg von einer unwillkürlichen Fortpflanzung hin zu einem subtilen, zärtlichen Vergnügen. Was einmal spannungsreich, bisweilen tragisch verwickelt war – die Einheit von Sexualität, Fortpflanzung und Liebe – ist inzwischen entflochten. Sexualität wird als Breitensport betrieben. Bei der Fortpflanzung bedienen wir uns noch der Sexualität, aber es ist absehbar, dass dies nicht mehr lange so bleiben wird. Die Reproduktionsmedizin ist auf dem Vormarsch.

Telefonsex und Frauen

Die Suche nach Geschlechtsunterschieden im zentralen Nervensystem ist uralt. In Tat und Wahrheit ist das Gehirn das eigentliche Geschlechtsorgan. Sexualität findet in erster Linie im Kopf und nicht in den Genitalien statt. Mann und Frau leben aufgrund ihrer neurobiologischen Unterschiede in verschiedenen emotionalen Welten. Besonders deutlich tritt das beim Erfassen der Umwelt mit den Sinnesorganen zutage. Als Beispiel sei der Hörsinn erwähnt: Das Erkennen und Zuordnen von Geräuschen ist beim Mann besser entwickelt. So hört er das leicht störende Geräusch im Getriebe des Autos, welches eine Beschädigung ankündigt – und sie nicht. Andererseits ist er häufig nicht in der Lage, ihr wirklich zuzuhören. Die Musik, als ästhetisches Zusammenspiel von Tönen, ist aber für die Frau leichter erfassbar. Die Gründe sind wohl in der frühen Menschheitsgeschichte zu suchen: Der im Freien jagende Steinzeitmann war eher auf seine für die Ferne ausgerichteten Sinne angewiesen. Sie sind bis heute beim Mann besser ausgeprägt. Er hat eine schnellere visuelle und akustische Auffassungsgabe. Das räumliche Sehen und sein Vorstellungsvermögen sind wesentlich besser entwickelt. Das Landkartenlesen überlassen Frauen deshalb bevorzugt dem männlichen Begleiter. Die Erotisierbarkeit des Mannes läuft in erster Linie über den visuellen Kanal. Auch Geräusche können ihn stimulieren. Telefonsex ist etwas, das ausschließlich für den Mann gedacht ist – kaum eine Frau wird damit etwas anfangen können. Bilder lösen seine sexuelle Erregung aus, und zwar wesentlich rascher, als das bei einer Frau möglich wäre. Die spontane Erregbarkeit des Mannes über Bilder wird seit langem von der Werbung genutzt. Sehen Sie sich nur Plakate oder Anzeigen in Magazinen an. Die Bilder schöner Frauen in erotischen Posen finden sich in der Werbung für Autos, Motorräder und Baumaschinen. Industriezweige also, die nicht im Entferntesten etwas mit Erotik zu tun haben, die aber wissen, dass durch die Erotisierung das Kaufinteresse der Männer geweckt wird.

Wenn Igel miteinander kuscheln

Die enge Verbindung zwischen Mann und Frau ist in vielerlei Hinsicht von besonderer Bedeutung. Die Verhaltensforschung bei Tieren spricht von Paarbindung. Die Liebe ist in Wirklichkeit die Bildung einer dauernden Paarbindung. Aber welche Funktion hat sie? Um die menschliche Sexualität zu verstehen, müssen wir einen Blick auf unsere Kinder werfen, also auf das Resultat unseres Liebesaktes. Im Gegensatz zu unseren tierischen Verwandten ist das menschliche Baby nach der Geburt total hilflos. In den folgenden zehn, 15 oder mehr Jahren wird es von seinen Eltern versorgt. Deshalb muss es einen biologischen Mechanismus geben, der das Paar im Interesse des Babys zusammenhält. Und dieser Mechanismus ist die Paarbindung. Nahezu jede Gesellschaft verstärkt die vereinigende Kraft der Paarbindung mit Hilfe von Hochzeitszeremonien. Ob traditionelle Hochzeit oder Ehebund am *Drive-through*-Schalter in Las Vegas, die Botschaft an die Öffentlichkeit ist immer dieselbe: Wir sind ein Paar. Also, Hände weg!

Unternehmen verstärken die vereinigende Kraft der Kundenbindung als Pendant zur Paarbindung auf vielfältige Art und Weise. Die heutigen Märkte sind durch eine Fülle von Anbietern und Marken gekennzeichnet. Es mangelt an Kunden, nicht an Produkten! Schätzungen zufolge verfügen europäische Automobilhersteller über Produktionskapazitäten von 75 Millionen Autos pro Jahr – die Nachfrage wird jedoch bei 45 Millionen Fahrzeugen liegen. Clevere Unternehmen betrachten sich heute nicht als reine Verkäufer von Produkten, sondern als Entwickler profitabler Kunden. Sie wollen nicht nur der einzige Lieferant eines bestimmten Produktes sein, sondern einen größeren Anteil aller vom Kunden benötigten und gekauften Produkte und Dienstleistungen liefern. Harley vertreibt längst nicht mehr nur Motorräder, sondern Lederjacken, Sonnenbrillen, Rasiercreme, Harley-Bier und Harley-Zigaretten. In New York betreibt das Unternehmen sogar ein Harley-Restaurant. Harley möchte damit einen bestimmten Kundenlebensstil schaffen und besitzen.

Tatsache ist, dass nur wenige Unternehmen den beschriebenen Weg konsequent beschreiten, um Kunden stärker an sich zu binden. Viele, oftmals hilflos anmutende Bemühungen wirken so, als wollten Igel miteinander kuscheln! Sie agieren wie der verliebte Jüngling, der das Mädchen ein halbes Jahr lang nach allen Regeln der Kunst umgarnt, bis sein Opfer glaubt, ihn zu lieben; sie wird sich ihm hingeben, und er wird sie dann fallen lassen.

Die Mehrzahl der Unternehmen halten die Wechselkosten, die dem Kunden bei einem Anbieterwechsel entstehen, möglichst hoch, um ihn so bei der Stange zu halten. Die sattsam bekannten Maßnahmen wie Bonussysteme, Frequent-Flyer-Programme und spezifische Bestellsoftware dienen dem Anbieter meist mehr als dem Kunden. Bekanntlich steigt die Rentabilität eines Kunden für das Unternehmen mit zunehmender Verweildauer. Dessen ungeachtet belohnen Zeitungs- und Zeitschriftenverlage weiterhin die Schnäppchenjäger, die vom billigen Probeabo zum noch billigeren Probeabo springen und dabei jedes Mal noch von einem Zusatzgeschenk profitieren, während die langjährigen Abonnenten als Vollzahler das ganze Treiben mitfinanzieren.

Nicola Fritze
Gender-Selling: Es lebe der kleine Unterschied!

Kennen Sie die Unterschiede zwischen Mann und Frau? Ich meine nicht das, was Sie im Biologieunterricht der 5. Klasse gelernt haben, sondern das unterschiedliche Denken, Handeln und Sprechen von Männern und Frauen. Gehen wir jetzt einmal davon aus, Ihnen sind in diesem Bereich schon einige Unterschiede aufgefallen. Setzen Sie das Wissen um diese Unterschiede aber auch in Ihren Verkaufsgesprächen ein?

In den 1970er- und 1980er-Jahren galt es als politisch nicht korrekt, über Unterschiede zwischen Männern und Frauen in der Öffentlichkeit zu sprechen. Alles wurde dem »Gesetz der Gleichstellung« unterworfen. Doch die Zeiten ändern sich: Seit etwa zehn Jahren ist es nun auch in Deutschland sehr populär, sich mit den Unterschieden zwischen Männern und Frauen zu beschäftigen. Und dank einiger Bestseller haben Männer nun endlich eine plausible Entschuldigung, warum sie nicht zuhören können. Frauen hingegen brauchen sich nicht mehr zu schämen, wenn sie es nicht auf Anhieb in die Parklücke schaffen.

Mann und Frau sind plötzlich um gegenseitiges Verständnis bemüht. Alles scheint jetzt so einfach. Wir haben gelernt, dass Männer und Frauen von unterschiedlichen »Planeten« kommen. Wer das erst mal verstanden hat, kommt leichter durchs Leben?

Ganz so einfach scheint es doch nicht zu sein, das unterschiedliche Denken und Handeln des anderen Geschlechts tatsächlich zu begreifen. Dennoch bemühen sich manche Marketingexperten, die Zielgruppe Frau anders anzusprechen als die Zielgruppe Mann. Und auch Produktentwickler verstehen es immer besser, den kleinen Unterschied zu beachten. Oder können Sie sich vorstellen, wie ein Mann sich mit einem rosaroten Rasierer und farblich dazu passendem Schaum rasiert?

Doch, wie sieht es bei den Menschen aus, die die Produkte direkt an den Mann oder die Frau bringen. Wie sieht es bei den Verkäufern und Verkäuferinnen aus? Haben Sie sich auf den »Kulturraum« Frau beziehungsweise Mann schon eingestellt? Führen Sie Ihre Verkaufsgespräche und Beratungen frauen- beziehungsweise männerfreundlich? Setzen Sie männliche und weibliche Denk- und Sprachmuster bewusst ein, um Ihren Kunden oder Ihre Kundin zu überzeugen?

Warum Gender-Selling?

»Ist es ein Junge oder ein Mädchen?« Alle Eltern können bestätigen, dass dies beim Blick in den Kinderwagen die erste Frage ist. Besonders dann, wenn kein rosa oder hellblauer Strampler bestimmte Vermutungen nahe legt. Warum ist es für uns so wichtig, das Geschlecht zu kennen? Passen wir unser Verhalten dem Geschlecht unbewusst an? Oder vielleicht auch bewusst?

Die Frage »Ist es ein Kunde oder eine Kundin?« ist glücklicherweise überflüssig, denn es ist offensichtlich. Im Verkauf geht es vielmehr um die Frage »Was ist mein Kunde oder meine Kundin für ein Mensch, was hat er oder sie für Bedürfnisse, wie gehe ich am besten auf ihn oder sie ein?«. Es gibt jede Menge Persönlichkeitsmodelle, die einem dabei behilflich sein wollen, Menschen besser zu verstehen. Beispielsweise das DISG-Modell oder die Biostrukturanalyse. Was liegt näher, als noch viel grundsätzlichere, ja einfachere Modelle anzuwenden? Es ist doch viel leichter zu erkennen, ob mein Kunde ein Mann oder eine Frau ist, als zu erkennen, ob er oder sie ein dominanter oder ein gewissenhafter Typ ist. Das bedarf schon eines genaueren Hinsehens.

Gender-Selling ist ein neuer Ansatz im Verkaufsgespräch, die unterschiedlichen Sprach- und Denkstile der Kunden und Kundinnen zu erkennen und auf diese besser eingehen zu können.

Im Verkaufsgespräch sollen passende Argumente den individuellen Nutzen darstellen. Fatalerweise führen einige Verkäufer und Verkäuferinnen das Verkaufsgespräch zu sehr aus ihrer männlichen beziehungsweise weiblichen Weltsicht heraus.

Gender-Selling hilft Ihnen dabei, mit dem Kopf Ihres Kunden oder Ihrer Kundin zu denken. Sie gewinnen schneller Sympathie sowie Vertrauen und wirken überzeugender. Ein Beispiel: Der technikverliebte Fotohändler zeigt und erläutert der jungen Kundin voller Begeisterung die besonderen Raffinessen und technischen Leistungen einer Digitalkamera. Sie kann sich unter den vielen technischen Daten kaum etwas vorstellen und überlegt stattdessen, ob die Kamera in ihr kleines schwarzes Samttäschchen passt, das sie immer mitnimmt, wenn sie mit ihren Freundinnen durch die Clubs zieht.

Frauen sind für technische Spielereien in der Regel viel weniger zu begeistern als Männer. Frauen legen viel mehr Wert auf eine einfache Bedienung und praktische Handhabung. Bei Männern dürfen es gerne ein paar Knöpfe und Funktionen mehr sein. Wenn hier von Frauen und Männern die Rede ist, so ist die Darstellung des jeweiligen Verhaltens und Denkens ganz bewusst polarisiert, um die Unterschiede deutlicher zu machen. Natürlich gibt es nicht *den* Mann oder *die* Frau. Typisch männliches Verhalten oder Denken heißt demzufolge, dass die Wahrscheinlichkeit höher ist, dass Männer dieses Verhalten oder Denken aufzeigen.

Einige Ergebnisse der Gender-Forschung

Wissenschaftler der Psychologie, Soziologie, Medizin und Biologie gehen in der Gender-Forschung der Frage nach, welche Ursachen es für die Unterschiede zwischen den Geschlechtern gibt. Schon der interdisziplinäre Charakter dieser Forschungsrichtung lässt darauf schließen, dass die Ursachen vielfältig sind. Viele Fragen sind noch offen, einige interessante Antworten sind schon gefunden. So weist Deborah Tannen, Professorin für

Linguistik an der Georgetown University in Washington D.C. in ihren Untersuchungen darauf hin, dass Frauen im Gespräch eine viel ausgeprägtere Mimik zeigen als Männer. Frauen verwenden auch mehr akustische Signale und sprechen über fünf Tonlagen, Männer hingegen setzen deutlich weniger akustische Signale ein und sprechen nur über drei Tonlagen.

Ausführliche Studien der Neurobiologin Doreen Kimura von der kanadischen Simon-Fraser-Universität belegen, dass die Sexualhormone Testosteron und Östrogen die Entwicklung und Funktion des Gehirns schon im Mutterleib beeinflussen. Die Sexualhormone prägen unser Denken, Handeln und Empfinden. So sind Männer dank ihres höheren Testosterongehalts gegenüber Frauen im Vorteil, wenn es zum Beispiel um motorische Fähigkeiten geht. Frauen sind dank ihres höheren Östrogengehalts gegenüber Männern im Vorteil, wenn es um feinmotorische Fähigkeiten geht, und sie nehmen Veränderungen schneller wahr.

In Deutschland untersucht Professor Doris Bischof-Köhler von der Ludwig-Maximilian-Universität in München die männlichen und weiblichen Verhaltensweisen. Sie fand heraus, dass beim männlichen Geschlecht das Verhalten schwerpunktmäßig durch das Streben nach Wettkampf motiviert ist. Der Schwerpunkt im Verhalten des weiblichen Geschlechts liegt im fürsorglichen Handeln.

Um es im Folgenden anschaulich zu gestalten, vergleichen wir Frauen mit einem Netz und Männer mit einer Strickleiter. Aus den oben erwähnten Erkenntnissen von Frau Bischof-Köhler können wir ableiten, dass für Frauen der Fürsorgegedanke und damit die Beziehung zu anderen Menschen, also das Netz, im Vordergrund steht. Für Männer hingegen ist es wichtiger, dem Wettkampfgedanken folgend, von anderen respektiert zu werden und auf einer höheren Sprosse der Strickleiter zu stehen.

Männer gleichen also einem »Stufen-Denker«, Frauen einem »Netz-Denker«. Anders gesagt: Frauen, also Netz-Denker, wollen ihre Beziehungen zu anderen stärken und Männer, also Stufen-Denker, erkämpfen sich Stufe für Stufe ihren Status in der Hierarchie.

Worauf sollten Sie achten

Drei Aspekte werden im Folgenden etwas näher betrachtet:

– **Beziehungsqualität oder Fakten?**
Die Qualität der Beziehung im Verkaufsgespräch ist für Netz-Denker wichtiger als für Stufen-Denker. Das heißt, Netz-Denkern genügt es meistens nicht, bunte Grafiken, ausführliche Tabellen und Fakten zu erhalten. Sie legen Wert auf persönliche Erfahrungsberichte und Empfehlungen sowie auf eine gute Beziehungsqualität zum Verkäufer. Umgekehrt lassen persönliche Erfahrungsberichte den Stufen-Denker oft unbefriedigt. Für ihn sind geordnete Fakten, Statistiken und technische Daten von Bedeutung, besonders dann, wenn sie ihm zu einem höheren Status verhelfen. Ein Gender-Seller richtet seine Argumentation auf diese unterschiedlichen Bedürfnisse aus.

– **Technik-Nutzen oder Technik-Verliebtheit?**
Stufen-Denker freuen sich über die neuste Technik, Netz-Denker hinterfragen erst mal, ob sie diese Technik auch wirklich brauchen. Netz-Denker haben meistens eine ganz genaue Vorstellung davon, welchen Zweck eine Anschaffung erfüllen soll. Sie sind wenig motiviert, sich intensiver mit technischen Details zu befassen und legen sehr viel Wert auf eine einfache, sich selbst erklärende Bedienung. Stufen-Denker lieben Abstraktion und technische Raffinessen, sie verbinden mit technischen Dingen Status und beschäftigen sich auch gerne eine Zeit lang intensiver damit. Ein Gender-Seller beachtet dies bei seiner Produktpräsentation. Zeigen Sie Netz-Denkern, wie einfach ein technisches Produkt zu bedienen ist, und zeigen Sie einem Stufen-Denker, wie viele technische Spielereien ein Produkt hat, mit denen er sich von anderen abheben und somit auf seiner Strickleiter eine Sprosse nach oben klettern kann.

– **Indirekter Sprachstil oder direkter Sprachstil?**
Die Sprache der Netz-Denker ist differenzierter, sie benutzen mehr Worte und sie reden viel über Beziehungen. Sie verwenden indirekte Sprachmuster mit vielen Konjunktiven und so genannten Weichmachern: »Ich meine, ich denke, es fiel mir nur gerade so ein, man

könnte ja, vielleicht, eigentlich, ein bisschen, irgendwie …« Netz-Denker formulieren also sehr vorsichtig und mildern Aussagen ab, um die Qualität der Beziehung zum Gesprächspartner nicht zu gefährden. Bei einer Kundin mit indirektem Sprechmuster versetzen sie sich ganz besonders in sie hinein, um zu erfahren, was sie genau meint. Die Sprache der Stufen-Denker ist weniger differenziert, sehr direkt und deutlich. Sie nutzen diesen Sprachstil auch, um ihr Selbstvertrauen, ihren Status auszudrücken. Indirekte Sprachmuster werden von Stufen-Denkern als umständlich und unklar wahrgenommen. Direkte Sprachmuster werden von Netz-Denkern eher als unhöflich und grob bewertet.

Passen Sie Ihren Sprachstil im Verkaufsgespräch dem Ihrer Kundin oder Ihres Kunden an, um eine optimale Kommunikation zu erzielen. Wie schon erwähnt, wurden hier zur Verdeutlichung die Extrempositionen dargestellt. Natürlich gibt es auch Mischtypen. Im Verkaufsgespräch ist es wichtig, so schnell wie möglich zu erkennen, ob der Stufen-Denker oder der Netz-Denker mehr ausgeprägt ist – und dazu gibt das Geschlecht (gender) Ihnen den Hinweis.

Beobachten Sie selbst!

Gehen Sie in die nächste Einkaufspassage und studieren Sie die Gesichter von Frauen und Männern: Für wen ist das Shoppen offensichtlich eine wohltuende Entspannung? Wenn Sie das nächste Mal am Gemüseregal eines Supermarktes Männer und Frauen beobachten: Wer hält sich länger dort auf und überprüft mit Geruchs- und Tastsinn ausführlich die Qualität der Ware? Sie warten am Flughafen auf den Einstieg ins Flugzeug und wollen sich ein wenig die Zeit vertreiben. Greifen Sie sich etwas zum Lesen aus Ihrer Tasche oder schlendern Sie durch die hell erleuchteten Travel-Value-Shops, um die neusten Düfte auszuprobieren? Ein Paar, das sein erstes Kind erwartet, will ein neues Auto kaufen. Welche Fragen wird die Frau an den Verkäufer stellen? Ein Mann will sich ein neues Handy kaufen, was will er über das Handy wissen? Beobachten Sie Ihre Kunden und Kundinnen. Wie reden sie? Was sagen sie? Was fragen sie? Wie denken sie? Wie handeln sie? Sie werden erstaunliche Erkenntnisse bei Ihren Beobachtungen gewinnen, wenn Sie für die Unterschiede sensibilisiert sind.

Nicola Fritze
Training & Coaching
www.nicolafritze.de

Die Auswertung einer Online-Umfrage, die ich über drei Monate durch-
führte, zeigt einen deutlichen Unterschied in Bezug auf die Erwartungen,
die Männer beziehungsweise Frauen in einem Geschäft haben: Auf die
Aussage »Verkäufer sollten sich für meine Fragen und Bedürfnisse interessieren«, antworteten 80 Prozent der Frauen, dass es ihnen wichtig sei, aber
nur 33 Prozent der Männer legten darauf Wert. Hingegen bevorzugen 62
Prozent der Männer, aber nur 42 Prozent der Frauen »eine sachliche und
informative Atmosphäre im Geschäft«. Wie werden Sie auf die unterschiedlichen Erwartungen Ihrer Kundinnen und Kunden künftig eingehen?

Helmut Fuchs
Future Sex sells

»Die Zukunft ist auch nicht mehr das, was sie einmal war«, schreibt der amerikanische Zukunftsforscher Noel Barker.

Die immer rascher auf uns eintreffenden Veränderungen (Paradigmenwechsel) werden von manchen Menschen als Bedrohung, von anderen als Chancen wahrgenommen. Gleichzeitig besteht aber die unabwendbare Notwendigkeit in einer Welt zu handeln, die wir nicht ausreichend verstehen, und gleichzeitig die Zukunft nicht aus den Augen zu verlieren.

»Den deutschen Unternehmen fehlt oft die Risikobereitschaft und das Gespür für gute Innovationen«, sagt Beate Treu vom Institut der Deutschen Wirtschaft (IW). Als berühmte Beispiele für unterschätzte Zukunftsvisionen führt sie Videorekorder und Faxgerät oder CD und Quarzuhr an. Sie wurden allesamt in Deutschland erfunden – aber erst die japanische oder die amerikanische Industrie hat es verstanden, daraus auch ein Geschäft zu machen.

Nun steht wieder ein gewaltiger Paradigmenwechsel an, und uns fehlt vermutlich wieder die nötige Auffassungsgeschwindigkeit und die Vorstellungskraft, kommende Wachstumsmärkte zu erahnen. Ein Paradigmenwechsel, der nach Expertenmeinung voraussichtlich eine gesellschaftliche Revolution auslösen wird, die es in Umfang und Wirkung mit jeder bisherigen Revolution der Menschheitsgeschichte aufnehmen kann. Die medizinisch-gentechnische Einflussnahme auf die menschliche Reproduktion wird in absehbarer Zeit die gewohnten Zusammenhänge von Sex, Liebe, Fortpflanzung und Familie aufheben.

Es sind dabei hauptsächlich zwei Stränge, die sich bereits erkennbar herauslösen: die Singleerziehergesellschaft und die Trennung von Sex und Fortpflanzung.

Die Singleerziehergesellschaft

Mit dem Aufbruch der traditionellen Vater-Mutter-Kind-Familie brachte das 20. Jahrhundert eine Institution hervor, die das Erscheinungsbild der Gesellschaft verändern sollte. In Großbritannien und den USA lebt heute bereits jedes fünfte Kind in einer Ein-Eltern-Familie. Die Tendenz ist allgemein steigend, und hält sie an, so werden Ein-Eltern-Familien – von denen in der Regel über 90 Prozent von allein erziehenden Müttern geführt werden – bald die traditionelle Kernfamilie als gesellschaftliche Norm verdrängen.

»Wir können beobachten, dass Gesellschaft, Politik und Kirche momentan dieser Entwicklung sehr ablehnend gegenüberstehen. Es stimmt auch, dass die Übergangssituation im gegenwärtigen sozialen Kontext noch unerwünschte Auswirkungen auf Überlebensraten, Gesundheit, Fruchtbarkeit, schulische Leistung und Kriminalitätsraten hat.

Aber mit der unabwendbaren Akzeptanz kann und wird die Zukunft durchaus hoffnungsfroh sein, und die Anfangsschwierigkeiten werden verschwinden beziehungsweise kontrolliert. Dieser neuen Familienstruktur wird vermutlich ein mindestens ebenso großer Erfolg beschieden sein, wie den Konstellationen zuvor.

Entwicklungspsychologische Studien zeigen, dass die bloße Abwesenheit eines Mannes oder einer Frau im selben Haushalt sich nicht negativ auf ein Kind auswirken muss. Wenn Kinder von einer finanziell abgesicherten Mutter oder von Mutter und Großmutter, ja selbst von nicht familiären Bezugspersonen aufgezogen werden, gibt es keine negativen sozialen oder psychologischen Konsequenzen. Nach Expertenmeinung macht es auch keinen Unterschied, wie lange es zum Beispiel keinen erwachsenen Mann im selben Haushalt gibt. Die Bedeutung des Mannes im traditionellen Muster wird meist noch dramatisch überschätzt. In 18 von 80 nicht industriellen Kulturen waren die Väter laut einer weltweiten Untersuchung »selten« in der Nähe ihrer Kinder; nur in drei Kulturen waren sie ihnen »nahe«. Und auch dann verbrachten sie nur drei Stunden pro Tag mit ihnen.

Nach jüngsten Zeitstudien verbringen in industriellen Gesellschaften manche Väter nur vier Minuten und weniger pro Tag in direkter Interaktion mit dem Kind.

Die wesentliche Aufgabenstellung des Mannes in dieser gegenwärtigen Konfiguration ist die wirtschaftliche Absicherung und nicht der Kontakt mit der Familie oder den Kindern. Ein-Eltern-Familien und Kernfamilien sind biologische Institutionen, die unter bestimmten Bedingungen entstehen und sich unter anderen wieder auflösen – unabhängig von den Wünschen der Moralisten, Traditionalisten und Gesetzgeber. Aus Sicht des Romantikers leben und schlafen Männer und Frauen aus Liebe miteinander. Aus der Sicht des zynischen Biologen jedoch tun sie dies, um ihren Partner von Sex mit Dritten abzuhalten. Wie bei den meisten biologischen Institutionen hängt also die Entstehung beziehungsweise Auflösung der Kernfamilie und auch das Funktionieren von bestimmten sozialen Rahmenbedingungen ab.

Kernfamilien entstehen und machen auch Sinn, wenn Frauen die Hilfe eines im selben Haushalt lebenden Mannes brauchen, um ihre Kinder großzuziehen, und wenn Männer nur durch »Kontrolle« der Partnerin Zugang zu Sex haben und sicher sein können, dass ihre Kinder tatsächlich von ihnen stammen.

Bei Menschen besteht also für Mütter das Risiko, mittellos zurückgelassen zu werden, und für Männer das Risiko, Hörner aufgesetzt zu bekommen. Diese gegenseitige Verwundbarkeit – Angst vor Seitensprüngen und Verlassenwerden – ist die biologische Klammer, die Paare zusammenhält. Die aufgezeigten Parameter einer neuen Unabhängigkeit wirken dem entgegen und schwächen die begrenzenden Strukturen der biologischen Bande zwischen den Partnern.

Durch Veränderung bestimmter sozialer Rahmenbedingungen und Versorgungszustände werden diese Strukturen und Abhängigkeiten aufgelöst. Neue Unterhaltsregelungen und Steuergesetze für allein Erziehende können diese Ängste auflösen und durch routinemäßige Vaterschaftstests wiederum wird Männern die unterschwellige Angst davor genommen, unwissentlich ein »Kuckuckskind« aufzuziehen. Entwicklungspsychologische Untersuchungen bei Patchwork-Familien zeigen allerdings, dass auch »fremde« Väter ihre Rolle als Erziehungsbegleiter sehr erfolgreich und ohne sichtbare emotionale oder soziale Schäden ausüben können.

Auf dieser Basis wird es möglich, individuelle Ambitionen unabhängig von anderen zu verfolgen, was den Niedergang der Kernfamilie beschleunigen und den Aufstieg der Ein-Eltern-Familie begünstigen wird. Wir stehen an der Schwelle zu einer neuen Ära der menschlichen Sozialevolution – einer Ära, in der nicht Kernfamilien, sondern Familien allein stehender Eltern und gemischte Familien die Gesellschaft dominieren werden.

Nach Expertenmeinung gibt es zwei Hauptgruppen allein erziehender Mütter: solche, die vergewaltigt oder verlassen wurden beziehungsweise eine Trennung hinter sich haben, und solche, die finanziell unabhängig sind, sich bewusst für das Alleinerziehen entschieden haben, mit ihrer Situation zufrieden sind und es sich leisten können, ihre Kinder sorgenfrei aufzuziehen.

Momentan ist die erste Gruppe in der Mehrheit. In den nächsten Jahrzehnten jedoch sollte sich die zweite Gruppe rasch vergrößern, da sich der Hauptfaktor – die finanzielle Abhängigkeit der Frau vom Zusammenleben mit dem Mann – bereits geändert hat und sich weiterhin ändern wird.

Keine Frau wird zukünftig mehr gezwungen sein, einen unfähigen, womöglich gewalttätigen und zunehmend lästigen Mann zu ertragen, nur um nicht mittellos zu werden. Dafür sorgt das Unterhaltsgesetz.

Trennung von Sex und Fortpflanzung

Doch dieser Zusammenbruch oder Wandel der Kernfamilie zur Ein-Eltern-Familie ist nur der Beginn der gesellschaftlichen Revolution. Seit Urzeiten war der Mann Dominator der Fortpflanzung: Er paarte sich mit einer Frau, ließ Millionen Spermien – etwa 100 Millionen pro Ejakulat – in sie einströmen, von denen dann irgendeines in ihre Eizelle vordrang und sie befruchtete. Obwohl der Mann eine eher unwesentliche Rolle bei der Fortpflanzung spielte, überragte seine reproduktive Macht die der Frau bei weitem. Er konnte beliebig viele Frauen schwängern, während sie vom Augenblick der Empfängnis an für Monate oder gar Jahre blockiert war.

Dann trat die moderne Reproduktionstechnik auf den Plan, erstmals Mitte des letzten Jahrhunderts, mit der Entdeckung der erfolgreichen Hormonbehandlungen bei bis dato unfruchtbaren Frauen.

Umgekehrt erwies sich etwa zur gleichen Zeit die Verhütung von Schwangerschaften mittels oraler Verhütungsmittel als enormer Fortschritt. Als am 15. Oktober 1951 bei Syntex in Mexico City die Synthese von Norethisteron gelang, war die Antibabypille entstanden. Zwar beeinträchtigte die Pille nicht das Vermögen des Mannes, einen Koitus zu initiieren, doch nun hatte die Frau die Macht, allein und ohne sein Wissen die Folgen sexueller Kontakte zu kontrollieren. Damit war die Ära weitgehender problemloser Empfängnisverhütung und der endgültigen Trennung von Sex und Fortpflanzung eingeleitet.

Die Möglichkeit, sexuelle Aktivitäten gänzlich von der Fortpflanzung zu trennen, ist der Geniestreich der künftigen Reproduktionsmedizin. Sex wird dann zum reinen Freizeitvergnügen – und Fortpflanzung zu einer klinischen Angelegenheit mit einem Produkt der Invitro-Fertilisation (IVF).

Die moderne Reproduktionstechnik leitet direkt eine neue Phase der sozialen Evolution des Menschen ein. Eine Evolution, die zweifellos zahlreiche Fragen aufwirft. Werden wir Menschen überhaupt damit umgehen können? Werden die individuellen und sozialen Konsequenzen kontrollierbar sein. Welche Präventivmaßnahmen sind notwendig?

Zweifellos werden wir aber auch diese Entwicklung akzeptieren und nutzen – genau so, wie wir im 20. Jahrhundert schon mit Anti-Baby-Pille, künstlicher Befruchtung und IVF klargekommen sind.

Eine interessante Betrachtungsperspektive dazu ist zweifellos der Tatbestand, dass tatsächlich die Trennung von Sex und Fortpflanzung rein psychologisch anscheinend keine große Umstellung erfordert. Die menschliche Psyche konnte diese Trennung schon immer vollziehen; der Zusammenhang zwischen Sex und Fortpflanzung schien nach Expertenmeinung sogar so gering, dass es unseren Vorfahren schwerer fiel, die beiden Phänomene miteinander in Verbindung zu bringen, als sie getrennt zu betrachten.

So werden in Kulturen, die keine Empfängnisverhütung kennen, in rund 3.500 Geschlechtsakten durchschnittlich etwa sieben Kinder gezeugt – also ungefähr eines alle 500 Mal. Kein Wunder, dass vielen unserer Vorfahren hier ein Zusammenhang eher absurd erschien.

Sex wie Händeschütteln

Unsere eigene Gesellschaft weiß schon seit einigen Jahrtausenden, dass zwischen Geschlechtsverkehr und Fortpflanzung ein gewisser Zusammenhang besteht. Dennoch akzeptieren wir, dass unser Sexualtrieb vom Fortpflanzungstrieb getrennt – und weitaus häufiger – auftritt. Daher die weit verbreitete Ansicht, Sex sei eine Freizeitaktivität. Doch jeglicher Anspruch darauf, die einzige Spezies zu sein, für die Sex eine Freizeitbeschäftigung darstellt, ist biologisch nicht haltbar. So haben nach Aussage von Zoologen Löwen zur Zeugung jedes einzelnen Löwenbabys 3.000 Mal Sex, und unsere zwei nächsten Verwandten, die Schimpansen und Bonobos – vor allem Letztere –, haben überhaupt Sex ohne Ende.

Für sie ist Sex praktisch eine Grußform – ein Händeschütteln.

Zukunftsexperten sind sich auf alle Fälle einig: Der Sex der Zukunft dient dem Vergnügen, nicht mehr der Fortpflanzung. Cybersex-Studios, Cybertheken, Mindness-Studios, wo man via Datenleitung sich gegenseitig mithilfe winziger Sensoren und Minivibratoren spüren und stimulieren kann, sind nur Ausschnitte einer zukünftigen Entwicklung. Ersetzt virtueller Sex damit den guten alten Geschlechtsverkehr? Wer sollte darauf eine Antwort haben? Eines ist sicher: Die moderne Technik wird den Sex verändern. Stärker als Cybersex dürften die Fortschritte allerdings bei der künstlichen Befruchtung die Sexualität in der Zukunft beeinflussen.

Der Fokus verändert sich. Man konzentriert sich darauf, wie man ein Kind bekommen kann oder will, anstatt darauf, wie man verhüten kann, ein Kind zu zeugen. In Österreich hat jedes sechste Paar Probleme, auf natürlichem Wege ein Baby zu bekommen. Die Ursache der Unfruchtbarkeit liegt zu gleichen Teilen bei Mann und Frau. Schon heute machen Befruchtungskliniken ein sehr gutes Geschäft. Allein im Wiener Institut für Sterilitätsbehandlung unterziehen sich jedes Jahr 700 Paare einer künstlichen Befruchtung. Dafür nehmen sie auch unangenehme Prozeduren wie die Entnahme der Eizellen in Kauf. Seit das erste Retortenbaby 1978 auf die Welt gekommen ist, wurden eine halbe Million Kinder geboren, die nicht im Bett, sondern im Reagenzglas gezeugt wurden.

»Eiskalte Medizin ersetzt körperliche Nähe«, meint Carl Djerassi, der Erfinder der Anti-Baby-Pille. Sex ist zwar unbestritten immer noch die weitaus angenehmere Art, neues Leben zu erschaffen. Geplanter und gezielter dagegen geht es allerdings im Labor.

Schon lange vor dem Eingriff der Technik wurde die Verbindung zwischen Sex und Fortpflanzung durch die natürliche Auslese eindeutig geschwächt. Das Potenzial der modernen Technik besteht lediglich darin, diese Verbindung vollständig zu durchtrennen – was der natürlichen Auslese wohl nie gelungen wäre.

Zukunftsmarkt Sex

Die künftige Trennung von Sex und Fortpflanzung wird der technologische Endpunkt des im letzten Jahrhundert immer stärker gewordenen Strebens nach problemloser Kontrazeption und Familienplanung sein. Dieses Streben, meint Djerassi, wurzelt jedoch auch tief in unserer biologischen Vergangenheit.

Das Leben glich schon immer einer Achterbahnfahrt mit Höhen und Tiefen, guten und schlechten Zeiten – und Elternschaft war schon immer eine anspruchsvolle Aufgabe. Ein effizientes System der Familienplanung, das für unsere Vorfahren unter den Primaten durch die natürliche Auslese gegeben war und das wir geerbt haben, bestand aus der Abfolge von Perioden stressbedingter Unfruchtbarkeit während der schlechten Zeiten und Perioden hoher Fruchtbarkeit während der guten Zeiten. Bis ins 20. Jahrhundert war Stress das einzige Verhütungsmittel für die meisten Frauen – und zu einem gewissen Grad auch für Männer.

Biotechnologische Errungenschaften sind die moderne Ersatzdroge für Stress. Doch das hat seinen Preis: Moderne Verhütungsmethoden sind entweder dezidiert »unfreundlich«, ineffizient oder bergen ein Gesundheitsrisiko für den Benutzer. Man könnte behaupten, dass Barrieremethoden nie benutzerfreundlich und auf der Veränderung des körpereigenen Hormon- oder Immunsystems basierende chemische Methoden nie frei von Gesundheitsrisiken sein werden.

Eines der Probleme der verhütungstechnologischen Forschung war schon immer das zentrale Bedürfnis, zur Erfüllung eines späteren Kinderwunsches die Fortpflanzungsfähigkeit zu erhalten. Die moderne Reproduktionstechnik könnte dies überflüssig machen und so einen völlig neuen Zugang zu Verhütung und Familienplanung eröffnen. Nach der Meinung von Djerassi zwingen die modernen Babymacher den ersehnten Kindersegen mit immer raffinierteren Tricks herbei. Das ultimative Ende der Unfruchtbarkeit wäre das Klonen aus einer erwachsenen Körperzelle. Jeder könnte sich fortpflanzen, auch Männer ohne Hoden und Frauen ohne Eierstöcke – die Technik dazu ist bereits vorhanden.

Seit mithilfe der Mikro-Injektion ein einziges Spermium zur Befruchtung genügt, können schon heute unfruchtbare Männer stolze Väter werden. Sogar unreife Vorstufen der Samen werden aus den Hoden operiert und ins Ei gespritzt. Gesund, stark und schön soll das ersehnte Wunschbaby sein, und die Ansprüche an den Nachwuchs werden steigen. Was bei uns noch verboten ist, wird in Großbritannien seit zehn Jahren praktiziert: Die Embryonen werden vor dem Einpflanzen auf schwere Erbkrankheiten überprüft. Von einem drei Tage alten Embryo wird eine Zelle abgesaugt und genetisch untersucht. So kann theoretisch auch das Geschlecht, die Haar- und Augenfarbe, Neigung zu Krankheiten wie Krebs oder Herzinfarkt, Begabung und Charakter bestimmt werden. Von dieser Methode werden in Zukunft nicht nur unfruchtbare Paare profitieren. Auch gesunde Männer und Frauen werden ein perfektes Designerbaby haben wollen. Sie werden in jungen Jahren Spermien und Eier einfrieren, in einer Bank deponieren und sich anschließend sterilisieren lassen. Wird ein Kind gewünscht, dann hebt man Samen und Eizellen von der Bank ab und lässt sich künstlich befruchten.

Für Carl Djerassi ist das die perfekte Form der Familienplanung: ein Baby nach Maß, und das ohne lästige Verhütung. Der Sex ist dann endgültig befreit, denn man konzentriert ihn nur noch auf Freude und Liebe, nicht mehr aber auf Reproduktion.

Laut WHO-Statistik gibt es in 24 Stunden mehr als 100 Millionen Geschlechtsakte, die zu etwa einer Million Schwangerschaften führen. Von denen ist jede Zweite ungeplant und jede Vierte unerwünscht. Der Mensch ist das »sexyste« Lebewesen. Er ist neben den bereits erwähnten Bonobos das einzige Wesen, das 365 Tage im Jahr zu Sex bereit und imstande ist. Und so wird es auch bleiben – auch im Zeitalter der künstlichen Befruchtung.

In Verbindung mit der Computertechnologie wird die Trennung von Sex und Fortpflanzung eine verwirrende Auswahl an wirtschaftlichen und verkaufsspezifischen Möglichkeiten bieten.

Neue Märkte, neue Produkte, neue Zielgruppen – die innovativen Verkäufer haben das Leuchten und Freudentränen in den Augen. In den USA sind Spendersamen und -eizellen bereits relativ einfach zu beziehen, und auch Paare aus dem Ausland nutzen diesen Vorteil. Manche Services kombinieren Expresszustellung mit Websites, wo die künftigen Eltern die Spendereigenschaften nach Kriterien wie Größe, Gewicht und Augenfarbe abfragen können. Dank des Kräftespiels von Angebot und Nachfrage ist die assistierte Reproduktionstechnik in den USA bereits zu einer Wachstumsindustrie geworden. In Zukunft wird wohl ein Großteil der Gameten-auswahl (Gameten=Geschlechtszellen) über das Internet ablaufen, nicht zuletzt deshalb, weil eine weltweite Regulierung des Selektionsprozesses erforderlich sein wird – zum Beispiel, um unbeabsichtigten Inzest und seine biologischen Folgen zu verhindern. Die Einrichtung eines internationalen Gameten-Marketing-Board (GMB) wäre wohl unumgänglich.

Und so, wie das 20. Jahrhundert das Internet-Café hervorgebracht hat, könnten im 21. Jahrhundert auf der Basis des genannten Bestellsystems Repro-Restaurants entstehen: Lokale, wo man essen, trinken und seine Fortpflanzungsmöglichkeiten durchbrowsen kann – und wo man vielleicht bei einem Gourmetdinner und einer guten Flasche Wein ein Kind von der GMB-Website bestellt.

Die neuen Fragestellungen, die nun aufkommen, sind allerdings vielfältig. Soll man sich ausschließlich mit jemandem fortpflanzen, den man kennt – ein Joint Venture? Oder soll man im Alleingang die Keimzellen einer prominenten Persönlichkeit – oder gar eines bereits Verstorbenen – erwerben? Sollte man sich angesichts der technischen Machbarkeit der gleichgeschlechtlichen Befruchtung mit einer Person desselben oder des anderen Geschlechts fortpflanzen? Sollten Frauen ihr Kind selbst austragen, eine Leihmutter engagieren oder eine künstliche Gebärmutter mieten? Wann soll frau ihr erstes Kind bekommen – als Teenager oder mit 20, 30, 40, 50 oder gar mit 60?

Durch Beschaffung einer Eizelle vom GMB und das Engagieren einer Leihmutter werden auch Männer eine Familie bestellen können. Biologisch gesehen ist jedoch das Tier im Manne eher mit einem sexuellen Wandertrieb ausgestattet, als auf langfristige aufopfernde Vaterschaft programmiert. Für die meisten Männer wird Fortpflanzung daher Verhandlungssache sein – sie werden Frauen im Gegenzug für den Erwerb ihrer Spermien finanzielle Unterstützung (nach erfolgtem Vaterschaftstest) anbieten.

Prominente hingegen werden sich solche Verhandlungen sparen können. »Ihre« Familien werden überall verstreut sein, weil Verehrer auf der ganzen Welt im Austausch für die Fortpflanzungszellen berühmter Persönlichkeiten auf jeglichen Unterhaltsanspruch verzichten werden.

Dieser Prozess wirft natürlich auch ethische, soziale und zudem juristische Fragen auf. Werden die genetischen Eltern mit ihrer globalen Familie in Kontakt bleiben? Wird man sich nur für Kinder interessieren, die man selbst bestellt und großzieht – oder auch für die, die andere von einem bestellen? Welche finanzielle Absicherung, welche Notfallvorsorge werden zur Erziehung und zum Schutz dieser »Kinder auf Bestellung« erforderlich sein? Sollte man zum Unterhalt von Kindern, die andere von einem bestellt haben, verpflichtet sein oder nur zum Unterhalt selbst bestellter Kinder? Würde die gesamte Fortpflanzung auf finanzielle Verhandlungen vor der Zeugung reduziert?

Im Prinzip stellt das so genannte Block-Banking-System die perfekte Form der Familienplanung dar: keine ungewollte Schwangerschaft durch Sterilisation, dafür Babys auf Bestellung. Laut Erfahrungen mit Personen, deren Samen- beziehungsweise Eileiter bereits blockiert wurden, sollten außerdem keine der bisher mit Verhütungsmitteln assoziierten Nebenwirkungen auftreten.

Natürlich lassen sich Probleme mit dem Block-Banking-System ohne weiteres vorstellen – aber sind sie realistisch oder entstehen sie nicht vielmehr aus unserem reflexartigen Misstrauen gegenüber allem Neuen?

So, wie viele ihr Geld nicht auf die Bank tragen wollen, könnten sich beispielsweise manche Menschen weigern, den Gametenbanken ihre Keimzellen anzuvertrauen. Was, wenn die Gameten verschiedener Personen verwechselt werden oder im Bedarfsfall unauffindbar sind? Theoretisch sollte das Risiko solcher Missgeschicke dank des DNA-Fingerabdrucks, der Strichcode-Kennzeichnung und der Computertechnologie relativ gering sein – dennoch ist hundertprozentiges Vertrauen angesichts unserer Erfahrungen mit herkömmlichen Banken nicht angebracht. Absicherungen werden unumgänglich sein, zum Beispiel DNA-Tests zur Bestätigung der genetischen Elternschaft vor der Implantation eines Embryos in den Uterus der Leihmutter.

Was geschieht zum Beispiel, wenn man mit der Zahlung seiner Prämien für die Gametenlagerung in Verzug gerät oder wenn die Gametenbank ihre Geschäfte einstellt? Zweifellos werden Vorkehrungen zur Gewährleistung der Zahlungen ebenso unerlässlich sein, wie Regierungsgarantien für private Gametenbanken. Was passiert, wenn Gameten wirklich verloren gehen? Oder, noch schlimmer, wenn eine verbrecherische Regierung die Gameten einer Person zerstört – als Strafe für angebliche gesellschaftliche Vergehen? Kein Grund zur Panik. Keine dieser Katastrophen ist endgültig; es gibt immer ein Sicherheitsnetz. Schließlich produzieren Männer und Frauen auch nach der Blockierung der Samen- beziehungsweise Eileiter weiterhin Keimzellen – nur gelangen diese nie in einen Bereich, wo tatsächlich eine Befruchtung stattfinden kann. Wenn also das Guthaben eines in der Jugendzeit angelegten Gametenkontos tatsächlich verloren geht oder zerstört wird, kann man dieses im späteren Leben wieder auffüllen.

Wer jeden noch so trivialen medizinischen Eingriff ablehnt, wird am Block-Banking-System nicht sofort Gefallen finden. Derzeit ist zur Blockierung der Ei- beziehungsweise Samenleiter ein, wenn auch kleiner, chirurgischer Eingriff notwendig. Trotzdem sind im Namen der Kontrazeption erstaunlich viele Männer und Frauen schon heute bereit, ihre Ei- beziehungsweise Samenleiter blockieren zu lassen. In Großbritannien sind 15 Prozent der Frauen im gebärfähigen Alter und 16 Prozent ihrer Partner bereits sterilisiert. In Asien entscheidet sich die Hälfte aller verhütungswilligen Paare für die Sterilisation eines der Partner; allein in Indien sind es drei Viertel.

Wenn also das Block-Banking-System bereits heute zur Verfügung stünde, würde sich auf der Suche nach einer hundertprozentig sicheren und risikofreien Verhütungsmethode aller Wahrscheinlichkeit nach eine beachtliche Anzahl an Personen für dieses System entscheiden. Für die Freiheit, sich ohne das Risiko eines Zwischenfalls oder Missgeschicks fortpflanzen zu können, wann und mit wem man will, würde man einige kurze Momente des Unbehagens in Kauf nehmen. Und mit der steigenden Benutzerfreundlichkeit, Verlässlichkeit und gesellschaftlichen Akzeptanz der einzelnen Komponenten dieses Modells scheint die Zukunft des Block-

Banking gesichert: Es wird für die meisten Menschen zur bevorzugten Form der Familienplanung werden. Mit all diesen Thesen bewegen wir uns noch weitgehend im Bereich der Sozialethik oder der Technikfolgenforschung. Es wird aber vermutlich schnell einen Übersprung zu wirtschaftlichen Überlegungen bis in die kleinste gesellschaftliche Einheit geben und mit allen Begleiterscheinungen, wie sie Thomas S. Kuhn in seinem älteren Buch »Die Struktur wissenschaftlicher Revolutionen« so treffend formuliert hat, werden nicht nur Widerstände und Zeitverschiebungen auftreten oder die Welt sich in Siedler, Pioniere und Visionäre spalten. Es wird auch wieder deutlich werden, dass eine Idee, deren Zeit gekommen ist, nicht aufzuhalten ist.

Wir abenteuerlustigen Visionäre freuen uns darüber.

Kerstin Grünthal
Die Prinzenfalle

Es waren einmal eine junge Frau namens Evi und ein junger Mann namens Joe. Es war im Jahr 2006, und beide standen erwartungsvoll am Anfang ihres selbstständigen Erwachsenenlebens. Beide trugen sie Markenkleidung, hatten zu Hause Computer, kommunizierten über das Mobiltelefon, sprachen die gleiche Umgangssprache und hatten viele Pläne, wie sie das Leben gestalten wollten: Auto, Wohnung, Urlaub, Sicherheit, viele Freunde und Spaß. Sex wünschte sich Joe noch vor dem Auto und Evi am liebsten zwischen Wohnung und Sicherheit.

Beide wollten irgendwann einmal den richtigen Partner treffen, den sie dann auch richtig lieben konnten. So mit Ende zwanzig bis Anfang dreißig. Danach wollten sie ein paar Jahre gemeinsam mit ihrem Partner noch mehr Spaß haben. Mit Mitte bis Ende dreißig dann ein bis zwei Kinder. Notfalls auch später.

Mehr Wünsche hatten sie erst einmal nicht. Es war auch nicht wichtig, da sie sich ja noch gar nicht kannten und deshalb dieser Lebensentwurf ein rein theoretischer war.

So viel zur Ausgangsposition. Da jedoch die Welt voller moderner Märchen ist, sollte erwähnt werden, dass es heutzutage immer mehr Märchen gibt, die gar nicht gut ausgehen. Denn so viel ist uns allen noch aus der

Märchenwelt in Erinnerung: Bevor es am Ende heißt: »Und wenn sie nicht gestorben sind, dann leben sie noch heute glücklich und zufrieden.«, müssen oftmals die härtesten und widrigsten Aufgaben gelöst werden.

Sex sells products

In der Welt der Werbung könnte der letzte Absatz auch so lauten: »Also, Leute, so viel zu der Strategie unserer neuen Werbekampagne. Die Ausgangsposition von Evi und Joe ist die Basis unserer neuen Kampagne. Sie betrifft die von unserem Auftraggeber gewünschte Zielgruppe von 12 bis 75 Jahren. Die Jungen kriegen Sehnsucht auf ihre Zukunft und die Alten sehnen sich wieder nach dem Jungsein. In beiden Richtungen werden wir ihnen ihre Sehnsucht mit unserer Produktwerbung noch ein wenig verstärken. Appetit, ach was, Heißhunger sollen sie kriegen. Macht ihnen die Hölle heiß, lasst ihnen den Speichel rinnen. Aber vorsichtig! Macht sie niemals satt. Soll heißen: keine Sinnbildung, keine Harmonie, keine Erfüllung – weil sonst keine Sehnsucht mehr. Kapiert, Leute? Also dann ran. Ach, fast hätte ich es vergessen. Vergesst bloß nicht den Sex. Ihr wisst ja, das will ja jeder. Na habe ich's doch gewusst, da kennt Ihr Euch bestens aus. Ha, ha. Ha. Sex sells, let's go!«

Dem Artdirektor und den vielen Evis und Joes ist natürlich der Unterschied zwischen Wirklichkeit und Märchen absolut bekannt. Doch ein bisschen Märchen hat ja noch niemanden geschadet. Vor allem nicht der Werbewirtschaft und damit der Spirale der Bedarfsweckung.

Die schönsten Geschichten, wie die über die Eigenschaften des neuen Handys, geeignet auch im Bett bei einem flotten Dreier, über die neuen Jeans für sexuell aktive Pubertierende, den herzstärkenden Gesundheitstrank für strahlende 70-Jährige, die Slipeinlage gegen Blasenschwäche, vorzugsweise von in die Jahre gekommenen Damen während der Anbahnung einer Zweierbeziehung anzuwenden, machen nur eines: Sie führen uns an unserer biologischen Nase herum und machen aus Menschen gesteuerte Kaufroboter der marktwirtschaftlichen Wettbewerbswelt.

Aus anderen machen sie höchst Bedrängte und Penetrierte, die zwischen Verweigerung und ständig bewusster und selektiver Entscheidung wählen müssen. Das geht dazu oft mit einer Irritation des sozialen Umfeldes einher, die einer nicht bauchentblößten und piercing- und tatoofreien Evi und einem Fahrrad fahrenden Joe in den meisten Fällen im Freundeskreis keine sehr hohe Akzeptanz einbringen dürfte.

Auch dem biochemisch gesteuerten Kaufroboter geht irgendwann einmal die Hormonpuste aus. Spätestens, wenn ihm sein willentlich ergebenes, aber leeres Konto die rosarote Brille trübt und er erkennen muss, dass die schönsten Erfüllungsversprechen der Konsumwelt sehr viel Ähnlichkeit mit dem Erblühen und Scheitern einer Liebesbeziehung haben.

Sex sells emotions

Der professionell werbetreibende Eros zielt nicht etwa auf die Herzen und den Verstand seiner Millionen von Auserwählten, nein, er trifft eine Etage tiefer mitten ins Schwarze. Im Reich der Hormone geht es meist unbewusst um Verführung und Absetzen von Werbebotschaften im Dienste der Evolution. Liebe, Lust und Leidenschaft sind vom Gehirn ausgeschüttete Gefühlsbelohnungen dafür, dass sich Menschen binden. Mann und Frau sollen sich paaren und fortpflanzen. Die romantische Liebe ist nur ein kleiner Trick unseres Hirnes, um die Steuerung von Paarung und Fortpflanzung noch effizienter zu gestalten. So versetzte die romantische Liebe, die Hochstimmung und die Besessenheit des Verliebtseins unsere Vorfahren in die Lage, ihre Aufmerksamkeit auf eine bestimmte Person zu richten, wodurch kostbare Paarungszeit und Energie eingespart werden konnten.

Die Hormone wirken im Gehirn dort, wo Gefühle entstehen: in der Kommandozentrale des Gehirns, dem präfrontalen Kortex und insbesondere im limbischen System, das die Emotionen steuert. Dreh- und Angelpunkt der Liebe ist das Belohnungssystem des Gehirns. Hier erzeugen körpereigene Drogen, vor allem Dopamin, Norepinephrin und Serotonin, aber auch Vasopressin und Oxytocin Glücksgefühle. Eine Extradosis Adrenalin sorgt für volle Aktionsbereitschaft.

Beim Liebesspiel putscht die Nebennierenrinde den Körper mit noch mehr Adrenalin auf. Hoden und Eierstöcke produzieren Lust steigernde Sexualhormone: Ihr Testosteronspiegel gleicht sich aneinander an. Beim Höhepunkt schütten die Körper Opiate aus. Durch die weiblichen Adern schießt das Bindungshormon Oxytocin. Vor allem aber treibt der Sex den Dopamin- und Endorphinpegel in beiden Gehirnen in die Höhe. Die Folge sind Euphorie, Energie und tiefes Wohlbefinden. Und das Verliebtheitshormon Phenylethylamin wirkt wie Amors Pfeil.

Für Eros ist es klar: Nach dieser Biochemie sehnen sich alle Menschen zwischen 12 und 70 Jahren. Er muss nur noch das Produkt in eine hormonaktivierende Verpackung einwickeln und dann funktioniert »Sex sells«. Denn, was keine künstliche Droge so gut hinbekommt, geschieht, wenn die biochemischen Botenstoffe des Körpers in der Liebe auf Touren kommen. Und biochemisch lieben können Männer auch Autos und Frauen kalorienreduziertes Joghurt.

Der Clou für die Werbewirtschaft ist der, dass Partnerwahl, Verliebtsein und Liebeskummer allesamt Folgeerscheinungen biochemischer Prozesse sind. Auch für die Liebessucht haben Neurobiologen und Anthropologen mittlerweile eine Erklärung. Untersuchungen haben gezeigt: Verliebte sind – biochemisch gesehen – krank. Es ist wie bei Drogen: Bleibt der Stoff aus, fühlt man sich auf Entzug. Schuld daran ist der Botenstoff Serotonin in unserem Gehirn. Italienische Wissenschaftler untersuchten das Blut verliebter Paare und fanden heraus, dass in Abwesenheit des geliebten Menschen deren Serotoninspiegel auf einen Wert sinkt, der stark dem von Zwangsneurotikern ähnelt. Normalerweise sorgt Serotonin für Ruhe und innere Ausgeglichenheit. Ist aber zu wenig davon vorhanden, läuft das Gehirn heiß, und die Gedanken beginnen, hyperaktiv um eine Sache zu kreisen.

Sex sells identity

Zum Beispiel bei einem 14-Jährigen um die Markenjacke oder exakt die sozial korrekten Sportschuhe. In diesem Fall lässt ihn das Serotonin nur scheinbar in seine Jacke verliebt sein. Der wahre Grund ist ein biologisch bestimmter Auftrag und heißt, sich einer erkennbaren sozialen Gruppe zugehörig zu fühlen. Die Gruppe ermöglicht dem geschlechtsreif werdenden Jugendlichen die langsame Ablösung von den Eltern. Damit der Zugehörigkeitsverlust nicht zu Vereinzelung und damit zu asozialem Verhalten führt, hat die Biologie für ihn vorgesehen, sich an einer Gruppe zu orientieren und nebenbei kräftig gegen die Eltern zu opponieren, um ihm die Trennung von ihnen zu erleichtern. Zu dem Brutpflege- und Erziehungsprogramm der Eltern wird nun ein sozialer Raum geschaffen, in dem die herrschenden sozialen Bedingungen seiner Generation Vorrang haben und in dem der Jugendliche Überlebensstrategien seiner Zeit erprobt.

In früheren Zeiten waren das bestimmte Gruppen, die sich durch Herkunft, Bildung und Vermögen eindeutig nach außen unterschieden und eher durch soziale als materielle Werte geregelt wurden. Bauern, Ritter, Adel, Handwerker und Handelsleute bestimmten ihre Werte durch ihr gesellschaftliches Handeln. In erster Linie galt: Man war, was man tat.

Heute ist das durch den marktwirtschaftlich freien Wettbewerbshandel ganz anders. Da gilt: Man ist was man nach außen signalisiert. Die Welten haben sich scheinbar gedreht. Nicht das unmittelbare Handeln ergibt die Zugehörigkeit, sondern eine äußerliche Botschaft steht für diese. Falls die Botschaft nicht alleine bereits das Handeln ersetzt, steht das Tun meist nicht mehr für Persönlichkeit und Zugehörigkeit sondern vermehrt nur noch für Zweckerfüllung. Miete, Mobilität, Bequemlichkeit und Befriedigung.

Die Markenjacke des Jugendlichen ersetzt also seine gesellschaftliche Zugehörigkeit. Ob Arbeiter- oder Industriellenspross – die Botschaft einer teuren Nobelmarke signalisiert eine von der Person unabhängige Wertigkeit. Sie steht für sich und ist in den wenigsten Fällen mit der Person verbunden. Es ist, als ob sich der Ganter falsche Federn angeklebt hätte. Der Jugendliche braucht sich durch eine eigenständige Handlung nicht zu erkennen geben. Seine Identität, die sich durch Bildung, persönliche Talente oder Charaktereigenschaften von innen nach außen den Informationsweg bahnen würde, ist durch das eigenständige Image des Markenartikels von außen überlagert. Und somit auch geschützt. Einerseits verspricht das Chancengleichheit, andererseits ist es die perfekte Konsumfalle.

Für das werbetreibende globale Wirtschaftssystem, ausgehend von den westlichen Industrienationen, ist die Gruppe der Kinder und Jugendlichen also ein gefundenes Fressen. Hier bestimmt eine verdeckte Variante von »Sex sells«, sie heißt Neuro-Marketing und ist von der Neuro-Biologie abgeleitet.

Eine amerikanische strategische Empfehlung, die 1945 zur Bändigung der deutschen Volksseele abgegeben wurde: Steigere die Abhängigkeit von Konsum und marktwirtschaftlich gesteuertem Wohlempfinden in gleicher Relation wie sich die Bildung verringert.

Die PISA-Studienergebnisse lassen erahnen, welche langfristigen Strategien da wirksam sind. In den Aufbaujahren des deutschen Wirtschaftswunders, in den politischen Turbulenzen der 68er und unter der absatzmarktsteigernden Richtlinie der 1980er- und 1990er-Jahre konnten nur genau hinschauende Kritiker erahnen, in welches Szenario die Konsumspirale führte.

Sex sells image

Und längst ist die Werbestrategie »Sex Sells« in die so genannten Entwicklungsländer geschwappt. Das amerikanische »Sexy sein« meint, im Vergleich zur europäischen Auslegung, nicht gleich das volle Fortpflanzungsprogramm und dessen dienliche biochemische Reaktionen.

Sexy sein heißt für amerikanische Werbestrategen vielmehr attraktiv, sprich anziehend sein, und wer will nicht gerne anziehend sein und dadurch eine Aussicht auf Essen, auf einen Job und auf ein menschliches Dasein haben. Einfach im Leben dazugehören. Ein Kind mit großen Augen, das die gnadenlose Überlebensnot in afrikanischen Hungersgebieten oder in den Slums südamerikanischer Metropolen kennen gelernt zu haben scheint, symbolisiert mit einem Paar Markensportschuhen nicht nur den Willen des Siegers, sondern auch den Sprung aus dem Elend in eine bessere Welt.

Mit oder ohne Sportschuhe in diesem Werbemärchen: Die Realität sind Millionen von sterbenden Kindern, weil sich das Geld dieser Welt Gewinn bringend und absatzorientiert platziert und der Konsumkreislauf bestimmt nicht in Äthiopien Halt machen wird. Und wenn doch, dann würde es Jahrzehnte dauern, bis sich ein hier lebendes Kind die Sieg versprechenden Sportschuhe erarbeiten konnte.

Mit wirklich existenzieller Armut lassen sich offensichtlich nur Botschaften über die eigene Imageführung lenken. »Schaut her – auch ich erkenne das Elend der Welt.« In welcher Form die wirkliche Erkenntnis ist, zeigt sich an der Kennzeichnung des Produktionslandes, dessen Mindestlöhne und der dort zwar verbotenen, aber sehr wohl praktizierten Kinderarbeit.

Money sells sex

Drehen wir die »Sex sells«-Medaille von der dunklen auf die glänzende Seite. Hier funkelt der diamantenglitzernde Schriftzug Luxus. O-Ton in einer TV-Sendung von 3sat in der anspruchsvollen Podiumsserie Delta: »Luxus ist ein sexuelles Motiv. Luxus übernimmt eine Funktion, die durchaus auch in Geistesformen zu finden ist. Früher vermittelte Religion eine Identität, heute kann dies auch Luxus.« Der Psychologe und Neuro-Marketing-Experte der Runde erklärt, dass die Demonstration von Luxus vom Hormonhaushalt der reichen Person abhänge. So sei ein 25-Jähriger auf dem höchsten Hormonhaushalt seines Lebens und führe er mit dem deutschen Sportwagen der Güteklasse eins vor, signalisiere das etwas anderes, als wenn ein 60-Jähriger mit dem gleichen Gefährt vorfährt. Ab dem 40. Lebensjahr verringere sich das vorhandene Hormondepot pro Jahr um ca. 1 Prozent. Zitat Ende.

Das männliche Sexualhormon Testosteron wird durch das Stresshormon Adrenalin, das durch Bewegung und Geräusche aktiviert wird, angeregt. Schon zweijährige Jungen reagieren im höchsten Maß auf Geräusche und Bewegung. Im Gegensatz zu ihren Schwestern, die sich noch nicht einmal nach einem vorbeitosenden Bagger umdrehen würden, werden kleine Jungen davon magisch angezogen. Biochemisch übt der kleine Junge damit seine späteren Überlebensfähigkeiten, denn ohne Testosteron und Adrenalin gäbe es keinen Jagdinstinkt und damit keinen Versorgungswillen gegenüber Mutter und Kind. Die Jagdfähigkeit und das Ausmaß der

Beute entschieden nicht nur bei unseren Ahnen über Akzeptanz und sozialen Status des Mannes. Keine fliehende Jagdbeute, sondern das Motorengeräusch des Sportwagens aktiviert in unserer Zeit auch die Adrenalinproduktion eines 60-Jährigen. Nur, dass er für wiederkehrende Brautschauen und kräftezehrende Rivalitätsvertreibung im eroberten Revier, das heute auch Firma, Politik oder Kontostand heißen kann, mehr davon braucht, als es ihm seine natürliche Biochemie zugestehen möchte.

Graue Schläfen und eine souveräne Gelassenheit à la Sean Connery scheint die gesündere Mischung. Leider führt dieses Beispiel eines *most sexiest man* direkt in die »Sex sells«-Prinzenfalle. Gerade Sean Connery erlebt mit zunehmendem Alter die unwahrscheinlichsten und gefährlichsten (Hormon-)Abenteuer und gewinnt damit, was sonst, die Liebesgunst der schönsten Frauen.

Das Leben jenseits der Kinoleinwand ist weitaus weniger abenteuerlich und es dauert oftmals etwas länger als 90 Minuten, bis sich ein legales Vermögen angesammelt hat. Ist das Geld neu und womöglich noch dazu leicht verdient, dient es vielen Eigentümern, ihren fehlenden sozialen Status damit zu erhöhen oder die mangelnde geistige Bildung auszugleichen. Feststehend deklarierte Luxusgüter wie teure Autos, Häuser, Jachten, Flugzeuge, Schmuck, manch schöne Frau und sonstige für den Normalbürger unerschwingliche Dinge und Ausdrucksformen sind das Markenzeichen des Geldes. Money sells sex. Hier dient Sex nicht dem Geld, sondern das Geld dem Sex. Natürlich ist auch hier eine Konsumfalle eingebaut. Das Gesetz »Sex sells« macht auch nicht vor dem Luxusmann Halt. Ersetzt er seine sexuelle Potenz durch eine materielle oder stellt sie zumindest damit gleich, muss eine noch nicht verfügbare Trophäe das Jagdziel sein. Die Bewegung dahin mobilisiert Adrenalin, und der Tanz der Hormone, ausgedrückt durch Begehren, Eroberung und Inbesitznahme, beginnt erneut von vorn. Doch wehe dem, der schon alles hat.

Letzterer kann sich bemühen, sein Geld zu verlieren oder Geld als geistig soziales Gut zu betrachten. Das wäre dann der Übergang von neuem zu altem Geld. Aus diesem materiellen Stoff sind Familiendynastien, Adelsgeschlechter und Königreiche und nicht zu vergessen auch Schcichtümer und Emirate gewebt. Das Phänomen des schnellen Geldumsatzes durch marktwirtschaftlich gesteuerten Konsumwettbewerb ist nur mit schnellem Reichtum in früheren Zeiten vergleichbar. Gold- oder Diamantenrausch, Eroberungskriege und diktatorische Machtansprüche ließen Hab und Gut jedoch oftmals noch schneller zerfließen, als es erobert werden konnte.

Money sells socials

Die klugen Reichen haben schon immer ihr Geld auch für andere Menschen mit ausgegeben. In Amerika und in Europa sind es gemeinnützige Organisationen oder die Stiftungen der Superreichen, die eine Teilnahme der Ärmeren am Wohlstand ermöglichen. Auch in Ländern wie zum Beispiel in Indien, in denen das Geld noch ungleicher verteilt ist, sind es die reichen Familien, die für ihre Gemeinden und Not leidende Menschen enorme Summen aus ihren Privatschatullen zahlen. So wird über Generationen das Geld innerhalb der Familien gehalten und damit auch an die Menschen in ihrem Umfeld weitergegeben.

Die Erben dieses Reichtums, der eher in beständigen Werten wie in Immobilien, Landbesitz und Beteiligungen als in schnellen Werten wie marktorientierte Aktien investiert wird, haben weltweit meist eins gemeinsam: Sie werden während ihrer Jugend- und Erziehungsjahre oft recht kurz gehalten, erhalten aber die besten internationalen Ausbildungen und verfügen selbst nach dem Erbe nie über den gesamten Reichtum. Ebenso am Sex wie nur am Geldvermehrungsgedanken interessierte Kaufhauserbinnen spiegeln da ganz offen den Unterschied zu den Sprösslingen, die völlig unauffällig an den besten Universitäten dieser Welt ihren Doktor machen und dann anschließend Wirtschaftsminister eines Staates sind oder ein Familienunternehmen mit 3.000 Mitarbeitern leiten.

Natürlich wirken die Gesetze der biochemische Hormonglücksspirale auch bei ihnen, aber sie stehen nicht maßgeblich an erster Stelle. »Sex sells« wirkt nur bei hungrigen, sinnirritierten Menschen. »Sex sells« sichert keine Werte.

Mit Geld kann man sich Werte kaufen. Doch ersetzt Geld nicht Bewusstsein. Geld ist kein Garant für einen wachen Geist. Kunst, Kultur und geistiges Bewusstsein entstehen oftmals außerhalb des Geldflusses. So haben nicht nur die gut ausgebildeten Erbengenerationen des alten Geldes eine Chance, Manipulationen des Absatzmarktes zu durchschauen. Sensibilität und der Mut, kritisch hinzuschauen und hinzuhören, machen jeden intelligent genug, nicht in die Konsumfalle »Sex sells« hineinzufallen. Möglicherweise ist es befriedigender und spannender, sich selbst zu vertrauen und herausfinden, warum Sex als biologischer Lockvogel aller Sehnsüchte und letztendlich der Liebe benutzt wird.

Wie »Sex sells« zur Prinzenfalle wird

Es ist das Jahr 2026. Evi und Joe sind keine Twens mehr, sondern Anfang vierzig. Beide hatten in den vergangenen zwanzig Jahren nicht ganz so viel Spaß, wie sie sich einst vorgenommen hatten.

Nach dem Schul- und Ausbildungsweg wurde Evi Einrichtungsberaterin eines großen Möbelhauses und Joe Verkäufer eines deutschen Automobilkonzerns. Evi kennt sich auch in Feng Shui und Wabi-sabi aus. Belegte Kurse in Symbolik, gewaltfreier Kommunikation und besucht einmal in der Woche einen Yogakurs. Nach einer gescheiterten Ehe hat sie eine Menge Freundinnen und fast ebenso viele Augenblicke, in denen sie glaubt, endlich ihren Prinzen gefunden zu haben.

Joe war gerade so erfolgreich, wie es ein Angestellter sein kann. Seine ehrgeizigen wie kostspieligen Pläne, sich selbstständig zu machen, musste er begraben, als ihn seine Frau mit den beiden kleinen Kindern verließ und er Unterhalt zahlen musste. Nach Aussage seiner Ex-Frau verließ sie ihn, weil er entweder todmüde ins Bett fiel oder an den Wochenenden vor dem Fernseher hockte. Er bevorzugte Sportsendungen, in denen jede Sekunde irgendeine Werbebotschaft über das Bild zuckte. Joe unterhielt sich mit seiner Ex-Frau genauso wenig über das Motorengeräusch seiner Luxusautos wie Evi sich mit ihrem Ex-Mann über die Wirkung einer Yogaübung oder ihre Sehnsucht nach einem romantischen Palmeninselurlaub.

Die Prinzenfalle schnappt zu

Das Seltsame in beider Leben ist, dass sie glauben, alles richtig zu machen. Sie haben einen Job, sind gut gekleidet, haben Freunde, Lieblingsfilme

Kerstin Grünthal
Journalistin und
Kommunikationsberaterin
kerstin.gruenthal@gmx.de

und ihre bevorzugten TV-Serien und Sendungen, beherrschen Kommunikationstechniken. Ausgeprägte politische Ansichten überlassen sie anderen. Und doch sind sie ständig unruhig und auf der Suche. Manchmal ist es ein Satz eines jungen Kinohelden, der Evi so anrührt, dass sie in Tränen ausbricht. Joe macht ab und zu eine Probefahrt oder einen Fahrlehrgang in einem 250 PS starken Auto. Danach fühlt er sich nicht mehr als Versager, sondern stark und mutig.

Es kommt, wie es im wirklichen Leben sehr oft und in der Werbewelt niemals kommen muss. Evi – nach dem Kino – und Joe – nach einem Fahrlehrgang – gehen zufällig in die gleiche Bar. Sie sitzt in ihrer weißen engen Hose, die ihre Topfigur deutlich abzeichnet, auf dem Barhocker. Als weiblicher Single trägt sie die Sexsymbole der neuesten Mode. Joe kommt wie ein Astronaut der Straße im festen männlichen Gang auf sie zu. Sein Adrenalinspiegel ist hoch. Er findet Evi mit dem ersten Blick in ihre erwartungsvollen Augen sehr anziehend. Nur ihre enge Hose irritiert ihn. Will sie nur Sex. Schade. Er würde sich so gern wieder einmal verlieben. Nach der meist schnellen Befriedigung einer Nacht weiß er nicht, warum er wieder in die Tretmühle des Autohauses gehen soll. Evi findet sein selbstbewusstes männliches Auftreten etwas zu großspurig. Der will bestimmt auch nur das Eine. Schade. Einfach nur einmal wieder mit jemandem flirten, ihn langsam kennen lernen, miteinander kochen und lachen. Warum guckt er eigentlich nur auf meine Hose?

Warum ist sie so abweisend, denkt Joe. Will sie oder will sie nicht? Nach der Hose und ihrem Outfit nach will sie. Warum schaut sie dann so enttäuscht? Das unruhige Gefühl in beider Bauchgegend fühlt sich jetzt eher unangenehm an. Sie wenden sich von einander ab. Sie sehen sich niemals wieder. Die Stadt ist groß, und sie wohnen jeweils am anderen Ende.

Uwe Günter-von Pritzbuer
Was haben Schmetterlinge im Bauch, wenn sie verliebt sind?

Dies sind die Erlebnisse eines Seminarteilnehmers, der sich im Seminar »Emotionale Intelligenz« in eine Teilnehmerin verliebt und begreift, was Gefühle mit unserem Geist und unserem Körper anstellen können:

Vor dem Seminar

Ich schlage die Augen auf und schaue in den Himmel. Zarte Wölkchen schweben da, auf denen sich gut gebaute Männer um die Schöne aalen. Sie trägt roten Samt, das Haar ist verhüllt und ihre Schönheit überstrahlt alles andere. Die Gottesmutter? Unmöglich, zu lasziv ist ihre Pose, auch das Jesulein fehlt. Pure Sinnlichkeit verströmt das Deckenfresko hoch über mir und ganz allmählich beginne ich, mich auf der herrschaftlichen Schlafstatt aus Rosenholz zu regen. Ich strecke die Arme und komme langsam zu mir. Da klingelt auch schon der Wecker und es ist Zeit zum Aufstehen. Ein weiterer Seminartag liegt vor mir. Das Thema des dreitägigen Seminars ist die »Emotionale Kommunikation im proaktiven Vertrieb«.
Gestern war das Kernthema: »Der Unterschied zwischen rationaler und emotionaler Intelligenz«, also Kopf und Bauch, wie wir Verkäufer im Vertrieb immer sagen. Der Trainer stellte die These auf, dass jede Entscheidung emotional getroffen wird und dann rational begründet wird. 100 Prozent Bauchentscheidungen – der Sieg des Bauches über den Kopf! Zur Untermauerung der These stellte er die Frage: *»Wer hat seinen Partner aus rationalen Gründen gewählt und geheiratet?«* Gute Frage!

Uwe Günter-von Pritzbuer
Was haben Schmetterlinge im Bauch,
wenn sie verliebt sind?

Mir gehen 1.000 Fragen durch den Kopf – und alle kommen irgendwie aus derselben Quelle: Wer ist die blonde Seminarteilnehmerin – Darina? Ein seltsames Kribbeln durchläuft meinen Körper. Zärtliche Impressionen schleichen romantisch im Bewusstsein herum.

Von der ersten Sekunde an, war ich von ihr wie verzaubert. Ihr Lächeln hat mich betört. Ein einfaches Lächeln und doch so voller Zartheit und Schönheit. Wenn sie lächelt, glaubt man, die Sonne geht auf. Und erst ihre Stimme! Sie hat eine milde Temperatur und ihr Dialekt einen schönen Tropfen ländliche Farbe; der Klang ist wie ein zarter, melodiöser Gesang und gleicht einem angenehm erfrischenden Wind. Wie drückte es der Trainer aus: *»Stimmung kommt von Stimme.«* Durch ihre Stimme wird die Seele der Buchstaben geweckt und das Wort beginnt zu leben. Wenn sie ihre Lippen bewegt, klingt es wie vollendete Musik. Ich bade in romantischem Glück und kann nicht mehr leugnen, dass ich mich verliebt habe. Ich versuche, dieses Gefühl abzustellen, und merke, dass die emotionale Seite über die Ratio gesiegt hat.

Ständig frage ich mich, was das für eine faszinierende Frau sein muss, die eine solche Ausstrahlung, solch ein Charisma und eine Anziehungskraft besitzt? Ist das die Verkleidung der emotionalen Intelligenz? Ist das höchste aller Gefühle – Flow – verliebt zu sein? Ist das der G-Punkt der Emotionen? Kann man in der Phase des Verliebtseins seine Gefühle managen, wie es das zweite Gesetz der emotionalen Intelligenz fordert? Wie tief und breit ist gefühltes Wissen? Und wieso kennt die Leidenschaft keinen Verstand?

Was passiert da eigentlich mit mir? Sobald ich an sie denke, steigen vor meinem inneren Auge Bilder von ihr auf. Diese Bilder strahlen in einer Stärke, dass mir fast schwindlig wird. Schon ein einfacher Gedanke an sie löst in mir ein Feuerwerk der Gefühle aus und weckt tiefgründige Sehnsucht. Ich muss wieder an gestern denken. *»Das erste Gesetz der emotionalen Intelligenz lautet: Seine Gefühle muss man kennen. Selbstwahrnehmung ist die Grundlage aller emotionalen Intelligenz. Die Fähigkeit, seine Gefühle laufend zu beobachten, ist entscheidend für die psychologische Einsicht und das Verstehen seiner Selbst. Wer die eigenen Gefühle nicht zu erkennen vermag, ist ihnen ausgeliefert. Wer sich seiner Gefühle sicherer ist, kommt besser durchs Leben, erfasst klarer, was er über persönliche Entscheidungen wirklich denkt.«*

Emotional erkennen, nicht rational messen! Man kann Zeit, Geld und Produktionszahlen messen, nicht aber Gefühle. Der Alltag hat mich eingeholt. Ich will erst einmal frühstücken und gehe in den Speisesaal. Ich blicke mich um und halte an einem runden Tisch in der Mitte des Raumes inne. Darauf steht eine große chinesische Bodenvase. Die frisch geschnittenen weißen Lilien verströmen einen intensiven Duft und locken mich in ihre Nähe. Ich setze mich an den Tisch daneben und bestelle beim Ober. Wenn man seine Zukunft doch nur genauso leicht haben könnte!

Ungebeten ergreift meine Vorstellungskraft von mir Besitz und beschenkt mich mit einer Folge von Bildern. Wir flirten, sind wie zwei Katzen, wie Panther, die sich umschleichen, während sich die tiefen Blicke der Augen immer wieder treffen. Wir tauchen in den Moment ein und genießen die langsam aufkommende Spannung. Wir kommen uns immer näher; sind wie in einem Netz voller Sinnlichkeit und Zärtlichkeit verfangen.

Mit einem »Guten Appetit« reißt mich der Ober aus meinen Gedanken. Vor mir stehen ein Körbchen mit warmem Baguette, zwei Schälchen mit unterschiedlicher Marmelade, ein Glas frisch ausgepresster Orangensaft und ein Latte Macchiatto. Schweres altes Silberbesteck liegt neben dem Teller. Ich lege mir die Leinenserviette über die Schenkel und halte das wuchtige Messer in der Hand. Schneide ein Baguette auf und beginne, es anschließend mit Erdbeermarmelade zu bestreichen. Diese Marmelade scheint mich in meinem Denken ganz zu erfüllen. Bin irgendwie abwesend, durcheinander, übernächtigt, verstört. Jedenfalls nicht ganz bei der Sache. Ich muss an ihre rot lackierten Fingernägel denken. In ihnen spiegelt sich unser Ebenbild und meine Gedanken werden in einen saugenden Wirbel gezogen. Ein inniges Verlangen überkommt mich erneut. In meinem Körper erlebe ich Gefühle, die aus dem Herz und der Seele kommen. Alle meine Sinne sind angesprochen und ich bin wie verzaubert. Ich möchte mich ganz in ihr verlieren, möchte alle Sinne für sie öffnen. Nur, wo sich Sinne öffnen, kann Magie Einzug halten. Die Magie der Gefühle.

Völlig vertieft in meine Gedanken drehe ich die Klinge des silbernen Messers mit den roten Spuren der Marmelade in meiner Rechten. Mein Blick springt zu den Lilien, auf die Holzdielen am Boden und wieder ins Marmeladenschälchen. Die Knöchel meiner Hand treten weiß hervor. Mein Atem beschleunigt sich. Ich spüre, wie mein Herz schneller schlägt, spüre, wie es in der Furcht verkrampft, von ihr einen Korb zu bekommen.

Uwe Günter-von Pritzbuer
Was haben Schmetterlinge im Bauch,
wenn sie verliebt sind?

Mein Herz flattert vor Aufregung und Sehnsucht gleichzeitig. Wird sie mich heute im Seminar beachten, werden wir heute beim Essen nebeneinander sitzen? Mich quält mein sinnliches Lampenfieber. Es krabbelt und juckt, als säßen Tausende von Insekten unter der Haut. Ich versuche, mich zu beruhigen. Es gelingt nicht; tief quält mich die Sorge, etwas Großartiges in meinem Leben zu verpassen.

Angst macht sich in meinem ganzen Körper breit, haftet an mir wie schlechter Körpergeruch. Sie macht mich klein, macht aus mir einen Zwerg, nimmt meinem Intellekt die Fähigkeit zum Denken. Ich will meinen Gedanken entfliehen und versuche an die Seminarhausaufgabe für heute zu denken. *»Haben Sie Ihr Auto aus rationalen oder emotionalen Gründen gekauft?«* Aber ich kann mich nicht richtig konzentrieren, meine Angst nicht abschütteln oder ihr irgendwie entfliehen. Sie behindert mich. Ich muss und will weiter nachdenken.

Da werde ich von Kinderlärm unterbrochen. Fünf Kinder spielen »Fangen« und wirbeln zwischen den Stühlen herum. Sie rennen von einer Aktivität zur anderen, klettern, wirbeln herum, balancieren auf einem Skateboard, bis sie vor Vergnügen kreischend, das Gleichgewicht verlieren. Alles das, was uns als Kindern höchstes Vergnügen bereitet, versuchen wir als Erwachsene zu vermeiden: Spielen, Neuheit, Risiko, Kontrollverlust, Ungleichgewicht, Überraschung, Fallenlassen. Manche Menschen glauben, was einen guten Spielplatz ausmacht, kann im Erwachsenenleben nur schaden. Warum klammert man sich so sehr an Stabilität und Bequemlichkeit und Gleichgewicht? Woher kommt die Angst vor dem, was passieren könnte, wenn man einmal in unübersichtliches Gelände kommt? Warum fühlt man sich in der Bequemlichkeit wohler als im Zustand von Bewegung, Veränderung und Aktivität? Kinder haben keine Angst davor, sich die Hände schmutzig zu machen. Keine Angst davor, auch mal Pommes mit Schokoladensauce zu essen. Genauso, wie sie einen Besen schon mal zum Pinsel umfunktionieren. Oder etwas kaputtmachen, nur um zu sehen, wie es funktioniert. Und Unmögliches ausprobieren, wo Erwachsene längst aufgegeben hätten.

Apropos Kinder. Da fällt mir eine Porschewerbung ein: *»Wir hören nicht auf zu spielen, weil wir alt werden. Wir werden alt, weil wir aufhören zu spielen.«* Das ist die Antwort auf meine Seminarhausaufgabe. Einen Porsche kauft und fährt man nicht aus Vernunft. Hier zählen nur Emotionen. Es ist eine besondere Liebeserklärung an das Automobil. Ein 911 ist das Gegenteil von jener Sorte Autos, mit denen man irgendwo ankommt, ohne je richtig unterwegs gewesen zu sein. Jeder Kilometer ist purer Genuss. Auf der Geraden will er ins scheinbar Unendliche beschleunigen. Auf den engen Schlängelstraßen giert er nach der nächsten Kurve, um sie zielgenau und spurtreu auszufahren. Bis in den Grenzbereich des Flowzustandes.

Und ich bin jetzt gierig auf den Tag und bewege mich in den Seminarraum.

Im Seminar

Der Trainer eröffnet das Seminar mit dem Thema Kommunikation. »*Überall wo Menschen kommunizieren, wirken Gefühle und Gedanken. Informationen erreichen unseren Kopf und Emotionen treffen ins Herz. Es gibt keine rationale Entscheidung, die ohne Gefühle getroffen wird. Es gibt keinen rationalen Denkprozess ohne Gefühl, keine Erinnerungen ohne Gefühl und keine Entscheidungen ohne Gefühl. Gefühle und Emotionen mischen sich so geschickt unter unsere rationalen Argumente, schlüpfen so lautlos in unsere logischen Schlüsse, dass sich die Summe kaum auseinander halten lässt. Dabei sind sie auch noch unberechenbar. Sie überfallen den klugen Strategen aus dem Hinterhalt und zerstören seine Gedankengebäude; sie trüben sein analytisches Vermögen und machen ihn zum Verlierer.*«

Ich kann mich nur schwer konzentrieren und schaue immer wieder in ihre Richtung. Ihre wunderschönen Augen glänzen wie Sterne, die am Himmel fehlen, und ihr Gesicht ist so hell, dass ich sie kaum für längere Zeit anschauen kann. »*Notwendigerweise gibt es natürlich grundsätzliche Unterschiede bei der denkenden und der fühlenden Seele. Die exakte Welt der rationalen Intelligenz liefert das Know-how und die emotionale Welt liefert Wertbezug, Leidenschaft und Vertrauen. Die rationale kann langfristige Pläne schmieden und Strategien für die Zukunft entwerfen, die emotionale sieht nur den Augenblick. Sie folgt Launen, Begierden und wird beherrscht vom Lustprinzip. Während die rationale Seele sich durch Worte ausdrückt, ist die Sprache der Gefühle und Emotionen fast ausschließlich nonverbal.*«

Sie lächelt mich an; es ist wie ein warmer Atemzug. Ich spüre mein Herz schwer und schnell schlagen. Mein ganzer Körper ist angespannt; eine Gänsehaut hat mich überzogen. Wenn sie in meiner Nähe ist, ist es, als ob

Uwe Günter-von Pritzbuer
Was haben Schmetterlinge im Bauch,
wenn sie verliebt sind?

tausend Sterne in mir glühen. »*Unser Leben ist eine Reise des Geistes durch die Materie. Und da es der Geist ist, der reist, lebt man in ihm, fühlt durch und mit ihm. Und die Gefühle wiederum liefern Nahrung für das Denken. Deshalb: Wahrnehmen statt nur zu schauen. Verstehen statt nur zu hören. Kommunizieren statt nur zu sprechen.*«

Wie von einem Magnet angezogen, schaue ich immer wieder verlegen in ihre Richtung. Auf einmal grinst sie frech zurück, und für eine kurze Sekunde hält mein Atem inne. Ich schlucke und spüre, wie meine Zunge am Gaumen klebt, öffne eine Flasche Mineralwasser, gieße mir ein Glas ein und schütte es in einem Zug runter. Ich ertrinke in Gedanken und Gefühlen. Ein inniges Verlangen überkommt mich. Ich sehne mich nach ihrem Geist, nach Intimität, fiebere nach ihrem Körper, nach gemeinsamen Stunden, der körperlichen Vereinigung. Mein Herz kann gar nicht so viel vertragen, wie meine Gedanken entwickeln.

»*Der Mensch ist, was er denkt. Alles in unserem Leben beginnt mit Denken. Danach kommt die Tat. Man erntet immer das, was man vorher gedacht hat. Alles beginnt im Kopf, alles hat seinen Ursprung in unserem Denken. Alles, was geschaffen wird, wird zweimal geschaffen: zuerst drinnen im Kopf, dann draußen in der Welt. Gedanken sind die Bausteine für unsere Wirklichkeit. Mit unserem Denken erschaffen wir unsere Realität. Gefühle sind die Antriebskräfte für unser Handeln.*«

Wenn wir zusammenfinden würden – die schönste Vorstellung einer erfüllten Realität. Zusammenkommen ist der Anfang. Zusammenfinden ist das Glück auf Erden. Ich verspüre den unstillbaren Wunsch, das Paradies der Liebe bis zum letzten Moment mit ihr auszukosten. Was für ein reiches Leben es doch ist, wenn man fühlt, wie mächtiges Begehren und Wollen wild an einem zerrt, wenn die lechzende Sehnsucht das Verlangen aufzehrt, so, wie glühendes Eisen einen Wassertropfen. Ich will mit ihr alleine sein. Ich möchte ganz nah bei ihr sein.

»*Distanz spielt im Bereich des Denkens keine Rolle. Im geistigen Bereich gibt es keinen Raum, keine Begrenzung. Problemlos kann jeder Mensch in seiner Vorstellung die Zeit- und Raumachse entlangwandern und sein ganzes Leben blitzschnell im Kopf durchlaufen lassen.*«

Ist die Gegenwart wirklich nur erlebbar an einer realen Wahrnehmung? Ist ihre Wirklichkeit nur daran zu messen, wenn ich sie sehe, rieche, höre, sie spüre? Nur existent, wenn wir körperlich zusammen sind? Nein. Die

Gefühle in meinem Herzen sagen mir etwas anderes. Das Gefühl des Getrenntseins ist eine Illusion. Es entspringt dem Kopf, aber nicht dem Herzen.

»In dem Wechselspiel von Gefühl und Ratio lenkt die emotionale Seite unsere momentanen Entscheidungen, arbeitet dabei aber Hand in Hand mit der Ratio. Meistens autonom und harmonisch. Wenn beispielsweise Leidenschaften aufwallen, gewinnt die emotionale Seele die Oberhand, die rationale weicht zurück.«

Ich schaue wieder zu ihr rüber. Sinnlichkeit liegt nicht nur in ihren Gesichtszügen. Meine Augen gleiten ihren Körper hinab, und ich habe den Wunsch, dass es meine Finger wären. Ich spüre Erregung in mir wachsen. Gleichzeitig schießt Angst in mein Hirn. Was ist, wenn sie überhaupt nicht auf mich steht, vielleicht einen anderen hat? Solch eine Frau will doch jeder haben! Auf der anderen Seite schaut auch sie häufig zu mir herüber. Was denkt sie gerade in diesem Moment, was fühlt sie? Soll ich mich zu erkennen geben? Wie? Wann? Ich brauche eine Eroberungsstrategie, einen Schlachtplan. Gibt es überhaupt einen Feind? Wird es ein grandioser Triumph werden oder ein kläglisches Desaster? Wenn ich sie anspreche, brauche ich Argumente. Aber: Argumente sind die Waffen des Geistes, nicht die des Herzens. Ein Krieg tobt in mir. Jedoch geht es mir nicht um das Gewinnen oder Verlieren. Wo kein Sieg ist, ist auch keine Niederlage, sondern nur ein unendliches Spiel. Aber ist das ein Spiel – oder bitterer Ernst? Macht hat, wer macht! Es gibt nur die Grenzen, die man sich selbst steckt. Und wenn sie Nein sagt, dann fängt eigentlich das »Verkaufen« an.

»Was den Körper steuert, ist das Nervensystem. Es wird nicht durch intellektuelles Nachdenken allein dirigiert, sondern vor allem durch Gefühle und Emotionen. Der Unterschied zwischen Gefühl und Emotion ist gewaltig, obwohl viele Menschen dabei keinen Unterschied machen. Wenn man traurig ist, dann ist das ein Gefühl; Tränen hingegen sind Emotionen. Gefühl ist alles, was wir durch sinnliche Eindrücke wahrnehmen. Von außen kommt beispielsweise das Gefühl von Wärme oder Kälte, Gerüche oder Geräusche. Durch Gefühle entsteht der Wunsch, sie zu erfüllen. Bei einem pfeifenden Geräusch kann man seine Ohren zuhalten, bei Kälte kann man sich etwas Warmes anziehen und bei Wärme kann man sich ausziehen.«

Ich möchte so gerne ihr Feuer spüren. An ihr will ich mich wärmen, mich aufheizen, mich verbrennen. Will schweißtriefend mit ihrem Körper

Uwe Günter-von Pritzbuer
Was haben Schmetterlinge im Bauch,
wenn sie verliebt sind?

zusammenkleben; ineinander verschlungen mit der totalen Befriedigung in den Augen.

»Unser Gehirn kann zu Vorstellungen genauso starke Emotionen entwickeln wie beim tatsächlichen Erleben eines Ereignisses. Wer beim Gang in die Garage ein Rascheln hört und sich vor Einbrechern fürchtet, dessen Herz klopft bei einer eingebildeten Gefahr genauso stark wie bei einem realen Überfall. Vorstellungen führen immer zu Wünschen und diese haben die Tendenz, sich verwirklichen zu wollen. Das gilt besonders für Gefühle, die aus dem Inneren kommen: Zärtlichkeit und Zuneigung, Wohlbehagen und Unwohlsein. Man kann sie durch Gesten, durch Worte, durch Blumen oder aufmerksames, einfühlsames Verhalten, durch Mitteilung zum Ausdruck bringen. Wir Menschen sind Geschöpfe, die vor allem von Worten leben. Worte lösen viele unserer Gefühle aus. Die Sprache trägt unsere Gedanken, beflügelt unsere Gefühle, durchdringt unser Leben.«

Wie soll ich sie heute ansprechen? Meine Worte müssen wie Funken sein, die ein Feuer entfachen, sollen bildhaft sein, so klar wie reines Wasser. Wörter, die Liebe verkünden, und uns damit engelgleich schweben lassen.

»Die kalte Logik der Kopfentscheidungen bringt nicht immer die richtigen menschlichen Lösungen. Mit bloßer Rationalität allein kann man nicht die richtigen Entscheidungen im Leben treffen. Man braucht auch das Herz, den Instinkt – das Gefühl im Bauch – und die Gefühlsklugheit. Also Kopf und Bauch. Aus praktischen Gründen macht man den einfältigen Unterschied zwischen Kopfentscheidungen und Bauchentscheidungen. Aber emotionale Entscheidungen werden auch im Kopf getroffen, nur in anderen Sektoren des Gehirns! Mit dem Bauch haben sie eigentlich gar nichts am Hut! Eigentlich haben Bauchentscheidungen mehr mit der Gastronomie zu tun. Oder mit der Erotik, wenn es sich um den Bauch einer schönen Frau handelt, der wie eine wunderbare Amphore gewölbt ist! Oder wie man auch das menschliche Herz vollkommen verfehlt als Sitz des Gefühlslebens bezeichnet, weil starke, vom Gehirn aus gesteuerte Emotionen zu Herzverkrampfungen führen können. Wenn man verliebt ist, hat man Herzrasen und Schmetterlinge im Bauch. Apropos: Was haben eigentlich Schmetterlinge im Bauch, wenn sie verliebt sind? Oder vielleicht verbindet man Emotionen mit dem Bauch, weil unser Darmtrakt schnell und heftig reagiert, wenn unsere Emotionen angesprochen werden. Wenn wir plötzlich bedroht werden, zieht sich unser Bauch blitzartig zusammen und wir erfahren einen starken imperativen Harndrang und pinkeln in die Hose. Auch wenn unsere Gedanken unsere Stimmung beeinflussen können, so ist es doch die Stimmung, die direkt unser Herz und alle anderen inneren Organe steuert. Wenn diese

Organe dann auf sich aufmerksam machen, verstehen wir diese Signale regelmäßig nicht als Aufschrei unserer Gefühle, mit denen wir genauso in einem permanenten inneren Dialog stehen wie mit unseren Gedanken und Bildern. Wir etikettieren sie vielmehr als Stress, dem es mit Entspannung beizukommen gilt. Bauchentscheidung meint mehr Instinkt und Intuition. Der Instinkt arbeitet nahezu unabhängig von unserem Willen und Denken, während die Intuition an unsere Wünsche gekoppelt ist.«

Ich habe den Wunsch nach Nähe. Sie inspiriert mich zum Träumen, zum Fantasieren, und mein Leben wird auf eine wundervolle Art und Weise bereichert. Es ist so, als ob die Sonne durch die dunklen Wolken bricht und die Erde mit Glanz, mit Schönheit erstrahlt und erwärmt.

»Im Gegensatz zum Gefühl ist die Emotion ein Bruch der Balance und entsteht, wenn man aus dem Gleichgewicht kommt. Das kann negativ sein, wenn die liebevolle Zuwendung nicht erwidert wird oder man beispielsweise Angst hat, einen nahen Menschen zu verlieren. Oder durchaus positiv, etwa wie der Anblick einer schönen Landschaft, die einen überwältigt, oder die Erwartung einer herrlichen Nacht, die bevorsteht.«

Seit Stunden träume ich von sehnsüchtigen Küssen, von Händen, die suchen und finden. Ich möchte die Worte sagen und hören, die Verliebte sich sagen. Meine Augen wollen in ihre Augen blicken, mein Herz, mein Intellekt, mein ganzer Körper sucht sie, um mit ihr das Vergnügen und die Lust, die Sinnlichkeit und die Begierde zu teilen. So, wie die Welle, die sich kraftvoll am Ufer bricht; die das aufwühlen lässt, was tief in uns verborgen liegt, und das schäumende Entzücken an die Oberfläche holt.

»Was Intuition ist, wissen die meisten, die davon sprechen, eigentlich nicht genau. Ich weiß nur, dass die Intuition auf unbewusst erlebten und verarbeiteten assoziativen Erfahrungen basiert: Wenn man als junger Mann zweimal von einer rothaarigen Freundin betrogen wurde, die Kindergärtnerin in frühester Vergangenheit eine niederträchtige Rothaarige war und der strenge Geschichtslehrer einen roten Schnurbart hatte, dann entwickelt man eine »intuitive« Abneigung gegen Rothaarige. Man spricht dann von »Intuition«, es handelt sich jedoch um eine »Assoziation«. Intuition ist eine Form innerer Wahrnehmung, ein kreatives In-die-Zukunft-Denken, eine lebenswichtige Fähigkeit, die ständig auf Gefahren und günstige Gelegenheiten hinweist. Das, was man geläufig als Intuition bezeichnet, bezeichnen andere auch als Ahnung oder Instinkt oder Gespür.«

Uwe Günter-von Pritzbuer
Was haben Schmetterlinge im Bauch,
wenn sie verliebt sind?

Was sagt mir meine Intuition? Bei mir hat es gewaltig »gefunkt«, aber genau genommen bin ich auf einem Seiltanz zwischen Erwartung und Enttäuschung gerade mal bei Ungewissheit angelangt.

Und jetzt ist das Seminar zu Ende, ohne Chance, sie zu erobern. Wie doch dieser Tag vorbeigerast ist! Es gibt Augenblicke, in denen man mit Uhren nichts anfangen kann und in denen die verfließende Zeit nicht nach der Strecke gemessen wird, die der Zeiger auf dem Ziffernblatt zurücklegt, sondern nach dem Pulsieren des Blutes in unseren Adern. Aber genau diese Augenblicke sind die, nach denen ein Leben bestimmt wird.

Nach dem Seminar

Um nachzudenken, wie es weitergehen soll, gehe ich hinauf in mein Zimmer. Dieser Ort ist ideal dazu geeignet. Ich spüre, diese Räume sind nicht leer. Das Zimmer ist erfüllt vom Geist der Vergangenheit. Gäste, wer immer sie waren, haben einen Teil ihres Lebens in diesen Zimmern gelebt. Entscheidungen wurden getroffen, Worte waren gewechselt worden, Gefühle waren gezeigt worden und es war mit Esprit und Fantasie geliebt worden. Wie der Duft von Parfüm blieben die Gefühle dieser Menschen in diesen Räumen, in denen sie sich erfreuten und leidenschaftliche Spuren hinterlassen haben. Wie die Leidenschaft der ersten Nacht.

Auf der Suche nach Inspiration schweift mein Blick im Raum umher. Die Sonne, die durch das Blattwerk sickert, fleckt die Wand und die Lichtflecken beginnen zu tanzen. Ein feuriger Rhythmus tönt durch den Raum. Meine Gedanken passen sich diesem Rhythmus an und lösen sich langsam auf. Eine Harmonie in Takt und Klang. Meine Fantasien sind so verführerisch wie eine großartige Symphonie. Körper sind dabei wie empfindliche Instrumente, wie Porzellan. Tanzen vereint sie, weil man den Partner umschlingt und sich miteinander und aufeinander zu bewegt. Jeder Schritt und jede Drehung schweißen beide enger aneinander, bis die Bewegungen des einen untrennbar mit denen des anderen verknüpft sind und die beiden eins werden. Zwei Körper begegnen sich, bleiben eine Weile zusammen und trennen sich wieder.

Wie wird es bei uns sein? Wie komme ich überhaupt auf Tanzen? Aus dem Seminar weiß ich, dass Ihr Hobby Tango ist. Nur: Tango ist Sehnsucht und erzählt von der Last zu lieben und nicht von der Lust zu leben. Tango erzählt von den Schmerzen verlorener Liebe, Heimweh, vergeudeter Träume und wehmütigen Gedenken an glückliche Tage. Eine Prophezeiung?

Die Klangfetzen sind in der Zwischenzeit wie Stromschnellen, die Takt schleudern und Rhythmus fluten. Die Musik beginnt zu schwellen, zu wogen, zu stauen. Ein innerer Gong durchzuckt mich und vibriert zu einem dickflüssigen Klangbrei, der sich in lateinamerikanischen Klängen auflöst.

Gieriges Verlangen überkommt mich. Ich verlange nach ihr und begrenze mein Denken nur auf dieses Verlangen. Ich verliere mich in den Gefühlen, die dabei entstehen. Tiefe Sehnsucht! Romantisches Verzehren! Berauschende Sinnlichkeit! Betörende Nähe! Brennendes Begehren! Glühende Leidenschaft! Ungezügelte Begierde!

Längst bin ich in meinen Fantasien verfangen und verliere mich in Tagträumen. Darina steht vor mir. Sie trägt ein langes schwarzes Kleid. Sie tippt mit den Fußspitzen im Takt der Musik. Ihre Lippen sind leicht angefeuchtet. Sie fährt mit ihrer Zunge über die untere Lippe und winkt mir mit dem Kopf zu. Ich spüre, wie in mir die Glut aufsteigt. Ganz langsam übergießt die Musik ihren Körper. Ihre Bewegungen werden zunehmend rhythmischer und ziehen mich in ihren Bann. Ich erhebe meine Arme und wir tanzen eng aneinander. Erotisch und obszön, leidenschaftlich und wild. Quer durch den ganzen Raum wiegen sich unsere Körper wie die Glieder einer goldenen Kette. Ich brenne vor Feuer, bin wollüstig, voller Hingabe und Gier nach ihr. Ekstase sprüht in mein Hirn. Ich befinde mich auf dem Gipfel der Erregung. Dann geben wir uns hin. Sind wie zwei Schlangen, die ineinander verschlungen sind. Wir können und wollen nicht aufhören. Ein wahres Fest der Hemmungslosigkeit. Ekstase bis zum Rande der Ohnmacht.

Nur schwer komme ich wieder zu mir. In meinen Fantasien komme ich mir vor, wie der Autor der vollkommenen Inszenierung, sogar bis ins kleinste Detail. Ich bin wie die lebendige Bühne, wie das ganze Theater.

Aber die Wirklichkeit beginnt zu zweit. Die Zeit ist gekommen, sie anzusprechen. Lieben heißt, den Verlust zu riskieren. Es bleibt nichts, als Handeln und Vertrauen zu haben und seiner Intuition zu folgen. Liebe ist mehr als Verhandlungssache. Verkaufen ist wie Liebe. Liebe ist die

Grundlage für guten Sex. Wie beim Verkaufen ist Liebe die Basis einer guten Beziehung – und Sexualität ist die Würze, das Salz in der Suppe. Sexualität schafft Intimität und hat eine enorme Bedeutung – wenn sie gut und ehrlich ist. Sex ist Onanie an einem anderen. Liebe machen ist, wenn man sich einlässt. Das eine ist arrogant und egoistisch, das andere ist zärtlich, leidenschaftlich und tief. Ausgebuffte Rituale oder ein rasanter Stellungswechsel vor dem Spiegel, da wird zwar sexuell gehandelt, aber nicht sexuell gefühlt. Begehren, hoch aufgeladen von Erotik, umkleidet von Fantasien, raffiniert gesteigert durch zeitliche Verzögerung, bringt mehr Lustgewinn als ein turnerischer Akt zur Triebabfuhr oder ein oberflächlicher Quickie als Schlafmittelersatz. Wer seine Sexualität wie Hundefutter hinwirft, ist wie jene Neureichen, die in Einkaufspassagen Chablis und Austern im Stehen in sich hineinschlingen. Ich will Liebe geben und Liebe empfangen.

Ich bin unruhig und laufe im Zimmer herum, um dann am Fenster zu stehen. Ich blicke hinunter zur Kiesauffahrt. Ein Wagen kommt an, ein Mann steigt hastig aus und – ich traue meinen Augen nicht – Darina rennt auf ihn zu, um ihn gleich zu umarmen.

Egal, ich will sie! Ich werde mutig sein. Ich werde gut sein, so wie ich es als Verkäufer bin. Ich will Darina nicht beraten, sondern mich und eine erfüllte gemeinsame Zukunft verkaufen. Sie begeistern, sie verzaubern.

Exkurs:
Beate Uhse

1	Beate Uhse ist die Nr. 1 im Erotik-Business.
13	In 13 Ländern ist Beate Uhse mit eigenen Niederlassungen präsent.
50	Die Marke Beate Uhse gehört zu den 50 deutschen Top-Brands.
60	In rund 60 Länder der Erde exportiert Beate Uhse.
280	280 Millionen Euro Umsatz realisierte der Konzern in 2004.
300	Rund 300 Shops gehören zur Beate Uhse Einzelhandelskette.
1.000	www.beate-uhse.de und www.sex.de sind die bekanntesten der 1.000 Beate Uhse-Domains.
1.500	1.500 Mitarbeiter engagieren sich im Beate Uhse-Konzern.
1946	1946 ist das Gründungsjahr des Unternehmens.
1962	Beate Uhse eröffnet den ersten Sex-Shop der Welt in Flensburg im Jahre 1962.
1999	Im Jahre 1999 ging Beate Uhse an die Börse.
2002	Seit 2002 ist Beate Uhse mit dem Versand in den USA aktiv.
2004	Mae B. – die Shop-Idee für Frauen geht am 31. März 2004 in Hamburg an den Start.
1.000.000	1 Million Kunden vertrauen auf die Versandhandelsmarke »Pabo by Beate Uhse«
5.000.000	Jährlich werden 5 Millionen Erotik-Artikel verschickt.
63.000.000	Die Marke Beate Uhse ist 63 Millionen Euro wert.

Marke mit Sexappeal

Fast jeder kennt Beate Uhse. Die Marke gilt als Synonym für Erotik und Sex. Mit einem Brand-Wert von 63 Millionen Euro (Quelle: Semion Brand-Broker GmbH) gehört sie zu den 50 renommiertesten deutschen Markennamen. Und: Sie hat das Potenzial für die wertvollste Erotik-Marke der Welt.

Lange Zeit von der Person Beate Rotermund geprägt, erhielt sie 2002 in einem umfangreichen Re-Branding-Prozess ein modernes, frisches Image. Der neue Look kommuniziert, wofür das Unternehmen steht. Das Logo in aktuellen Rottönen lädt zu einem charmanten Entdeckungsspiel ein: Die beiden Buchstaben »ea« im Logo ergeben, um die eigene Achse gedreht, die Zahl »69«, Symbol für eine der bekanntesten Liebesstellungen der »ars amandi«.

Beate Uhse ist im Konzern als internationale Dachmarke positioniert, an die die Tochtermarken der Consumer-Bereiche angebunden sind.

Beate Uhse steht für »Kompetenz« und »Seriosität« – sie sind die rationalen Markenattribute und der Garant für den Markenerfolg.

»Tabubrechend«, »inspirierend« und »mehr Spaß« sind die emotionalen Attribute. Sie positionieren Beate Uhse eindeutig als Erotik-Brand und kommunizieren das unverwechselbare Markenversprechen.

Der Claim »Sex up your Life« bringt auf den Punkt, wofür das Unternehmen steht: Mehr Spaß am Sex – mehr Spaß im Leben.

Marktuntersuchungen bestätigen: Gerade jüngere Kunden und Frauen sind von dem neuen Beate-Uhse-Design begeistert. Der Markenrelaunch war der richtige Schritt zur Gewinnung neuer Kundenpotenziale.

Beate Uhse – die Nummer eins der Erotik

»Sex sells« – Beate Uhse ist der beste Beweis. Der Konzern ist der Key-Player der Erotikbranche. Die Vision: der universelle Anbieter von Sex- und Erotikprodukten zu sein – für die ganze Welt. Beate Uhse verfolgt eine internationale Expansionsstrategie und will seine führende Marktstellung im Handel und Vertrieb von sexy Produkten ausbauen.

In über 50 Jahren hat sich Beate Uhse eine Kompetenz und Erfahrung als der universelle Sex-Anbieter aufgebaut, auf die Millionen von Kunden vertrauen. »*Sex up your Life*« ist das Motto, mit dem Beate Uhse mehr Spaß am grenzenlosen Sex bieten will – auf der ganzen Welt.

Als einziger Anbieter im Erotik- und Sex-Business deckt Beate Uhse die gesamte Wertschöpfungskette ab und ist auf allen Vertriebswegen aktiv: Versandhandel, Einzelhandel, Großhandel und Entertainment. Eine eigene Produktionsfirma in Ungarn stellt besonders hochwertige Sex-Toys her. Heute ist der Konzern in 13 Ländern präsent. 2002 hat Beate Uhse sein Versandgeschäft in den USA gestartet.

Mit dem Gang an die Börse 1999 etablierte Beate Uhse die erste Erotik-Aktie Europas, die im SDAX der Deutschen Börse gelistet ist.

Quelle: http://www.beate-uhse.com/

Dr. Carlheinrich Heiland
Porno bringt Storno –
die Grenzen von Sex sells

Die sexuelle Versuchung des Odysseus

Anschaulicher als der griechische Dichter Homer im 8. Jahrhundert vor Christus konnte keiner »Sex sells« beschreiben. In seiner »Odyssee« schildert er das Abenteuer mit den Sirenen. Diese sahen aus wie »liebreizende Mägdlein«, hatten aber in Wirklichkeit einen hässlichen Vogelkörper. Sie betörten die an ihrer Klippe vorüberfahrenden Seeleute durch ihren Gesang, lockten diese ans Ufer und saugten ihnen das Blut aus den Adern. Die Meeresinsel ist übersät von Knochen der Opfer. Homer lässt Odysseus schildern: »Als die Sirenen uns heranschwimmen sahen, standen sie in der Gestalt reizender Mägdlein am Ufer und stimmten mit wundersüßer Stimme ihren hellen Gesang an, der also lautete:

Komm, preisvoller Odysseus, erhabener Ruhm der Achaier,
Lenke das Schiff ans Land, um unsere Stimme zu hören;
Denn noch ruderte keiner vorbei im dunklen Schiffe,

Eh' er aus unserem Munde die Honigstimme gehört.
Jener sodann kehrt fröhlich zurück und mehreres wissend.«

Der listenreiche Odysseus – der auf seiner zehnjährigen Irrfahrt zur Heimat unzählige Abenteuer zu bestehen hatte – ließ sich aber am Mast festbinden und die Ohren seiner Kameraden mit Wachs verschließen.

Die Wirkung des Sirenengesanges auf Odysseus war verheerend: »So sangen sie. Mir aber schwoll das Herz im Busen vor Begierde, sie weiterzuhören. Ich winkte meinen Freunden mit dem Kopf, mich loszubinden. Aber sie mit ihren tauben Ohren stürzten sich nur umso rascher aufs Ruder, und zwei von ihnen, Eurylochos und Perimedes, kamen herbei und legten mir, wie ich früher befohlen hatte, noch viel stärkere Stricke an und schnürten auch die alten fester zusammen.

Erst, als wir glücklich vorübergesteuert und ganz außer dem Bereich der Sirenenstimmen waren, nahmen meine Freunde sich selbst das Wachs aus den Ohren und lösten mir wieder die Fesseln. Ich aber dankte ihnen herzlich für ihre Beharrlichkeit.«

Die »Sirenen-Metapher« enthält alle werblichen Gestaltungs- und Problemelemente von »Sex sells«:

– die verführerische Wirkung erotischer Reize
   (»die reizenden Mägdlein mit ihren honigsüßen Stimmen«),
   die das Herz im Busen vor Begierde anschwellen ließen
– die Steigerung des Selbstwertgefühls
   (»Komm, preisvoller Odysseus, erhabener Ruhm der Achaier …
   Jener sodann kehrt fröhlich zurück und mehreres wissend.«)

Und trotzdem landeten die Sirenen einen Flop!
Was haben sie übersehen:

– Sex kommt nicht immer an:
   »Einmal und nicht wieder – da will Odysseus nicht mehr hin!«
– den Tunnel- und Vampireffekt:
   Odysseus »dankte den Freunden herzlich für ihre Beharrlichkeit.
   Die Sirenen sind nur hinter unserem Blut (Geld) her!«
– Kritik der »reinen Moral«:
   »Fesseln anlegen und die alten Stricke noch festerziehen.«

Mit der Masche »Sex sells« verkauft doch jeder!

»Verstand zu haben ist der Hauptteil des Glücks, aber im Unverstand liegt das angenehmste Leben«, meinte Homers späterer Kollege Sophokles und deutet damit die Polarität von »Sex sells« an.

Odysseus wollte nicht das »Opfer« seiner eigenen Begierde werden – aber verzichten wollte er auch nicht auf den Genuss der Verführung.

»Sex sells« hat eine Grundlage: Sex macht Spaß. Das menschliche Gehirn wurde durch die Evolution auf Überleben und Fortpflanzung getrimmt. Ohne Sex hätte die Menschheit in der Evolution nicht überlebt. Hätten die Menschen zu Homers Zeiten alle das Zölibat beschlossen und durchgesetzt, Sie würden diesen Text nicht lesen!

Das Funktionsprinzip ist einfach: Ein sexueller Reiz trifft im Gehirn auf ein bereits existierendes Wahrnehmungsmuster. Wie der Schlüssel zum Schloss passt dieser Reiz zu einem automatisch ablaufenden Auslösemechanismus.

Dass »Sex sells« auf dieser Grundlage funktioniert, ist unbestritten. Oft scheint es keine andere Alternative zu geben: Handelsriese H&M und Wäschestricker Palmers strap(s)azieren dieses Thema seit vielen Jahren: Models werden in ein bisschen Nichts gesteckt und tausendfach an stark frequentierten Verkehrszonen ausgehängt. Christian Satek, Palmers-Kopf bei Lowe GGK, äußert dazu: »Die Werbung arbeitet nun mal mit starken, schnellen Reizen. Sex und Erotik sind ganz oben in der Hierarchie der Schlüsselreize.«

Die Fernsehzeitschrift TV.Today stellt sich durch fast gleiche Covergirls dar. Die Redakteure versuchten es auf der Titelseite einmal mit Mickey Mouse und Tom Cruise. Resultat: keine Performance!

Ein anderes Beispiel bietet der auf eine wahre Geschichte beruhende Hollywood-Film *Kalendergirls* von Regisseur Nigel Cole. Das Women´s Institute der englischen Kleinstadt Yorkshire benötigte dringend Geld für wohltätige Zwecke. Der üblichen Kalender mit Motiven wie Einmachgläsern, oder Landschaftsaufnahmen hatten keinen Erfolg. Da kam den Frauen mittleren Alters die Idee, sich als Kalendergirls auf den Bildern nackt beim Marmeladekochen und bei anderen Gelegenheiten darzustellen. Resultat: eine Million Pfund – aber auch eine verwirrte Männerwelt.

Andererseits gilt: Wenn alle das nachmachen, dann wird die Masche zur Ubiquität, die überall erhältlich ist, und deshalb nicht mehr sonderlich auffällt und wirkt. Sex wird zum alltäglichen Hintergrundrauschen und damit hebt sich die Wirkung auf. Es ist so, als würde sich zu zehn bereits heulenden Wölfen ein Elfter hinzugesellen. Sein Heulen ist kaum noch von den anderen unterscheidbar. Könnte dieser Wolf pfeifen – dann würde er sich innovativ profilieren.

»Sex sells« blieb auch Sportlerinnen nicht verborgen. Sven Beckedahl recherchierte eine Schwindel erregende Zahl der nacktaktiven Athletinnen: die Eiskunstläuferinnen Katarina Witt und Tanja Szewczenko, Weitspringerin Susen Tiedtke, Kugelstoßerin Astrid Kumbernuss, Schwimmerin Hannah Stockbauer und Boxerin Regina Halmich waren einige von vielen Einzeltäterinnen.

Bei anderen zeigelustigen Sportlerinnen steht indes weniger die Freude am schönen Bild im Vordergrund. Gebeutelt von sportlichen und finanziellen Krisen bleibt ihnen nichts mehr übrig, als die nackte Haut zu verkaufen. »Sex sells« – Sex verkauft, das weiß doch jeder. Genau hier liegt das Problem. Klaus Kärcher, Manager von Eisschnellläuferin Anni Friesinger, warnt:»Sich allein auf die Formel Sex sells zu verlassen und zu denken, es geht vorwärts – das ist falsch.« Das mussten die Frauen des PSV Rostock erfahren. Die Handballerinnen wollten dem finanziellen Bundesligaabsteiger mit einem Aktkalender aus der Patsche helfen. Die Verzweiflungstat wurde im Keim erstickt. Die PSV-Oberen fanden die Fotos zu schmuddelig und zogen sie aus dem Verkehr (Beckedahl, 2003).

Der Tunnelblick bei den Männern

Eine Untersuchung mit 1.500 Männern der Europäischen Gesellschaft für Psychoanalysen im November 2005 ergab, dass fast drei Viertel der männlichen heterosexuellen Zuschauer in den ersten 30 Sekunden nur Augen für die Nachrichtensprecherin haben. An das Gesagte konnten sich die Männer nicht mehr erinnern. Männer betrachten erotische Bilder wie mit einem Tunnelblick, nehmen andere Elemente der Anzeige kaum noch wahr – und sehen teilweise gar nicht, wofür die Anzeige wirbt. Es ist ein ungewollter Aufmerksamkeitsverlust, der vom eigentlich beworbenen Produkt ablenkt. Für Männer sind sexuell inspirierende Bilder »Vampire der Aufmerksamkeit« – sie ziehen wertvolle Aufmerksamkeit von umsatzrelevanteren Bereichen ab und binden die Aufmerksamkeit überproportional stark an die Reiz auslösenden Elemente.

Christian Scheier, Geschäftsführer der Hamburger MediaAnalyzer Software & Research GmbH, hat in einer Studie an 400 Männern und Frauen zehn aktuell laufende Printanzeigen auf ihre Wahrnehmung überprüft. Fünf der Kampagnen enthielten sexuelle Bilder. Die Untersuchung gliederte sich in einen visuellen Test mit Hilfe des eigens entwickelten Attention Tracking Tools mit anschließender Befragung. Diese Studie bestätigt, dass Männer durch erotische Motive in der Werbung zum Kaufen von Konsumgütern motiviert werden. »Wenn die Kaufabsicht der Männer erhöht werden soll, muss Werbung erotische Motive enthalten. Dadurch verringert sich aber die Wiedererkennung der Marke. Das bedeutet, dass die Verwendung von sexuell motivierter Werbung nur Sinn für Firmen mit einer bereits gut etablierten Marke macht oder für solche, bei denen die Wiedererkennung der Marke keine Rolle spielt«, so Christian Scheier.

Frauen reagieren anders

Es ist schon eine Binsenweisheit: Im Vergleich zu Männern reagieren Frauen auf weibliche Erotik mit Anspannung. Dies zeigen unter anderem Messungen des Hautwiderstands beim Betrachten von TV-Spots. Eine Vielzahl von Studien belegt, dass Frauen sich von weiblicher Nacktheit, ja von Nacktheit generell, eher abgestoßen fühlen. Eine Untersuchung der Universität Mainz kommt zum Ergebnis, dass erotische Details in der Werbung mehr schaden als nützen. Die Betrachterinnen werden demnach nicht bloß vom eigentlichen Inhalt der Werbebotschaft abgelenkt. Sie bewerten auch das beworbene Produkt eher negativ. Es sind in erster Linie Frauen, die Erotik in der Werbung und in den Medien allgemein als übertrieben bewerten oder ganz ablehnen.

Frauen schenken aufreizenden Bildern keinerlei Beachtung, deshalb ist die Markenwiedererkennung bei Frauen auch besser. 58 Prozent der Frauen glauben, dass Werbung oft zu sexorientiert ist, und 40 Prozent befürchten sogar einen generellen Abfall der Moral, der sozialen Werte und sehen eine Bedrohung für die Erziehung der Kinder (MediaAnalyzer, Women.de, GenderTrends, »Women-Panels«, Anzeigen-Studie 2005).

Ob auf Zeitschriftentiteln, TV-Spots, Anzeigen oder Webseiten: Frauen vermeiden es, auf nackte Haut zu schauen. Durch die stärkere Textbeachtung erfassen Frauen den Inhalt der Werbung besser – und erinnern sich in Folge deutlich besser als Männer an die Marke und das beworbene Produkt. Frauen verarbeiten Werbeinformationen insgesamt genauer, sie achten mehr auf den Inhalt als Männer.

In eine ähnliche Kerbe schlägt eine Studie aus Schweden: Stockholmer Wissenschaftler haben festgestellt, dass Jugendliche zwischen 15 und 18 Jahren heutzutage äußerst reserviert auf erotische Werbung reagieren.

90 Prozent der insgesamt 200 befragten Top-Entscheiderinnen (weibliche Führungskräfte und Unternehmerinnen) wünschen sich in der Werbung ein anderes Frauenbild: »Wenn Frauen in der Werbung angesprochen werden, dann meist über ein Klischee: das der erfolgreichen Karrierefrau, der liebenden Hausfrau und Mutter, der nicht technikbegabten und nach Hilfe suchenden Frau«, so Ilka Bickmann, Geschäftsführerin Women.de. Dies lehne die Mehrheit jedoch ab. Als Gegenentwurf wünschen sich 36 Prozent »geistreiche« Werbung mit »normalen« Frauen, die ein »neutrales Frauenbild« vermitteln (42 Prozent). Erwünscht ist auch die Darstellung der erfolgreichen Frau, doch nicht im Sinne der perfekten Karrierefrau (38 Prozent). »Frauen sind mehr als die Summe der transportierten Klischees«, bemerkt Marketingberaterin Heike Pawelzick, GenderTrends. Das Bild der Alleskönnerin sei in der Werbung völlig überzogen. Unternehmen und Agenturen müssen mehr Mut aufbringen, statt perfekter Models auch »normale« Frauen darzustellen. Dass solche Leitbilder bei den Frauen ankommen, zeige auch der Erfolg der aktuellen Kampagnen von »Dove« und »Du darfst«. Beide Kampagnen brechen mit dem Perfektionsideal und wurden von den Frauen als sehr positiv bewertet (ebd.).

Was heißt das nun für die Werbepraxis? Frauen sollten nicht oder nur mit viel Bedacht mit nackter Haut beworben werden. Sexuelle Reize sprechen Männer an, Frauen lehnen sie ab. Trotzdem ist der Einsatz erotischer Elemente auch bei Männern nicht zu empfehlen. Die Marke geht unter, die Anzeige verfehlt ihre Wirkung.

Werte und Normen vergällen den Genuss

Sex in der Werbung ist ein schwieriges Forschungsfeld. Die verbal geäußerten Urteile stimmen oft nicht mit dem wirklichen Empfinden überein. Vielfach sind die Aussagen falsch. Die Leute sagen: »Das ist widerlich!« Und schauen ganz fasziniert hin.

Kein anderes Triebverhalten verbindet sich so sehr mit Moralvorstellungen und Normen wie die Sexualität. Moralvorstellungen werden durch die jeweilige Gesellschaft und Religion geprägt. Die Normen werden verinnerlicht. Das ist ein sehr komplexer Vorgang. Im Grunde sind es die Normen von Bezugspersonen – der Familie, der Freunde, bis zu dem, was man öffentliche Meinung nennt. Diese Normen werden im Laufe des Lebens so verinnerlicht, als wären es ausschließlich die eigenen. Was immer mir vorgeschrieben wird, muss in meinen Ohren so klingen, als würde ich nur daran erinnert, was ich immer schon machen wollte.

Das wirksamste Instrument ist ohnehin nicht die Moral, sondern die sich damit verbindende Angst vor Schuld. Im Mittelalter hatte die Kirche die Sexualität mit dem Stigma des Bösen versehen: Das ergab eine unheilvolle Kombination. Wenn man einen Trieb, dem jeder auf irgendeine Weise nachgeben muss, dem Satan zur Last legt, dann erzeugt man in allen Seelen eine permanente Schuldangst. »Bis in das 18. Jahrhundert hinein hat die Kirche mehrere Millionen unschuldiger Frauen wegen angeblicher Buhlschaft mit dem Teufel töten lassen. Man beharrte darauf, die Wollust als Brutstätte alles Bösen, als Instrument des Satans, zu erklären.« (Richter 1998, S. 89)

Moralvorstellungen zur Sexualität sind in einzelnen Kulturen und Epochen unterschiedlich ausgeprägt. Als die selige Hildegard Knef 1950 in »Die Sünderin« für Sekundenbruchteile aus gebührender Distanz nackt zu sehen war, taumelte das Nachkriegsdeutschland erschüttert in den Ausnahmezustand. Doch weil die FKK-Neigung mittlerweile ein epidemisches Ausmaß angenommen hat, sind Nacktfotos, so der »Spiegel«, »so out wie Tennissocken und Dia-Abende«.

»Erfolg mit Erotik« ist rein semantisch ein Unterschied zu »Sex sells«. Sex ist hart, Erotik ist diskrete Nacktheit. Es bedarf eines sehr vorsichtigen Umgangs. Man marschiert dabei auf einer dünnen Linie zwischen Gefallen und Reizen oder dem Absturz ins Leere.

Schwierig zu bewerten sind regionale Schwankungen: Im protestantischen Norddeutschland wird Dessouswerbung als billige Nuttenwäsche gesehen. Während im lebensfroheren bayerischen, österreichischen Raum ein ziemlich unbefangener Zugang vorherrscht. Getreu der Kulturtheorie, der katholische Kulturkreis habe das Thema Nummer eins so stark unterdrückt, dass es auf sublimierter Ebene mehr gelebt wurde. Siehe Dirndldekolletee und Spitzenbluse.

Leider entscheiden und handeln wir nicht so souverän, wie wir uns das meistens einbilden. Wer möchte schon gern als Marionette an den Drähten von Werbestrategien zappeln?

Ein erster Schritt besteht darin, unsere Beeinflussbarkeit überhaupt zu erkennen und zu akzeptieren – dies widerspricht unserer natürlichen »Unbeeinflussbarkeitsillusion«. Uns über unsere Verletzlichkeit gegenüber unerwünschter Beeinflussung klar zu werden, bedeutet nicht etwa, gegen jeden und alles misstrauisch zu sein.

Sozialpsychologin Lydia Lange vom Max-Planck-Institut für Bildungsforschung in Berlin:»Unsere instinktiv wohlwollende Interpretation, andere Menschen seinen bestrebt, unsere Bedürfnisse zu erfüllen, kann ähnlich verheerend wirken wie unsere Vorstellung, alle wollten uns nur Böses. Wir müssen nur sehen, dass wir uns nicht von ungewissen Verheißungen verführen und von scheinbaren Gefahren ins Bockshorn jagen lassen.«

Dr. Carlheinrich Heiland
Universität Hamburg
www.heiland-marketing.de

Um mit Odysseus abzuschließen: Sex ist die lustvollste Erfindung der Evolution. Aber manchmal ist es ratsam, sich selbst Fesseln anzulegen. Und dann ist es auch gut, wenn man Freunde besitzt, die einen gelegentlich zurückhalten.

Christian Henze
Kulinarisches Vorspiel

Wer vorhat, seinen Partner nach allen Regeln der Kunst zu verführen, sollte mit einem leichten Aperitif beginnen.

Ein Glas Champagner zur Vorspeise macht leicht und beschwingt, lässt die Alltagssorgen vergessen und man entspannt sich. Champagner wirkt anregend und nicht ermüdend wie beispielsweise Rotwein.

Ein stimmungsvoll gedeckter Tisch (Ihrer Fantasie sind keine Grenzen gesetzt. Wie wär´s mit einem Herz aus zarten roten Rosenblättern auf jedem Teller?), Kerzenschein, leise Musik und der Duft von Zimt und kandierten Feigen erzeugen eine sinnliche Wirkung. Um den Duft des Menüs besser genießen zu können, sollte man unbedingt auf ein zu schweres Parfüm verzichten. Eine zart duftende Körperlotion ist Erfolg versprechender.

Die Schärfe von Chili und Ingwer regen die Durchblutung an und machen Lust auf mehr. Serviert man das Elixier von der Karotte mit Spießchen oder Mikadosticks könnte man sich gegenseitig mit diesen Leckereien verwöhnen.

Den Hauptgang würde ich auf einer Platte anrichten, um sich beim gemeinsamen Genießen näher zu kommen. Der Sellerie weckt auch bei gestressten Männern den sexuellen Appetit und die Schokoladensauce

Christian Henze
Fernsehkoch mit Michelin-Stern
www.landhaus-henze.de

verzaubert jede Traumfrau durch ihre geschmackliche Raffinesse. Auf zu opulente Beilagen sollte man verzichten, um nicht zu ermüden.

Als Abschluss ein cremiges Tonkabohneneis, das auf der Zunge zergeht und durch den Vitamingehalt der glacierten Blutorangen Kraft und Lust verschafft. Servieren Sie es doch auch in einem großen gemeinsamen Eisbecher oder Glas. Vielleicht mit einem kleinen Liebesbrief verziert.

Getränkeempfehlung

Aperitif: »Italien Gipsy«

1995 Comte de Champagne Taittinger

2004 Terrasola Sauvignon Blanc Jean Leon

2003 Chardonnay Castella della Sala

2004 Sankt Laurent Weingut Juris

*Banyuls Rimage Les Cols de PaulillesChâteau de Jau,
Collioure, Frankreich*

Menü

Duftende Scampi-Zimtspieße mit kandierten Feigenchutney

Elixier von der Karotte mit Chili und Ingwer

St. Piérre mit Vanille gebraten in Olivenölsauce

*Das Beste vom Reh in Schokoladen-Gewürzsauce
und Sellerie-Schluzkrapfen*

Cremiges Tonkabohneneis mit glacierten Blutorangen

Herbert W. Hesselmann
Erotische Fotografie in der Werbung

Herbert W. Hesselmann
Erotische Fotografie in der Werbung

Herbert W. Hesselmann
Erotische Fotografie in der Werbung

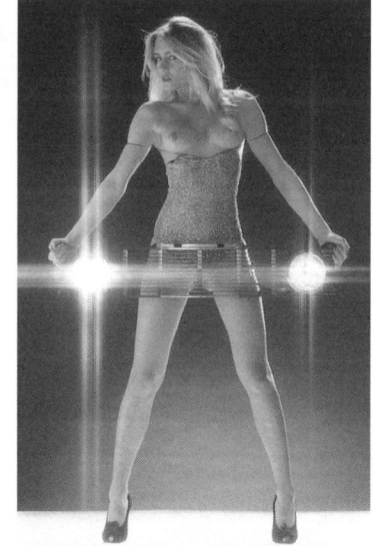

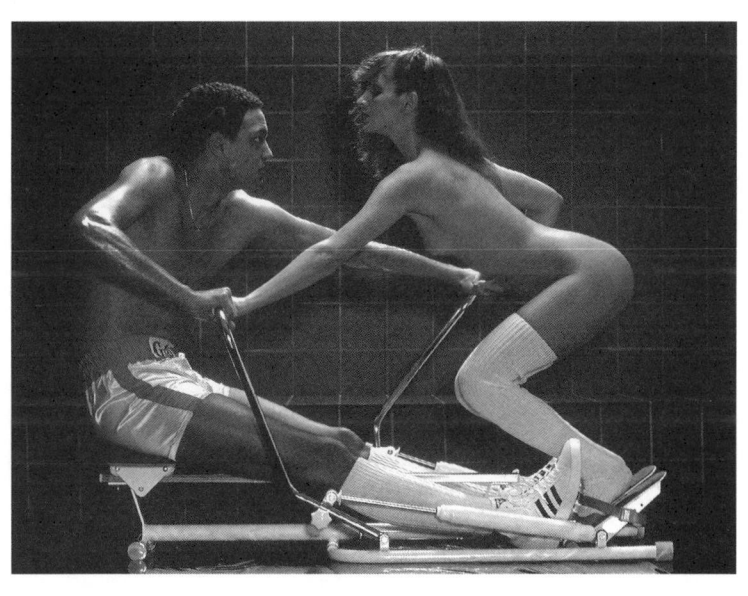

All you need is taste – Jim Beam.

Herbert W. Hesselmann
Fotodesigner
www.hesselmann-foto.de

Wolf R. Hirschmann
Schau mir in die Augen, Kleines!

Warum um alles in der Welt braucht man für eine gute Dialogmarketing-Strategie das Wissen um emotionale Empfindungen? Wenn es um die Vermarktung geht, dann kann doch jedes Unternehmen problemlos eine hervorragende Dienstleistung oder ein gutes Produkt mit vielen, tollen technischen Besonderheiten anbieten. Es gibt sicherlich auch jede Menge an Zahlen, Daten und Fakten, um für 1.001 Fragen auch Antworten und Beweise zu liefern.

Doch leider bestimmen weder solche Fakten noch das technisch Machbare der Informatik, wie rasch der Umworbene reagiert. Entscheidend ist vielmehr, was in den Köpfen der Menschen geschieht, die als Kunden gewonnen werden sollen. Was wird akzeptiert, was abgelehnt oder erst gar nicht bemerkt? Kurz gesagt, die exzellenten Leistungen kennt niemand, weil die potenziellen Kunden keine Lust haben, sich damit zu beschäftigen.

Menschen und nicht die Technik sind der Ausgangspunkt für Markterfolge. Menschen wollen eine glaubwürdige Kommunikation, möchten umworben, möchten neugierig gemacht werden …

Nur Unternehmen, die ihre Kommunikation aufwerten, haben beim Kampf um die wertvollste aller Ressourcen, die Aufmerksamkeit, eine

Gewinnchance. Kommunikation ist der Zugang der Menschen zur Wirklichkeit.

Der Mensch – das sind Sie, ich, wir alle – ist in einer Notsituation: Nur noch drei Prozent der Wörter, die wir eigentlich lesen wollen oder sollten, schauen wir noch an. Wir hungern nach Wissen und ertrinken in Informationen. Um nichts zu verpassen, werden Zeitungen gekauft, Zeitschriften abonniert, Bücher bestellt und viele berufliche Informationen ausgewertet. Doch längst hat in dieser Überreizungsphase das Gehirn eine eigene Überlebensstrategie entwickelt. Das Auge sucht nur noch das, was gerade gebraucht wird und uns weiterhilft, was Pein und Frust verhindert oder Lust steigert. Ist es da ein Wunder, wenn die geschriebene Botschaft leidet und stattdessen die Wertigkeit von Bildern zunimmt? Was bedeutet dies für Marketing und Vertrieb? Die Antwort ist eine einfache Frage: Gelingt es uns sowohl visuell zu trumpfen wie auch Worte zu wählen, die schnell Bilder im Kopf entstehen lassen und im positiven Sinne »merkwürdig« sind?

Bei Bildern trumpfen »warme Farben« vor »kalten Farben«, sind »Menschen« besser als »Produkte«, der »Einzelmensch« ist plakativer als »viele Menschen«, das »Porträt« wirksamer als der »ganze Mensch«, das »Auge« wirkt vor dem »Porträt« und »Sex« ist besser als das »Auge«.

Wie zwischen Mann und Frau, wie in jeder Begegnung zwischen Menschen, so entscheiden auch im Dialogmarketing die ersten Sekunden über den Erfolg oder Misserfolg. Wir alle werden von unserem angeborenen Blickverlauf zuerst zu ganz bestimmten Blickfängen hin geführt, egal ob wir dies wollen oder nicht. Deshalb müssen Marketingfachleute mehr über das Lebens- und Leseverhalten der Zielpersonen wissen. Der Mensch ist von Natur aus ein Bildbetrachter, wir haben eine visuell geprägte Historie, die wir nicht ablegen können. Denn wir haben in uns Überlebensgesetze gespeichert, die aus einer Zeit stammen, in der wir ohne Sprache und ohne Texte blitzschnell reagieren mussten, um zu überleben. Bilder waren schon immer da! Es geht nicht anders – wir müssen zuerst Bilder anschauen, bevor wir etwas lesen. Ein Blickpunkt, eine Fixation dauert durchschnittlich 0,2 Sekunden – und für den Erfolg eines Direktmailings sind erfahrungsgemäß die ersten 15 bis 20 Sekunden von elementarer Bedeutung. Warum das so ist, zeigt diese »Kontaktsequenz«, die sich sehr gut mit der Phase eines Flirts oder einer Liebesbeziehung vergleichen lässt.

Angenommen Sie sind auf der Suche nach einer Partnerin, dann testen Sie Ihre Möglichkeiten. Sie knüpfen an bestimmten Orten – wie zum Beispiel der Hotelbar, am Swimmingpool im Hotel oder wo auch immer, erste lockere Kontakte. Genauso ist es auch bei Direktmails, der Werbung per Post. Sie definieren Ihren Markt, Ihre Zielgruppe und starten einen ersten Kontaktversuch. Sie verschicken einen personalisierten Werbebrief, ein Mailing. Was passiert?

Auch bei Ihren Kontaktversuchen an der Hotelbar ist nicht jedes erwiderte Lächeln gleichzusetzen mit einer Einladung auf das Zimmer – und so ergeht es auch dem Mailing. Sie schaffen es zwar mithilfe der frankierten Post über die Haustürschwelle auf den Wohnzimmertisch. Doch nach einem ersten flüchtigen Blick werden Sie als unattraktiv eingestuft – und deshalb landen zirka 10 bis 15 Prozent dieser nichts sagenden, langweiligen Briefe ungeöffnet im Papierkorb. Doch Sie haben es, vielleicht durch Zufall oder auch mit einer guten Strategie, geschafft, dass Sie (vorläufig) noch bleiben dürfen. Was jetzt folgt, ist eine Phase, die viele Kontaktqualitäten braucht.

Das beginnt damit, dass die »Verpackung«, sprich der Umschlag, geöffnet wird und Ihr »Liebling« einen ersten neugierigen Blick wagt. Jetzt müssen Sie Reize bieten und auf die Attraktivität hinweisen. Schnell, leicht erfassbar und mit dem Ziel, den Wunsch nach mehr zu wecken.

Der Sekundenblick

Keine einfache Aufgabe, in unserem Fachjargon ist dies die erste, so genannte Wegwerfwelle. Die dafür notwendige Zeitspanne – eine Art »Vorspiel« dauert nur 15 bis 20 Sekunden. Dann erkaltet die Neugierde – und diesem Zustand fallen weitere 50 bis 80 Prozent der Mailings zum Opfer. Doch, wer die erste Wegwerfwelle übersteht, der hat jetzt Chancen, etwas für sein Image und seine Positionierung zu tun. Denn jetzt wird es spannend, nun nimmt die intensivere Beschäftigung mit dem Mailing zu.

Selbstverständlich drohen weitere Wegwerfwellen – und es wird dann auch nicht jede dieser Flirtphasen zu einem »Ja, ich will!« führen. Aber selbst wenn ein »Nein« auf Ihr Angebot kommt, so haben Sie sich zumindest als netter, sympathischer Partner präsentiert … und vielleicht ein Hintertürchen für den nächsten Versuch offen gehalten.

Das Fazit: Wer nicht genügend Reize und Vorteile innerhalb weniger Sekunden anbietet, der wird aussortiert. Warum dies so ist, liegt tief in unseren Gehirnwindungen … und so reizvoll, wie der Anblick eines wohlproportionierten Körpers ist, so interessant ist auch ein Blick in das Innere unseres Kopfes. Denn dort ist die »Steuerzentrale und Kommandobrücke« für unsere Handlungen.

Emotionen, Gefühle und Gehirn

Wenn es um »Sex sells« geht, dann ist damit gemeint, dass sich ein Produkt oder eine Dienstleistung besser verkauft, wenn man das Angebot in einem Kontext zeigt, der sexuelle Inhalte präsentiert. Damit Sie besser nachvollziehen können, was ich meine, empfehle ich Ihnen nur den Blick auf die Titelseiten von so manchem Autozubehörkatalog. Da räkeln sich leicht bekleidete Damen mit schwarzen Stringtangas, High-Heels und halterlosen Netzstrümpfen mit sinnlich offenem Kussmund auf der Kühlerhaube eines PS-starken Boliden und lächeln Sie einladend an. Die Botschaft ist klar – die Damen ziehen Sie sozusagen magisch in den Katalog und versprechen beim Kauf der Produkte, dass ein guter neuer Stoßdämpfer auch mehr Eindruck auf weibliche Passanten macht …

Woher rührt dieser Glaube an »Sex sells«? Die Lernpsychologie bestätigt, dass sich ein Thema, ein Produkt oder auch ein Firmenname besser in das Gedächtnis einprägt, wenn es in einem emotional erregenden Kontext kennen gelernt wird. Das kann der Faktor Sex sein, das geht aber andererseits genauso, wenn man Bilder findet, die Ekel oder Angst projizieren. Denken Sie nur an die Werbekampagne, die vor einigen Jahren von Benetton geschaltet wurde. Blutige T-Shirts von Kriegsopfern, ein HIV-kranker Mensch auf dem Sterbebett. Das waren Bilder, die »anders als die anderen Fotos« waren – nur waren Sie nicht »angenehm anders als die anderen Fotos«. Eingeprägt haben sich die Bilder doch. Denn die Gehirnareale, die an der durch Emotionen erleichterten Merkfähigkeit beteiligt sind, sind »schnell aufnahmefähig«.

Der Bereich in unserem Kopf, der den Namen Mandelkern *(Amygdala)* hat, ist zuständig für das Negative in unserem Leben, das mit der Ausbildung von Furcht und Angst verbunden ist. Für das Positive, Beglückende und Lustvolle hingegen sind es vor allem die Strukturen des ventralen tegmentalen Areals und des *Nucleus accumbens*. Es ist aber umstritten, ob diese Strukturen tatsächlich der Speicherort von Gefühlen sind oder eher die Bereiche, an denen die Verknüpfung zwischen Ereignissen und bestimmten Gefühlen kodiert ist und die den Zugriff auf anderenorts niedergelegte emotionale Gedächtnisinhalte regeln. Die Details des leid- und lustvollen Geschehens gehen nämlich nicht in das emotionale Gedächtnis ein, sondern werden im deklarativen Gedächtnissystem gespeichert. Wichtigster Organisator dieses Gedächtnissystems ist die Hippocampus-Formation, die für das episodische Gedächtnis (»was wann wo wie geschah«) zuständig ist.

Für die Werbung, für die Akzeptanz des Marketing und den Erfolg im Vertrieb heißt dies, dass wir emotionale Orientierungen liefern müssen. Wenn es um Entscheidungen geht, wenn Menschen mit Situationen konfrontiert sind, die in irgendeiner Weise wichtig für sie sind, dann wird jeder unbewusst sein limbisches System befragen. Dieses »Reptilienhirn« in uns wird danach abgefragt, ob es nicht irgendwelche Vorerfahrung mit derselben oder einer ähnlichen Situation gibt, und ob die damaligen Geschehnisse positiv oder negativ ausgegangen sind. Falls ja, erleben wir die Antwort als Gefühle, indem entsprechende limbische Zentren Informationen in die Großhirnrinde senden.

Gegebenenfalls erinnern wir uns auch an bestimmte Details, die dann die Hippocampus-Formation hinzugibt. Die genannten limbischen Zentren sind Teil eines allgemeinen Bewertungssystems in unserem Gehirn, das alles, was durch uns und mit uns geschieht, danach bewertet, ob es gut, vorteilhaft und lustvoll war und entsprechend wiederholt werden sollte oder schlecht, nachteilig und schmerzhaft und entsprechend zu meiden ist. Ohne dieses Bewertungssystem, das alle Wirbeltiere in sich tragen, wären wir völlig überlebensunfähig, denn es sorgt dafür, dass unser

Gehirn alle bewussten und unbewussten Handlungsentscheidungen immer im Lichte vergangener Erfahrung trifft. Dies lässt sich ergänzen durch die Hypothese des »somatischen Markers« des Forschers Damasio. Dort heißt es, im Stirnlappen des Gehirns seien drei Fähigkeiten lokalisiert: zielorientiertes Denken, Entscheidungsfindung und Körperwahrnehmung. Die Körperwahrnehmung sei eine Art Momentaufnahme dessen, was im Körper vor sich geht, und somit der Hintergrund aller geistigen Operationen. Je nachdem, wie der Körper auf äußere Wahrnehmungen reagiert, das heißt, seinen Zustand verändert, verändert sich auch die Körperwahrnehmung. Sie begleitet unsere Vorstellungsbilder, neue wie erinnerte, und markiert sie als angenehm oder unangenehm. Diese Fähigkeit, Körperwahrnehmungen mit Wahrnehmungen zu verknüpfen, ist uns teils angeboren, teils entwickelt sie sich im Zuge der Sozialisation des Individuums.

Der Anblick einer jungen, hübschen und mit verlockenden Dessous bekleideten Frau weckt also Erinnerungen oder »kitzelt« tief in uns ruhende Wünsche. Wenn die Werbung es versteht, einen passenden Transfer zu den Produktwelten zu schaffen, dann kann das »merk-würdig« sein.

Es muss eben zur Zielgruppe, deren Lebenswelt, deren Lebensstil passen!

Somatische Marker sind somit die Grundlage unserer Entscheidungen. Sie helfen uns beim Denken, indem sie Vorentscheidungen treffen und uns, ohne dass es uns bewusst würde, in eine bestimmte Richtung drängen, vor Dingen warnen, mit denen wir schon einmal schlechte Erfahrungen gemacht haben, oder die Betrachtung auf etwas Wichtiges lenken.

Sex ist so etwas Wichtiges. Auch wenn es erhebliche Unterschiede zwischen dem männlichen und weiblichen Sexualverhalten gibt, so muss klar sein, dass Sexualität generell ein Teil unseres Lebens ist. Sexualität ist somit auch in unseren Motiv- und Emotionssystemen integriert. Um unseren »Fortpflanzungsauftrag« zu erfüllen, gibt es viele Gehirnbereiche und Hormone, die uns steuern. Nur dann können wir »Konkurrenz« verdrängen, das »Revier« verteidigen oder auch das »Fürsorge-Modul« in uns steuern. Kurz gesagt, Östrogen und Testosteron verändern auch das Gehirn.

Männliche und weibliche Denkstile sind anders – das männliche Testosteron verstärkt »Abenteurer, Performer, aber auch Disziplinierte« und das
weibliche Östrogen verstärkt »Genießerinnen und Bewahrerinnen«.

Dazu wollen wir passende Bilder sehen, auch Sprachbilder!

Blickverlaufsanalyse und Kontaktqualität

Die Blickverlaufsanalyse ist eine Technik, die Aufschluss darüber gibt, wie
das menschliche Auge eine dargebotene visuelle Information abtastet. So
lassen sich, durch spezielle Augenkameras, die Entwürfe von Prospekten,
Katalogen und Mailings schon vor dem Druck bewerten. Denn die
Augenkamera zeigt unbestechlich auf, wo bei der Testperson eine Fixation
oder eine Sakkade vorhanden ist. Bei der Fixation bleiben die Augen des
Betrachters eine gewisse Zeit an dem jeweiligen Interessenspunkt ruhen.
Im Gegensatz dazu wird bei einer Sakkade der Betrachter keine auf ihn
eintreffende Information aufnehmen und verarbeiten.

Diese Analyse ist somit sehr wertvoll. Sie zeigt auf, wo es sich lohnt,
Bildmotive, Farben und Formen gegebenenfalls nochmals neu zu bestimmen. Alles mit dem Ziel, die Präsentation der Informationen so zu gewich-
ten oder anzuordnen, dass dies den Bedürfnissen, Erwartungen und Auf-
nahmefähigkeiten der Benutzer entspricht. Die Erkenntnisse dienen dabei
nicht nur dem einzelnen Werbemittel. Sie haben dadurch auch den Vorteil, Ihre Zielgruppen »persönlich« besser kennen zu lernen. Dies bietet
Ihnen dann auch die Möglichkeit für die Auswahl von Themen, die langfristige Kontaktchancen schaffen. Das bringt Impulse für eine nachhaltige
Kommunikationsstrategie – und eine solche Strategie ist im harten Ver-
drängungswettbewerb notwendiger denn je.

Auch die Direktwerbung ist mehr als nur eine Einzelaktion mit zählbaren
Erfolgen. Es geht nicht (nur) um eine ausschließliche Betrachtung der Re-
aktionsquoten, wie die Anzahl der »One-Night-Stands«, es geht um eine
langfristige Kundenbindung. Das Ziel muss es sein, strategisches Dialogmarketing aufzubauen, das sich an den Kundenprozessen ausrichtet. Es
muss Klarheit darüber herrschen, welche Unternehmensziele generell verfolgt werden. Es braucht eine Erkenntnis darüber, wie das Unternehmen –

die Marke – positioniert ist. Sie müssen wissen, zu wem Sie kommunizieren wollen. Seien Sie sorgfältig, wenn es um Antworten auf Fragen geht, wie diese Zielgruppen denken und empfinden – und wie sie Ihr Unternehmen im Bezug auf die Branche, die Hauptwettbewerber sehen.

Verschaffen Sie sich bei Ihren Strategieüberlegungen auch Einblicke in die Gefühlswelten Ihrer Zielgruppen. Gibt es bestimmte Zeitpunkte, an denen die Gedanken und Gefühle der Zielgruppe besonders ausgeprägt sind? Welches sind die zwei wichtigsten Eigenschaften und Besonderheiten, die Sie transportieren wollen – und was ist die wichtigste Botschaft, mit der Sie dies vermitteln können.

Denken Sie dabei aber auch an den Leistungsbaustein »Vertrauen«. Für eine tragfähige Beziehung ist Vertrauen von besonderer Bedeutung. Vertrauen erfordert Verlässlichkeit und auch Konstanz. Ohne einen Mix aus Sachkompetenz und emotionaler Bindung entsteht keine Beziehung.

Damit Ihre Vorstellung dann nicht als totale Selbstbeweihräucherung erscheint, sollten Sie sich auch überlegen, warum die Zielgruppe dies glauben soll. Vielleicht gibt es ja auch Referenzen, die bestätigen, dass Sie wirklich so ein toller Hecht sind … Eine bewährte Erfolgsformel hat auch hier ihre Gültigkeit: keine Behauptung ohne Beispiel, Bilder und Beweis.

Lassen Sie mich zusammenfassen: Bilder, Analogien, Geschichten, Metaphern, Emotionen finden den Zugang zur Verarbeitung im Gehirn schneller als Logik. Wer auch in der Sprache mit Bildern arbeitet, der verstärkt die Wirkung der rein visuellen Motive. Wer Nutzen vermitteln will, sollte weniger an rationale Argumente denken, sondern die emotionalen Motive ansprechen. Im Prozess der Ideenfindung sollte und muss zunächst alles erlaubt sein. Welche »Sünden« Sie dann vermeiden wollen oder mit welchen »Sünden« Sie dann doch locken wollen, ist abhängig von Ihrer generellen Unternehmensstrategie. Aber selbst dem Herausgeber der renommierten Zeitschrift »Stern«, dem verstorbenen Henri Nannen, ordnet man eine Aussage zu, die er gemacht haben soll, als die Verkaufszahlen an den Kiosken sanken: »Das ist ein Spontankauf – ich will wieder mehr Ärsche und Titten auf dem Titel sehen!«

Sie sehen selbst, auch in dieser Redaktion war man sich darüber im Klaren, dass der Blickverlauf unbeirrbar ist! Deshalb: Geizen Sie nicht mit Ihren Reizen. Aber denken Sie daran: Nicht die Leistungen aus Ihrem Blickwinkel sind wichtig, sondern die Lösungen aus Sicht des Empfängers. Dass Sie dabei auch »in Befehlsform« Texte formulieren können, ist durchaus legitim. Bleiben Sie bei der KISS-Formel – diese steht für *»keep it simple and stupid«*. Machen Sie kurze Sätze. Setzen Sie bewusst den Imperativ ein, ganz im Sinne von: »Zögern Sie nicht …« oder »Profitieren Sie jetzt sofort!« Im Filmklassiker »Casablanca« sagt Humphrey Bogart zu Ingrid Bergmann *»He's looking at you, kid«* – und musste dabei auf einer Kiste stehen, um auf Augenhöhe mit seiner Partnerin zu kommen.

Es kostet eben etwas Aufwand, wenn man Gefühle zeigen und vermitteln will. Aber es lohnt sich. Denn dann ist es vielleicht auch der »Beginn einer wunderbaren Freundschaft«.

Jürgen Hollstein
Körperlust
gegen Käuferfrust

Die hier eingenommenen Sichtweisen fokussieren in besonderer Weise die Umsetzung von Bodypainting und Körperpräsentationen zu Werbe- und Verkaufsförderungszwecken, beispielsweise auf Messen und Events. Der Beitrag erhebt keinen Anspruch auf wissenschaftliche Genauigkeit oder begründete empirische Erhebungen. Vielmehr entspricht er eher der Perspektive eines naiven Verbrauchers.

Einige Teile der Geschichte sind auf der Basis von echten Begebenheiten entstanden, andere geben die Meinungen von zwei Expertinnen im Bereich Bodypainting und Körperkunst wieder.

Historisch betrachtet ist die zeitgenössische Darstellung von Nacktheit nichts Besonderes. Erinnern wir uns an Szenen aus dem Paradies oder die nackte Maja des spanischen Künstlers Francisco de Goya. Wohl jedem sind auch die üppigen Formen auf den Gemälden des Holländers Rubens bekannt, der keine Mühen und Farbe gescheut hat, die Weiblichkeit in ihrer bestechenden Anziehungskraft darzustellen. Nackte Körper zu bemalen hat ebenfalls eine lange Tradition, die bis heute bei vielen Naturvölkern gepflegt wird – von der Tätowierung bis zur Kriegsbemalung.

Der Beginn der Körpermalkunst in der Neuzeit liegt in den 1960er-Jahren. Das berühmte Fotomodell Veruschka von Lehndorff arbeitete viel mit

Farben auf dem Körper und wurde oft kopiert. In den 1990er-Jahren folgte eine Werbewelle, u. a. von HB.

Die Bodypainting-Szene hat sich zwischenzeitlich etabliert. Vor etwa 7 Jahren startete das Bodypainting-Festival in Seeboden/Österreich. Vor etwa 4 Jahren wurde es als European Bodypainting Festival zelebriert und nennt sich heute sogar World Bodypainting Festival (www.bodypaintingfestival.com). Weltweit werden regelmäßig Wettbewerbe gepflegt und von Fotomessen ist Bodypainting nicht mehr wegzudenken.

Zwischenzeitliche Abschwächungen des Interesses an der bunten Körperkunst hat die Szene locker weggesteckt. Durch internationale Stars wie Madonna, die anstelle von Tattoos kreative Hennapaintings in der Öffentlichkeit präsentiert, gewann das Thema wieder stark an Dynamik und Präsenz im Bewusstsein der Gesellschaft.

Trotz der Nähe zur Erotik und der zum Teil billigen Darstellung, insbesondere von Frauen als Sexsymbolen in den Medien, hat sich Bodypainting vom anfänglichen Schmuddelimage lösen können und ist als Kunstform gesellschaftsfähig.

Nach übereinstimmender Expert(innen)en-Meinung geht die Faszination beim Bodypainting von der Kunst am Körper aus. Die ungewohnte Präsentation, bei der beispielsweise die Grenzen zwischen Körper und Kleidung durch perfekte Technik und optische Täuschungen verschwimmen, fesselt den Betrachter. Die zunehmende Verfremdung eines menschlichen Modells zum Kunstobjekt durch das Aufbringen von Farben und Formen ist der Interesse weckende Punkt bei den zum Teil spektakulären Live-Acts.

Warum ist also die Darstellung von nackten oder fast nackten Körpern mit Bemalung in der Öffentlichkeit so spektakulär? Was fasziniert die Menschen und damit die Verbraucher und potenziellen Kunden an dem Ereignis – oder was stößt sie möglicherweise auch ab?

Natürlich spielt auch die Nacktheit der Modelle eine Rolle. Auf Messen, so die Expertinnen, wird sehr viel Wert darauf gelegt, dass ein Modell dem gängigen Schönheitsideal entspricht. Wie bei anderen Werbemitteln auch gilt hier: jung, schlank, weiblich, gut aussehend. Männer werden eher selten eingesetzt. Wenn doch, dann steht meist das Produkt deutlicher im Vordergrund. In der reinen künstlerischen Auseinandersetzung mit dem Bodypainting oder dem therapeutischen Malprozess spielt der Körper im Schönheitssinne keine Rolle. Hier legen sich schwangere Frauen in Erdmulden, 90-Jährige lassen sich vor einem vertrockneten Eichenstamm bemalen und verschmelzen mit der Rinde des uralten Gehölzes

In einigen Branchen scheint jedoch ohne (fast) nackte Körper gar nichts zu gehen. Denken wir nur an den bekannten Automobil-Tuner in Bochum, dessen jährliche Kalender und Kataloge mit hoch erotischen Models und Zubehörteilen zum Kultobjekt in den meisten Junggesellen-Buden avanciert ist. Darüber hinaus wird auch auf den meisten Automobilmessen medienwirksam mit atemberaubenden Körpern gelockt. Scheinbar färbt die unwiderstehliche Erotik der weiblichen Models auf die nüchterne

Technik ab und fördert den Absatz auf besondere Weise. Ein Wunder, dass Hersteller in ihren sonst so üppigen Zubehörlisten noch keine weiblichen Models aufgenommen haben.

Profis in der Bodypainting-Szene achten daher bei der Auswahl der Modelle auf eine eher androgyne Ausstrahlung, damit der erotische Faktor im Rahmen gehalten wird. Auch Männer sollen die Kunst am Körper entdecken. Während bei den weiblichen Modellen eine hübsche kleine Brust und ein wohl proportionierter Po genügt, muss es bei den Männern schon der durchtrainierte James-Dean-Typ aus der Cola-Werbung sein.

Die Reaktionen im Publikum, gerade auf Messen sind vielschichtig. Fast magisch angezogen bilden sich in der Regel Menschentrauben an einem Messestand, der mit Bodypainting die Aufmerksamkeit auf sich ziehen möchte. Die Besucher schießen viele Fotos von der Aktion und vom Modell. Typische Fragen ergeben sich zur Dauer des Malvorgangs oder ob die verwendete Farbe für die Haut gut verträglich ist. Besonderes Interesse gilt in vielen Fällen auch der häufig verwendeten Airbrush-Technik, mit der die Farben auf die Haut gesprüht werden.

Einige Künstler bereiten die Modelle bereits vor der Präsentation mit der Bemalung vor, sodass der eigentliche Herstellungsprozess der Kunstwerke dem Publikum verborgen bleibt. Natürlich stehen zahlreiche Fotos mit den Modellen im Mittelpunkt des Interesses. Mann lässt sich besonders gerne mit den nackten Schönheiten ablichten. Ab und an fällt auch mal eine Anzüglichkeit, an die sich jedoch die meisten der Beteiligten gewöhnt haben. Für echte Voyeure ist bei einer Bodypainting-Performance kein Platz.

Ob bei den Besuchern die Kunst am Körper oder der kunstvolle Körper im Mittelpunkt des Interesses steht, ist nur zu vermuten. Vielen Künstlern ist jedoch bewusst, dass nicht nur ihre Werke für Aufmerksamkeit sorgen. Allgemein, so meint eine Expertin, ist eine gute Figur die halbe Bemalung. Allerdings nützt der schönste Körper eines Modells nichts, wenn die Bemalung nicht anspruchsvoll ist. Viel Lob gibt es in der Regel zur Ästhetik der Bemalung und zur Präzision der Arbeit.

Natürlich kommt es auch darauf an, wie sich das Modell nach der Bemalung verhält. In der nachfolgenden wahren Geschichte wird die Gradwanderung zwischen Kunst, Erotik, Sex und Kommerz spürbar.

Vor einigen Monaten berichteten mir meine Mitarbeiter von einem Messebesuch und ihren Erlebnissen mit dem Bodypainting-Modell Olga. Die 26-jährige Polin war für eine aufstrebende Hotelkette gebucht, die sich auf einer Marketing- und Sales-Fachmesse präsentierte.

Neben ihren blonden langen Haaren treten Olgas üppige Brüste besonders in die Aufmerksamkeit des Betrachters. Schon im verpackten Zustand erregt der Anblick bewusste oder unbewusste Aufmerksamkeit bei Männern wie bei Frauen. Sicherlich aus unterschiedlichen Beweggründen – jedoch mit vergleichbaren Blicken und anschließendem Getuschel. Auch mit dem Rest ihres Körpers ist Olga, die ab und an auch als leicht bekleidetes Fotomodel posiert, zufrieden. Ihre wohl geformten Hüften bewegt und präsentiert sie gekonnt – gestützt durch ihre langen Beine auf hohem spitzen Absatz. Das wenige Fettgewebe im Bauchbereich trainiert sie regelmäßig im Studio mit »BBP«.

Eine Augenweide schwärmen die Einen. Skandal schimpfen die Anderen. Und wie geht es Ihnen als Leser bei der Beschreibung?

Olga ist bei ihrem Auftritt auf der Messe bemalt. Als bunte Margarite verlässt sie die Bühne, auf der sie von einer Bodypainting-Künstlerin in filigraner Kleinstarbeit gestaltet wurde. Mittels Airbrush-Technologie und hautfreundlichen Körperfarben verwandelte sich Olgas Körper in nur 20 Minuten in ein Kunstwerk. Während der Prozedur stand Olga einer Statue gleich auf einem Sockel und versuchte sich möglichst nicht zu bewegen.

Zu diesem Zeitpunkt versammeln sich schon die ersten Neugierigen um den Stand. Einige kreisen in der zweiten Reihe auffällig lange, andere drängen sich in die erste Reihe, als gäbe es das achte Weltwunder zu bestaunen. Auch wenn scheinbar branchenbedingt viele männliche Besucher die Gänge der Messe bevölkern, stehen auch einige Frauen in der Menge und schauen dem Spektakel teils bewundernd, teils skeptisch zu.

Olga kennt diese Blicke auch aus ihrem Fitness-Studio. Denn nicht jede Frau kommt mit so guten körperlichen Voraussetzungen wie sie, um die letzten Gramm Fett im harten Training zu verlieren. Neidische Blicke sind da schon fast normal. Nachdem die Künstlerin ihr Werk vollbracht hat, ist außer den unendlich spitzen Pumps mit den megahohen Absätzen kaum etwas zu erkennen, was den freien Blick auf Olgas Körper verhindern würde. Der superkleine String-Tanga ist in die Farbgestaltung so eingebunden worden, dass nur ein längerer, fast aufdringlicher Blick auf die Details der Arbeit die Illusion einer völligen Freizügigkeit jäh zerstört.

Applaus bei den jetzt fast 30 Zuschauern kommt auf, als ein Moderator die perfekte Arbeit der Künstlerin anpreist und die Geduld lobt, mit der das Modell Olga die Zeit fast regungslos als »Statue« ausgehalten hat. Besondere Anerkennung und Bewunderung des Moderators erhalten die naturgetreu gemalten Blütenblätter, die rund um die Brust gemalt worden sind und deren Mittelpunkt jeweils die knallrot gestalteten Brustwarzen darstellen.

Hier scheiden sich dann die Geister. Ein Teil der Besucher wendet sich kopfschüttelnd ab und geht seiner Wege. Ein anderer Teil folgt weiterhin gebannt den »blumigen« Worten des Moderators, der nun das satte Grün und die gelungene, feingliedrige Struktur der Blätter auf dem Po des Modells beschreibt. Olga soll sich dazu leicht nach vorne beugen, um das Kunstwerk richtig in Szene zu setzen.

Einige »anzügliche« Pfiffe sind aus der zweiten Reihe zu hören und schmälern für einen Moment den hohen Anspruch der künstlerischen Arbeit am lebenden Modell. Der Moderator bedankt sich bei den Zuschauern für die Aufmerksamkeit und kündigt Olgas Rundgang durch die Messehalle an.

Das ist Olgas eigentlicher Auftritt. In professioneller Manier verlässt sie ihren Sockel auf der Bühne und schnappt sich die bereit liegenden Hotelprospekte mit Angeboten für Firmenentscheider und Trainer. Damenhaft und leichtfüßig stöckelt sie von der Bühne und beginnt mitten unter den Besuchern ihren Rundgang von Stand zu Stand.

Während sich die großen dunkelgrünen Blätter im Rhythmus ihrer Schritte auf ihrem Hinterteil gemächlich von einer Seite zur anderen wiegen, wippen die zierlichen Margaritenblüten auf ihren üppigen Brüsten unruhig und bieten dem Betrachter ein schwierig zu fokussierendes Ziel für die von den vielfältigen Messeeindrücken angestrengten Augen.

Schließlich kommt Olga auch an unserem Messestand vorbei. Dieter, der mit zwei Kolleginnen den Stand betreut, nimmt brav einen Prospekt entgegen, vermeidet aber einen längeren Blick auf die künstlerischen Highlights auf Olgas Körper. Offensichtlich ist ihm das Ausmaß der prallen und wahrhaftigen Weiblichkeit ohne die schützende Distanz zur Bühne nicht geheuer. Möglicherweise stellen aber auch die kritischen Kommentare seiner Kolleginnen, Doris und Vera, für ihn ein Konfliktpotenzial beim vermeintlichen Augenschmaus der Margariten dar.

Ein kunstvoll bemaltes Modell ja, aber einen billigen »Catwalk« mit wippenden Rubensbrüsten als Eyecatcher? Nein, das, finden beide Damen übereinstimmend, passt in dieses seriöse Umfeld nicht hinein. Der größte Teil des weiblichen Standpersonals rechts und links stimmt dieser Kritik offenbar zu, denn auch dort haben nur wenige Frauen ein zustimmendes Lächeln für Olga übrig. Die Männer machen auf cool und ringen sich in Anwesenheit ihrer Kolleginnen ein verschmitzt distanziertes Lächeln ab.

Olga, die auch schon einmal als GoGo-Girl in einer Disco auftritt, kennt das Gefühl. Es macht ihr nichts aus. Sie weiß um die Wirkung ihrer Körpers nur zu gut. Schließlich ist er ihr Kapital und verschafft ihr ein attraktives zusätzliches Einkommen zu ihrer Arbeit als Friseurmeisterin. Wenn sie in der Disco an der Stange tanzt, sind ihr die Blicke der Männer sicher. Magisch kleben sie an den mal wild und exstatisch, mal geschmeidig und schlangenhaften Bewegungen ihres Körpers. Dabei kippen sich die meisten Männer jede Menge teuren Alkohol in den Kopf, um nicht allzu schnell in der Realität der durchschnittlichen Köpermaße ihrer Begleiterin aufzuwachen. Die Frauen trinken mit – aus Lust oder Frust.

Sex Sells – und den Betreiber der Discothek freut es. Wenn Olga tanzt, ist sein Laden Stadtgespräch und das bringt Frequenz und neue Gäste. Die

Jürgen Hollstein
Kreative Entwicklung für
Training & Management
hollstein@hollstein-training.de

neidischen Blicke der weiblichen Gäste gegenüber der professionellen Konkurrenz an der Stange kennt Olga und lassen sie kalt. Schließlich kann sie nichts dafür, wenn die meisten ihren Busen in einen Push-up-BH zwängen, um eine vermeintlich höhere Attraktivität zu erlangen.

Während sich Olga wieder auf das Verteilen der Hotelprospekte konzentriert, kippt die Stimmung an unserem Stand. Dieter wird nun nachhaltig gedrängt, dem Unwohlsein seiner Kolleginnen und deren Standnachbarinnen beim Messestand der Hotelkette, dem Verursacher des Spektakels, Ausdruck zu verleihen. Zielstrebig steuert Dieter den Verantwortlichen am Stand an und spricht das Problem offen und direkt an. Er sei ja schließlich auch nur ein Mann und wenn man ihm solche Früchtchen vor die Augen hält, würde auch er nicht wegschauen können, aber die vielen weiblichen Kolleginnen würden sich in ihrer Ehre als Frau verletzt fühlen. Die Weiblichkeit würde zum Objekt der Lust degradiert und wie Vieh durch die Menge getrieben.

Also doch Käuferfrust durch Körperlust?

Wie auch immer, schließlich kommt es darauf an, dass die Erinnerung des Live-Acts in Verbindung zum Produkt oder wie in unserem Fall zur aufstrebenden Hotelkette eine möglichst lange Halbwertzeit hat. Eine Bewertung oder gar ein moralischer Zeigefinger verbietet sich an dieser Stelle, schließlich gab es schon Proteste gegen die frühe Form der Cola-Flasche, weil die weibliche Form die Damen in den 50er-Jahren empörten.
Betrachtet man die Investition in einen Bodypainting-Live-Act, so lassen sich wirkungsvolle Performances ab etwa 1.000 Euro gestalten. Mann (und Frau) kann Marketinggelder schlechter anlegen.

Wenn Sie unsere beiden Expertinnen, bei denen ich mich an dieser Stelle für die Unterstützung ganz herzlich bedanken möchte, kontaktieren möchten: Xandra Herdieckerhoff (XandraH@gmx.de) und Daniele Marquardt (da.ma@web.de).

Nähere Informationen über Olga gebe ich nur persönlich weiter, mailen Sie mich an!

Diana Jaffé
Orangensaft für Promi-Fotos

Kennen Sie D&W, den Spezialisten für Auto- und Tuningzubehör? Nun geben Sie es doch schon zu! Das ist wirklich kein Grund, sich zu schämen! Aber der Pirelli-Kalender, der ist Ihnen doch nun wirklich bekannt, oder? Sehen Sie, wusste ich's doch! Der D&W-Katalog ist bestimmt genauso berühmt wie der Pirelli-Kalender, nur berichten die Medien deutlich seltener darüber. Der Pirelli-Kalender gehört inzwischen zur Allgemeinbildung, der D&W-Katalog scheint jedoch gegen eine gewisse gesellschaftliche Akzeptanz zu verstoßen.

Liegt es vielleicht daran, dass die Pirelli-Damen manchmal von einem Hauch mehr Stoff verhüllt werden? Oder setzen die Starfotografen die Models so akzentuiert in Szene, dass die Ästhetik im Vordergrund steht und plötzlich von Kunst die Rede sein darf? Ist es vielleicht die Tatsache, dass die Fotos von Starfotografen aufgenommen werden, die die Darstellungen der mehr oder minder bloßen Frauenkörper zu Kunst werden lässt? Oder liegt der Unterschied doch darin, dass Pirelli die Fotos der Damen nur in limitierter Fassung an ganz besondere Freunde des Hauses verschenkt, während der D&W-Katalog als Massenware unter die männlichen Auto-Tuner kommt? Reicht es für einen signifikanten Unterschied, dass die Frauen bei Pirelli ohne Reifen abgebildet werden, während die Frauen bei D&W lediglich schnöde Autoteile aufhübschen sollen?

Was würde eigentlich passieren, wenn der Formel-1-Zirkus nicht nur auf Zigarettenwerbung verzichten müsste, sondern auch auf die auffallend hübschen Frauen, die heute wieder den Beinamen »Luder« tragen? Wo wäre da noch der Reiz? Und was haben nackte Weiber überhaupt mit Autos zu tun? Glaubt denn wirklich jemand, dass Frauenkörper eine Umsatzsteigerung bewirken?

Oder einmal ganz anders gefragt: Wieso »bezahlen« männliche Affen mit viel Orangensaft für den Erwerb von Fotos mit Darstellungen von prominenten Mit-Affen sowie von Äffinnen-Hintern, während sie die anderen Fotos ihrer haarigen Artgenossen verschmähen? Und warum legen weibliche Affen ein anderes Verhalten an den Tag? Die Antworten finden wir in Untersuchungen ihrer weniger behaarten Verwandten, den Menschen.

Wenn die Gehirnforschung auch noch ganz am Anfang steht, so verdanken wir ihr dennoch schon einige interessante Erkenntnisse. So hat eine Untersuchung unter Stephen Hamann an der Emory-Universität in Atlanta ergeben, dass männliche und weibliche Gehirne den Anblick nackter Menschen unterschiedlich verarbeiten. Bei beiden Geschlechtern werden zwar mit dem Belohnungs- und dem Gefühlszentrum prinzipiell dieselben Gehirnregionen aktiviert, doch ist die Aktivität des Gefühlsbereichs bei den Männern signifikant höher. Andere Untersuchungen unterstützen die Schlussfolgerung von Hamann und seinen Kollegen: Für Männer ist es viel interessanter, Frauen an- und hinterherzuschauen, als es jemals für Frauen sein könnte, Männer mit den Augen auszuziehen. Frauen reagieren – im Gegensatz zu Männern – einfach nicht gleichermaßen auf visuelle Reize des anderen Geschlechts.

»Ja, schon«, mag jetzt manch einer einwenden, »aber wer kauft dann die Kalender mit den knackigen Burschen, die es schließlich auch gibt?«. Stimmt, diese Kalender gibt es, aber sie werden überwiegend von homosexuellen Männern an die Wand gezimmert. Die Datumsanzeiger, die ausnahmsweise doch einmal von Frauen erworben werden, dienen zumeist als lustiges Geschenk für ein zünftiges, gemeinschaftliches Auf-die-Schenkel-Klopfen beim Anblick der errötenden Empfängerin.

Männer wollen hübsche Frauen sehen. Und sie sind bereit, dafür genauso zu bezahlen, wie ihre Geschlechtsgenossen unter den Affen. Daraus zieht zum Beispiel auch das US-amerikanische Unternehmen Hooters mit seiner Restaurantkette, seiner Fluggesellschaft und seinem eigenen Magazin einen monetären Nutzen. In den gelegentlich zur Prüderie neigenden USA sind nackte Tatsachen bekanntlich offiziell verpönt. So reicht es vollkommen aus, die jungen Frauen leichter bekleidet als üblich ihre Jobs als Bedienungen oder Stewardessen versehen zu lassen. Was sollte Männer, insbesondere Bowlingrunden und andere Männervereine, davon abhalten, einen Dienstleister zu wählen, der zu einem sicheren Flug oder einem guten Essen noch hübsche, leicht bekleidete junge Frauen serviert? Bei Hooters machen die Mädels nicht nur einen Unterschied zur Konkurrenz aus, sie sind der Unterschied. Oder noch genauer: Die jungen Frauen stellen den entscheidenden Mehrwert dar.

Männer sind von Natur aus »Augentiere«. Dabei ziehen sie die Schönheit der Jugend vor, denn die Jugend lässt zwar eine hohe Fruchtbarkeit vermuten, die Schönheit ist aber der äußerlich sichtbare Qualitätsmesser der genetischen Anlagen. Schöne Menschen gelten als gesund und körperlich widerstandsfähig.

Die menschliche Beurteilung von Schönheit in unserer Gesellschaft hat sich sogar noch stärker ausgeweitet. Schöne Menschen gelten als vertrauenswürdiger und erfolgreicher als weniger schöne, sie beziehen höhere Gehälter und erhalten als Angeklagte vor Gericht mildere Strafen.

Und wie steht es mit der Werbung? Hier ergeben sich sehr interessante Effekte. In Analysen der Blickwanderung konnte bei Anzeigenwerbung nachgewiesen werden, dass Männer die Abbildung nackter weiblicher Haut so sehr zu schätzen wissen, dass sie darüber ganz vergessen, das beworbene Produkt, den Hersteller und die Werbebotschaft wahrzunehmen. Wenn sie genug geschaut haben, blättern sie in der Zeitschrift einfach weiter. Frauen dagegen wenden bei demselben Versuchsaufbau ihren Blick schnell von unbekleideten Körpern ab. Sie nehmen mehr vom beworbenen Produkt und dem Firmensignet wahr als Männer, aber ob davon viel (Positives) hängen bleibt, darf getrost bezweifelt werden. Frauen mögen nicht einmal ihren eigenen Anblick im Spiegel, wie eine Untersuchung in Fitnessstudios gezeigt hat. Diejenigen, die vor einem Spiegel trainiert hatten, fühlten sich im Anschluss schlechter als die Kontrollgruppe nach einem spiegellosen Work-out. (Demnach wäre es zumindest in reinen Damenstudios besser fürs Geschäft, auf Spiegel zu verzichten.)

Und das ist längst noch nicht alles, denn Frauen haben noch weitere merkwürdige Angewohnheiten: Sie tendieren dazu, sich ständig mit anderen Frauen zu vergleichen. Wenn ihnen in der Werbung ein perfektes, weil zu allem Überfluss auch noch per Computer überarbeitetes Model als Vorbild geboten wird, wissen die meisten Frauen, dass sie gegen eine solche Konkurrenz keine Chance hätten. Deswegen setzen einige Marken wie zum Beispiel Nike und Dove seit geraumer Zeit auf so genannte *»Real Women Campaigns«*. Darin werden im Prinzip durchschnittliche Frauentypen gezeigt, die nur relativ geringfügig idealisiert werden. Macken und Eigenheiten sind erlaubt, solange sie sich im vorgegebenen Rahmen halten. Auf diese Weise bieten sie den Zielpersonen der Werbung genug Angriffsfläche, um die eigenen Schönheitsschwächen zu relativieren. Das Zeigen von unperfekter Haut hilft, das Selbstbewusstsein der Werbeempfängerinnen zu stärken. Das macht die Marken sympathischer.

Frauen vergleichen sich übrigens selbst, weil auch Männer sie an anderen Frauen messen. Attraktivität ist – aus biologischer Sicht einer Frau – ihr kostbarstes Gut. Die optimale Präsentation des eigenen genetischen Materials sichert einen genetisch ebenso hochwertigen Partner. Beide zusammen zeugen hübsche, gesunde und durchsetzungsfähige Kinder, deren Chance zu überleben besonders hoch steht, weil die Eltern gesund sind und sich gut um die Versorgung und den Schutz ihres ohnehin schon robusteren Nachwuchses kümmern können.

Wie sie in ihren eigenen Vergleichen abschneidet, hängt übrigens davon ab, in welcher Phase ihres Zyklus' sich eine Frau gerade befindet. Während des Eisprungs, also während der fruchtbaren Tage, erscheinen ihr andere Frauen unattraktiver und unsympathischer als an allen anderen Tagen des Monats. Übrigens steigt im selben Zeitraum ihre Bereitschaft für einen Seitensprung dramatisch an, was sie mit dem Tragen kürzerer Röcke und höherer Absätze signalisiert. Damit einhergeht ein plötzliches Interesse an »Machos«, das sofort danach wieder verfliegt – bis zum nächsten Eisprung. Die übrige Zeit des Monats sind pflichtbewusste Versorger wieder Trumpf, denn sie werden benötigt, um Kinder großzuziehen. Ein Schelm, wer Böses bei alldem denkt, denn hier ist die Natur am Werk und ganz sicher keine hinterhältige Schlechtigkeit.

Wenn Frauen beim Anblick von Adam vor dem Sündenfall nicht in maßlose Verzückung geraten, wodurch dann? Nun, da gäbe es noch zärtliche Hände, kluge Augen, sinnliche Münder, Schultern zum Anlehnen und einige weitere Körperteile, die Frauen zum Wohlfühlen einladen. Frauen wollen – und das ist keine neue Beobachtung – Liebe. Liebe geht, wie der Hersteller von Viagra, der Pharmakonzern Pfizer, feststellen musste, bei Männern eher unter die Gürtellinie, bei Frauen überwiegend ins Gehirn. Mit dieser Erkenntnis gab das Unternehmen nach acht Jahren Forschung den Versuch auf, Viagra an die weibliche Physiognomie anzupassen.

Es heißt, Frauen wollten Dinge, die ihre Fantasie anregen. Diese weibliche Eigenschaft wissen die Autoren und Verleger von Liebesromanen sehr zu schätzen. Und auch die Erfinder des T-Shirts mit dem Aufdruck »Mrs. Clooney« dürften ein gutes Geschäft machen. Frauen interpretieren das, was sie an einem Mann sehen, kurzerhand in Charaktereigenschaften um. Sie unterstellen dem Objekt ihrer Zuneigung schließlich eine Persönlichkeit, die sie eigentlich nur auf diesen Menschen projizieren. Das erklärt dann auch den großen Erfolg von Boygroups bei den jungen Mädchen sowie der Chippendales und ähnlichen Men-Strip-Shows bei deren Müttern. Was manchmal wie hysterische Begierde aussieht, hat in Wahrheit meistens vielmehr mit dem Wunsch nach einer romantischen Partnerschaft mit einem idealisierten Traummann zu tun. Bekanntlich müssen Männer eine Frau lediglich als ausreichend attraktiv empfinden, während die meisten Frauen schon tiefere Gefühle für einen Mann empfinden müssen, um Sex haben zu können. Die Liebe ist eine Erfindung der Natur, um ein Paar für die Dauer der Nachkommenaufzucht aneinander zu binden.

Die Natur stellt mithilfe all dieser Mechanismen also sicher, dass Frauen einen möglichst gesunden, in der Jagd und im Überleben erfolgreichen

Partner finden, mit dem sie überlebensfähige Kinder zeugen können. Ihr Wunschpartner muss ein liebevoller Vater und Partner sein, weil seine starken Gefühle die einzige Garantie für Frau und Kinder darstellen, gut versorgt zu werden. Männer dagegen suchen eine genetisch mindestens gleichwertige Partnerin, die alle anderen Versorgungsaufgaben rund um den Nachwuchs übernimmt. Beide Partner sind von Natur aus mit unterschiedlichen Fähigkeiten und Talenten ausgestattet, um sich gegenseitig sinnvoll zu ergänzen. Frauen und Männer haben also ganz unterschiedliche Interessen bei der Partnerwahl, beide Sichtweisen vereinen sich jedoch im selben Ziel. Und wenn es vielen Menschen auch nicht gefällt, so sind diese archaischen Kräfte noch heute und für lange Zeit in uns allen aktiv. Die kurze Geschichte unserer modernen Gesellschaft kann der evolutionären Ausprägung unserer Gehirne nur wenig entgegensetzen.

Wie also lautet die Antwort? Sellt Sex oder sellt Sex nicht? Im Prinzip ja, nur meistens eben nicht so, wie die Firmenchefs und ihre Werber denken. Ein flotter Dreier im Bett verkauft keine Margarine. Drei junge Mädels, aufgenommen von ihrer Rückseite, lediglich mit einem knappen Slip und einem Sonnenhut bekleidet, wirken auf Männer zweifellos sehr anziehend, nicht jedoch auf Frauen, die diese Slips doch kaufen sollen. Ein Mann, der mit leichten Unterkleidern bedeckte Schaufensterpuppen im Auto durch die Gegend kutschiert, von denen eine (Schaufensterpuppe!) dann den Rock ein wenig höher zieht und deren Plastikbrüste erigierte Brustwarzen bekommen, ist nicht wirklich zu beneiden, oder? Schließlich weiß er nicht, ob das Ding auf ihn oder sein Auto steht. Und die anderen Kleiderständer hat das alles völlig kalt gelassen. Wenn eine Puppe ihn oder das Auto erregend findet, die anderen zwei oder drei aber nicht ... ist *er* dann cool oder sein Auto oder beide vielleicht doch nicht? Und dann war da noch das Bekleidungskaufhaus. Es bewarb Dessous für Damen damit, dass ein Sektkorken selbstständig aus seiner Flasche sprang, während das knackige, jedoch offensichtlich noch minderjährige Model vor ihrem Freund oder Ehemann (im Anzug) im Wohnzimmer herumstolzierte. Das darf dann getrost als Realsatire oder – von weniger nachsichtigen Gemütern – als bodenlose Geschmacklosigkeit mit pädophilen Tendenzen abgetan werden. Wie man's sieht ...
Ich finde es stets aufs Neue erheiternd, wenn sexistische oder einfach nur

schlechte Werbung von den Zuständigen damit gerechtfertigt wird, dass Frauen an der Entwicklung beteiligt waren oder die Kreation sogar maßgeblich verantworten. Logisch, denke ich dann immer, die Werbeteams sind stets dann auf der sicheren Seite, wenn sie ihren Auftraggebern das verkaufen, was jene erwarten. Das heißt dann Kundenorientierung und sichert den Werbeetat. Die Konsumenten sehen solche Kampagnen mit weniger Begeisterung. In den USA fühlen sich inzwischen 91 Prozent aller Verbraucher völlig unverstanden und von Werbung daher nur noch belästigt. Diese Ablehnung führt aber nicht zur Überprüfung der Werbebotschaften seitens der Unternehmen oder ihrer Agenturen, sondern lediglich zur noch weiteren Erhöhung des Werbedrucks, frei nach Goethe: »Und bist du nicht willig, so brauch ich Gewalt!« Beim Erlkönig hat es funktioniert, aber ob es eine ökonomisch kluge Entscheidung ist, soll jeder und jede selbst entscheiden.

Ja, der Einsatz von Sex kann den Absatz vieler, wenngleich auch nicht aller Warengattungen durchaus ankurbeln, sofern dieser natürliche Motivator auf biologisch korrekte Weise eingesetzt wird. Allerdings muss dabei in Kauf genommen werden, zuweilen gegen die *Social Correctness* zu verstoßen.

Angehörige mancher Gesellschaftsschichten mögen den Gedanken überhaupt nicht, so stark von ihren Trieben kontrolliert zu werden. Aber man muss es ihnen ja nicht immer auf die Nase binden, denn die Natur setzt sich auch dann durch, wenn sie es nicht merken. Die Tarnung mit dem Siegel »Kunst« kann dabei einer der Umwege sein. Das ist dann der Unterschied zwischen dem eingangs erwähnten Pirelli-Kalender und dem D&W-Katalog. Letzterer ist vielleicht einfach nur ehrlicher, weil sich hier männliche Interessen rein und unverfälscht präsentieren.

Autos symbolisieren für Männer nämlich auffallend häufig ihren Status. Deswegen sind Firmenwagen so wichtig, deshalb werden bestimmte Marken in den Chefetagen bevorzugt. Auf der Autobahn sind es die Fahrer großer Modelle von Marken wie BMW und Mercedes, die durch besonders dominantes Verhalten auffallen. Anderseits räumen die Fahrerinnen und Fahrer anderer Autos auch schneller die Spur, wenn ein Wagen ange-

Gender Marketing Consulting
www.bluestone.de
Diana Jaffé

rauscht kommt, der schon von weitem die Wichtigkeit des Fahrers kommuniziert. Menschen reagieren also in allen Lebenslagen unbewusst auf Standesunterschiede.

Die Anzahl der Pferdestärken und der Preis eines Autos stehen stellvertretend für die Macht, den sozialen Status und die Fähigkeiten des Besitzers. Frauen lesen aus solchen Äußerlichkeiten heraus, wie gut ein Mann sie versorgen könnte. Das sollen sie auch. In anderen Kulturen zeugen die Brautgeschenke oder Herdengrößen der Familie von derselben Fähigkeit, eine Familie zu versorgen.

Umgekehrt dienen Abbildungen unbekleideter Frauen dazu, Männern das Aufwertungspotenzial durch Autotuning zu demonstrieren. Sind die Autoschrauber mit ihren fahrbaren Untersätzen innerhalb ihres sozialen Umfelds attraktiv genug, würden ihnen die Frauen schon von selbst nackig an den Hals springen. Bei den zumeist höher gebildeten Gesellschaftsschichten rufen teuer gekaufte Autos denselben Effekt hervor. Das Beste daran ist, dass Frauen auch in Wirklichkeit geneigt sind, die Anziehungskraft eines Mannes in Zusammenhang mit seinem Auto zu bewerten. Männer in Klein- und Mittelklassewagen werden im Stadtverkehr seltener von Frauen angeflirtet als die Fahrer großer Karossen. Ob alles dann tatsächlich zu einer Beziehung führt und diese auch noch hält, hängt dann aber doch noch von einigen weiteren Faktoren ab. Zum Beispiel von der Nase. Aber das ist eine andere Geschichte.

Prof. Dr. Thomas Jendrosch
Welche Motive fördern den Kauf?
Psychologische Aspekte einer kundenzentrierten Kommunikation

Kunden kaufen. Aber warum? Erklärungen finden sich in äußeren Reizen wie inneren Antrieben. Kaum ein Werbeplakat verzichtet daher auf die Abbildung schöner Menschen. Manche Poster mit populären Supermodels werden dadurch so reizvoll, dass sie schneller von der Litfaßsäule geklaut werden, als sie geklebt werden können. Verbotenes verlockt und Verruchtes verführt. Auch bei Musik. Sie wollen eine CD vermarkten? Dann drucken Sie Warnungen aufs Cover: *»Explicit Content«*, und der Absatz ist garantiert.

Weitere Beispiele finden sich zuhauf. Sie belegen die Macht von Motiven, Bildern und Gedanken, offenen wie verdeckten. Aber über die Hintergründe und Wirkmechanismen bei den Verbrauchern wird gleichwohl heftig diskutiert. Denn so simpel wie die Beispiele suggerieren, funktioniert es in der Marketingpraxis nicht immer. Worauf kommt es bei der Kundenansprache also an? Und welche Methoden wirken wirklich?

Schlüsselreize wirken immer!
Prägnante Bildmotive sprechen das »Augentier« in uns an. *»Key-Visuals«* fungieren automatisch als Eyecatcher. Neues, Überraschendes und auch Erotisches sorgt daher für Schnellerkennung und Spontanbewertung. Wir müssen einfach hinschauen, denn die Evolution hat uns Menschen so programmiert. Schlüsselreize wirken immer und überall. Sie lösen angebore-

ne Auslösemechanismen aus (AAM), die schon der Nobelpreisträger Konrad Lorenz beschrieb. Hingucken ist solch ein programmierter Effekt, Gaffen leider auch. Zumindest für das Marketing ist der Vorteil klar: Verbraucher folgen ihrer biologischen Natur, ob sie wollen oder nicht.

Als Schlüsselreiz wirken etwa Augen, Mund, Busen und Po. Das ist nicht neu. Praktisch aber ist, dass sich all diese Reize in ihrer Wirkung verstärken oder mildern lassen. Bildbearbeitungssoftware wie Photoshop & Co. ist in Agenturen Standard. Nur durch Manipulationen werden Anzeigen überhaupt zu Attrappen, mit denen die Wahrnehmung der Verbraucher gelenkt wird. Zähne werden weißer, Augen funkelnder, Pupillen größer und Hüften voluminöser. Auf die Details kommt es dabei an, bei denen aus Sicht der Betrachter auch etwas übertrieben werden darf. Reizverstärkung leicht gemacht, das funktioniert auch mit Kleidung: High-Heels und Tight-Jeans sorgen für Sexappeal bei Frauen. Der Zusammenhang von Rocklänge und Trinkgeldhöhe gilt als bekannt. Durch Kantigkeit und Waschbrettbauch werden aber auch Männer zum Hingucker. Die Reliefstruktur von Brust- und Bauchmuskeln bekommt gern Aufmerksamkeit geschenkt. Nicht nur die Coke-Werbung weiß, welche Reizkombination bei Konsument(inn)en Wirkung zeigt.

Mit Schlüsselreizen hat auch RTL den Sender auf Erfolg getrimmt. Erst kamen die Hingucker (Tutti-Frutti), dann die Einschaltquoten. Heute ist das eher peinlich, aber der Erfolg spricht für sich. Und für die Zuschauer? Die äußern sich meistens nicht. Dennoch sind Analysen bei ihnen möglich. Entweder über die Quote oder über physiologische Reaktionen. Zumindest der Körper von Konsumenten kann nicht lügen, wenn er mit Bildmotiven konfrontiert wird. Wirkindikatoren wie Aktivierung lassen sich mit Polygraphen und Blickaufzeichnungsgeräten messen. Neuerdings legt man Verbraucher schon mal in die Röhre, um am Tomographen zu erkennen, wo Marketingreize wie im Gehirn wirken. Aktivierung gilt als physiologischer Prozess, der wach macht und die Wahrnehmung schärft: ein erster, wichtiger Schritt in Richtung planbarer Umsatz.

Aber Verbraucher können auch überreizt werden. Das durfte nicht nur der Melitta-Mann erleben: Irgendwann ist es genug. Penetranz kann zu Abwehrhaltungen führen, die als Reaktanz im Marketing gefürchtet ist. Werbliche Aufmerksamkeit und gefühlte Zustimmung müssen im Einklang stehen, dann klappt es auch mit dem Verbraucher. Plumpe Werbung mit drastischen Reizen, die aufdringlich, anheischend, marktschreierisch oder gar »sozialethisch desorientierend« ist, verfehlt dagegen ihr Ziel. Schockwerbung und Guerillamarketing sollten gut überlegt sein. Durch Übertreibung wird so manches Marketingkonzept zur Karikatur. Ästhetik und soziale Konformität gehören zusammen, weil alle Wahrnehmungen der Verbraucher auch von Gefühlen begleitet werden. Dies geschieht spontan und meist unbewusst, aufgrund erlernter oder biologischer Muster. Konformität bedeutet, Gewohntes zu achten. Bei Verstößen gegen Sitte und Moral reagieren Verbraucher allergisch, aber auch der Werberat und selbst die Bundesprüfstelle für jugendgefährdende Medien. Freilich können sich auch Normen ändern, nicht zuletzt durch die Werbung selbst. Sprüche wie »Geiz ist geil« sind mittlerweile Allgemeingut, jedoch längst nicht bei jedermann beliebt. Zwischen Duldung und Akzeptanz liegen Welten.

Vorsicht gebührt auch den Kanibalismuseffekten. Ist nämlich das Bild besser als das beworbene Produkt, so steigt die Gefahr, dass die falsche Botschaft hängen bleibt. »Bilder sind Schüsse ins Gehirn«, formulierte der bekannte Konsumentenforscher Kroeber-Riel einmal treffend. Aber das Produkt sollte im Kugelhagel durchaus überleben. Erinnert wird sonst nur noch das Werbemotiv, nicht aber das Produkt. Motive und Produkte müssen deshalb auch kognitiv, das heißt möglichst sinnhaft gekoppelt sein, damit das Werbeziel erreicht wird.

Die Welt wird komplexer, auch durch die Werbung. Reizüberflutung wird für Verbraucher immer mehr zum Problem. Menschen stumpfen ab, wenn ihnen mehr Bilder geboten werden als sie überhaupt verarbeiten können. Im Konkurrenzkampf der Reize ist ein erhöhter Werbedruck nötig, um beim Verbraucher überhaupt noch anzukommen. Nur der Stärkste überlebt. Eine von hundert Informationen dringt letztlich durch. Will man den Kampf um den Kunden gewinnen, so muss sich die Stärke des Marketing auch in der Qualität der Werbung zeigen. So ist intelligente Erotik heute in der Regel okay, prollige Peinlichkeit dagegen zunehmend ein K.-O.-Faktor.

Sehnsüchte schaffen Verlangen!

Sehnsüchte, Träume und Begierden steuern das Verhalten von Konsumenten. Die Traumfabrik Hollywood produziert solche Produkte am medialen Fließband. Der Konsument verlangt danach. Inhaltlich geht es dabei weniger um die Selbstverwirklichungsmotive aufgeklärter Verbraucher als vielmehr um die niederen Instinkte breiter Massen. Nicht hilfreich edel und gut will der Mensch sein, sondern schön, reich und mächtig. Der schnelle Weg zum Glück: Deutschland sucht den Superstar.

Schönheit ist hier ein Mittel zum Zweck, denn sie erhöht die sexuelle Attraktivität. Das steigert auch den persönlichen Selbst- und Marktwert, was wiederum Wettbewerbsvorteile schafft, etwa auf dem Arbeits- oder Heiratsmarkt. Das Leben wird leichter und damit lustvoller, zumindest in der Fantasie des Durchschnittsmenschen. Nicht Maslows Bedürfnispyramide bestimmt daher das Marketing, sondern Freuds Hedonismus. Von ihm stammt die Erkenntnis, dass Menschen nach Lust streben, die Unlust dagegen meiden. Lust ist letztlich unerschöpflich. Sie baut sich wieder auf, sobald sie gesunken ist. So sorgt ein einfaches Lebensgefühl automatisch und wiederkehrend für komplexen Bedarf. Soweit die Theorie. Das Problem dabei ist, dass jeder Verbraucher seinen Bedarf nuanciert anders definiert. So sind die Geschmäcker verschieden und dennoch alle Verbraucher gleich.

Das Verlangen nach Attraktivität beeinflusst weite Konsumbereiche. Häufig wird etwa ein zunehmender Jugendwahn in der Gesellschaft diskutiert. Nicht die Werbung erzeugt dabei den Wunsch nach Jugendlichkeit, sondern die Menschen streben immer schon danach. Klassische Bildmotive wie der Jungbrunnen spiegeln lediglich die tiefen Sehnsüchte der Menschheit. Weitere Sehnsüchte hat der Freud-Schüler Jung aufgelistet; sie bestimmen als Archetypen das menschliche Verhalten und wirken wie psychische Schlüsselreize. Auch im Marketing sollten sich daher die benutzten Werbebilder mit den inneren Vorstellungen der Verbraucher decken. Dies darf durchaus wenig mit der Realität zu tun haben. So empfiehlt es sich sogar, Verbraucher nicht mit Werbemodels im gleichen Alter zu konfrontieren. Im Gegenteil sollten die Werbevorbilder etwa zehn Jahre jünger sein. Das schmeichelt dem Verbraucher-Ego. Gerade vor dem Hintergrund einer alternden Gesellschaft ist die Orientierung am gefühlten Alter zunehmend wichtig. Viele Menschen weigern sich, älter zu werden, auch wenn dies kindisch scheint. Solchen Wunschvorstellungen sollte das Marketing nachkommen, nicht aber der – für viele Konsumenten traurigen – Lebensrealität. Wer dies nicht glauben will, der könnte sich zum Beispiel die Zuschauerstruktur von ARD-Vorabendserien wie »Verbotene Liebe« ansehen: Die Jugendserie hat gerade unter Senioren besonders viele Fans.

Das Grundproblem menschlicher Motive ist freilich, dass man sie von außen nicht direkt erkennen kann. Der Blick reicht bekanntlich nur bis vor die Stirn. In der Praxis behilft man sich daher mit Erfahrungswerten oder plausiblen Modellen wie denen von Maslow & Co. Und selbst hier bleibt mehr Spekulation als Gewissheit. Auch die, die es wissen sollten, was hinter ihrer Stirn vor sich geht, sind keine echte Hilfe. Verbraucher sind sich häufig selbst nicht im Klaren, was sie eigentlich wollen. Viele Verkäufer können ein Lied davon singen. Manche Menschen wollen aber auch nicht sagen, was sie zum Kauf bewegt oder was sie sich wünschen, weil die Antworten höchst privater Natur sind. Nötigt man Käufer daher zu Aussagen, so wird geflunkert, dass sich die Balken biegen. Die Erfahrung mit Konsumtagebüchern zeigt etwa, dass ein Großteil der Eintragungen nur den Zweck hat, sich ins rechte Licht zu rücken oder die Marktforscher zu erfreuen.

Nützlicher sind daher diskrete Beobachtungen am *»Place of Event«*. Denn die meisten Menschen zeigen ein öffentliches und ein privates Verhalten. Wer etwa fragt, wozu Computerbesitzer das Internet nutzen, erhält andere Antworten als bei der Beobachtung des tatsächlichen Datenstroms. Einige Suchmaschinen bieten eine »Voyeurfunktion«, die diese Beobachtung erlaubt. Die Statistik der häufigst eingegebenen Begriffe hat in der Regel wenig mit den Selbstauskünften der User gemein. Aus Jugendschutzgründen wird die Liste hier nicht abgedruckt. Auch die Videoangebote und der entsprechende Konsum in anonymen Hotelzimmern spricht eine eigene, nämlich deutliche Sprache. Illusionen über die Konsumentenpsyche kann man sich in diesem Kontext getrost sparen.

Weil ein Outing von Verbrauchern über »echte«, »wahre« oder »verborgene« Motive kaum zu erreichen ist, bleibt diese Aufgabe psychologische Feinarbeit für geschulte Konsumentenforscher. Manchmal stößt man dabei auf menschliche Abgründe, wie die Zuschaueranalyse der früheren Mini-Play-Back-Show im Fernsehen zeigte. Die Andeutung mag hier reichen. Häufiger finden sich aber die Motive bestätigt, auf die schon Freud hingewiesen hat: Lust und Scham.

Was sollten Anbieter also tun, wenn sie die Motive von Konsumenten kennen und nutzen wollen?

Zum einen sollte man Fakten sammeln. Und zwar solche, die einen Bezug zum Konsumenten haben. Neben typischen Befragungen kann man daher Kundenbeobachtungen vor Ort sowie systematische Gruppen- und Tiefeninterviews durchführen. Auch Fokus-Gruppen haben sich hier bewährt. Nur so erlangt man letztlich eine gewisse Vorstellung von den unbekannten Wünschen und Vorstellungen seine Kunden.

Die Einsicht in die Verbraucherwünsche lässt sich dann auch praktisch umsetzen. Gerade die Erfüllung verborgener Wünsche verspricht Erfolg. Kundenzentrierung greift dabei tiefer als eine schnelle Wunscherfüllung. So wurde in einem amerikanischen Supermarkt mit dem Sortiment der dort angebotenen Zeitschriften experimentiert. Normalerweise sind die Zeitschriften dabei nach Zielgruppen beziehungsweise Themen sortiert. Nun hob man diese gewohnte Sortierung auf und sortierte etwa typische Männermagazine (Playboy usw.) bei den Frauenzeitschriften ein. Im Ergebnis zeigte sich ein überraschender Mehrumsatz dieser Zeitschriften, weil damit die Stigmatisierung aufgehoben wurde, die mit der früheren Zuordnung offenbar verbunden war. Gesagt hätten das nur wenige, gewünscht offenbar viele.

Insgesamt stellen moralische Entlastungen daher eine Verkaufshilfe dar, wenn es um verdeckte Konsummotive geht. Dies kann mithilfe von Ironie und Humor in der Werbung ebenso gelingen, wie mit einem geschickten Motivmix. Fotomagazine unterscheiden sich beispielsweise inhaltlich kaum von Männermagazinen, lassen sich aber leicht als »Weiterbildungslektüre für Fotografen« deklarieren. Das gleiche Prinzip nutzt die Zeit-

Prof. Dr. Thomas Jendrosch
Wirtschaftspsychologische
Beratung
www.jendrosch.de

schrift *Sports Illustrated* in den USA mit großem Erfolg, wenn etwa alljährlich die begehrte »Bademodenausgabe« verkauft wird. Auch ein Blick in Musiksender wie MTV illustriert das Prinzip der Tarnung. Hip-Hop-Videos nähern sich in ihrer Machart immer mehr der von Pornofilmen an. Rechtfertigen lassen sich öffentliches Angebot und privater Konsum nur noch mit dem Hinweis darauf, dass dies auch Musik sei.

Ein letzter Tipp: Manchmal hört man auch den Rat, weniger sei mehr. Das stimmt tatsächlich, denn Andeutungen reichen als Reiz meist aus. Die Fantasie der Verbraucher erledigt den Rest. Und für die geheimen Fantasien ihrer Kunden können die Unternehmen noch nicht einmal haftbar gemacht werden.

Michaela Kern
Frauen überzeugen anders – Männer auch

Als Trainerin und Coach von Führungskräften habe ich mich zum Thema Überzeugungskraft in der Kommunikation immer wieder gefragt: Gelten für Mann und Frau in der Businesswelt verschiedene Spielregeln, wenn es darum geht, überzeugend und motivierend in Führungssituationen aufzutreten? Wenn eine Frau vor Männern ein Projekt präsentiert – und das kommt sehr oft vor – sollte sie sich dann anders verhalten, reden oder argumentieren als ein Mann, der vor vielen Frauen spricht – was seltener der Fall ist?

Oder sind hier die Unterschiede zwischen den Geschlechtern wenig relevant? Die Antwort lautet nein. Denn die Tatsachen sprechen dagegen. Es gibt zahlreiche Beweise dafür, dass die beiden Geschlechter unterschiedlich programmiert sind und im Rahmen der Evolution mit deutlich unterschiedlichen angeborenen Fähigkeiten und Interessen ausgestattet wurden. Sie haben sich unterschiedlich entwickelt, weil die Art »Mensch« sonst nicht überlebt hätte: Hier die Jagd und der Kampf, dort Behüten, Bewahren, Ernähren. Die Folge: unterschiedliche Entwicklung von Körper und Gehirn. Und das bedeutet, dass wir nach Jahrmillionen geschlechterspezifische Gehirnstrukturen haben, Informationen nach wie vor unterschiedlich verarbeiten und unterschiedliche Wahrnehmungen und Prioritäten haben.

Kein Zweifel: In der heutigen Arbeitswelt haben sich beide Geschlechter angepasst und auch ihre Verhaltensweisen verändert und einander angenähert – was aber nicht heißt, dass geschlechterspezifisches Verhalten völlig zu ignorieren ist. Im Gegenteil: Es ist ein Vorteil, darüber Bescheid zu wissen und damit auf das andere Geschlecht eingehen zu können.

Der richtige Einstiegscocktail – für »sie« und für »ihn«

Welcher Mann und welche Frau hat bei Geschäftspräsentationen nicht schon einmal neben dem Inhalt des Vortrags auch dem Vortragenden selbst Aufmerksamkeit geschenkt und gedacht: Gefällt er – oder sie – mir? Wirkt er – sie – anziehend? Würde er – sie – mich über die Präsentation hinaus interessieren? Das beschäftigt uns als Zuhörer in Gedanken anfangs oft mehr als die Inhalte. Denn die Wirkung – und nicht der Inhalt – entscheidet – zumindest für die ersten Sekunden.

Die Mischung, die bei beiden Geschlechtern aus meiner Erfahrung heraus gut ankommt, ist ein selbstbewusster und entgegenkommender Auftrittsstil (auch wenn man sich nicht immer so fühlt!). Und davon fällt den Männern Ersteres und den Frauen Letzteres leichter. Nun bestimmt zwar die innere Haltung und das Bild, das wir von uns selbst haben, unsere Richtung, wir können dies aber auch gezielt beeinflussen: Wenn sich also zum Beispiel eine Frau entschließt, dass Selbstbewusstsein durchaus mit der eigenen Weiblichkeit vereinbar ist, tritt sie auch entsprechend sicher auf. Sie nimmt sich mehr Platz im Raum, traut sich größere Gestik, eine kraftvolle Stimme und einen sicheren Blick in die Augen ihrer Zuhörer zu. Und Männer gewinnen an Überzeugungskraft, wenn sie durch offene Gesten und freundlichere Mimik einen Blick in ihre Seele zulassen und zeigen, dass sie auch emotional (und nicht nur sachlich) engagiert sind. Aber Achtung! In geschäftlichen Präsentationen – und nicht nur dort – werden hie und da Dinge gesagt, von denen der Sprecher selbst nicht ganz überzeugt ist. Wenn Sie etwas verbergen wollen, wird dies von Frauen rascher entdeckt. Denn Frauen setzen Körpersprache und Worte rascher als Männer in Beziehung zu einander – sie dekodieren die verbalen und nonverbalen Signale schneller, analysieren das Ganze und erkennen mit einem »Da stimmt etwas nicht« sofort, was wirklich läuft.

Klarheit überzeugt –
aber was ist für Frau oder Mann klar gesagt?

Wer klar kommuniziert, führt besser – das ist nicht Neues. Deutliche Gliederung und klare Struktur – das steht bei vielen Männern auf der Wunschliste für einen Gesprächs- oder Präsentationsverlauf ganz oben. Das entspricht ihrem Wunsch nach Logik. Einer Frau hingegen fällt es viel leichter, im Rahmen eines Gesprächs zwischen mehreren Themen hin und her zu wechseln und das trotzdem als sinnvolle Struktur zu verstehen. Das erst verschafft ihr das Gefühl, auf allen Ebenen eine Sache überlegt und damit genau besprochen zu haben und dann den für sie »logischen« Schluss daraus zu ziehen. Hingegen haben Männer nach den bisherigen Forschungen mit häufigem Themenwechsel im Rahmen eines Gesprächs Probleme, fühlen sich nicht informiert, sondern verwirrt und letztlich nicht überzeugt.

Worauf kommt es also an? In jedem Fall schadet es nicht, am Anfang klar den Anlass, das Thema und Ziel zu nennen. Wer auch noch den Zeitrahmen nennt, gibt zusätzliche Sicherheit – vor allem für »ihn«. Bevor Sie in *medias res* gehen, unterstreicht die Rückfrage, ob Ihr Gegenüber mit dieser Vorgangsweise und der Agenda einverstanden ist, Wertschätzung und Beziehungsorientierung. Dies signalisiert dazu Offenheit und Flexibilität – das kommt vor allem bei »ihr« gut an. Damit es auch ein Ergebnis gibt: Bleiben Sie konsequent beim Thema und bei dem Punkt, der gerade diskutiert wird (das überzeugt »ihn«). Oder gehen Sie interessiert mit auf gedankliche »Ausflüge« und kehren danach immer wieder zum Thema zurück, bis ein Resultat vorliegt (das überzeugt »sie«).

(Ver)Führungskunst –
was »er« braucht und worauf »sie« abfährt

Überzeugend ist nur, was für den anderen wichtig ist, ihn also zu anderen Standpunkten (ver)führt. Aber was ist wichtig für das jeweils andere Geschlecht? Ihre wertvollen Argumente werden nur gehört, wenn sie das Interesse und die persönlichen Werte des Gegenübers ansprechen. Wie motivieren Sie also die Geschlechter in Ihrem Gespräch? Wie mobilisieren Sie ihre Bereitschaft, Ihnen zuzuhören, wie gewinnen Sie sie für Ihre Idee? Frauen legen mehr Wert auf Beziehungen zwischen Menschen – Ihre

Michaela Kern
Kernkompetenz Executive
Training
www.kernkompetenz.at

Argumente sollten daher auch die Perspektive von Teamarbeit, Nutzen für die einzelnen Beteiligten, Worte wie Sicherheit und Vertrauen enthalten. Das können Sie auch in Ihrer Wortwahl mit emotional besetzten Ausdrücken wie beispielsweise »ausgleichen«, »bewegen«, »flexibel« oder »verlässlich« verstärken.

Männer demonstrieren in Gesprächen und Präsentationen vorzugsweise ihre Führungsstärke und ihren Wettkampfgeist – und hören gerne in Ihren Argumenten die Perspektiven von Sachlichkeit, Sieg, Resultat, Macht und Status. Entsprechend häufig benützen Sie Worte wie »schlagkräftig«, »nützlich«, »durchsetzungsstark« oder »Problemlösung« und »Kampfgeist«.

Achtung Falle:
Wie Sie das andere Geschlecht sicher nerven

Nicht nur zu Hause, auch im Business gibt es absolute Beziehungsförderer und Gesprächskiller. Beide Geschlechter sind (oft unbewusst) Meister in der Kunst, das andere Geschlecht bis zur Aufgabe des eigenen Standpunktes zu nerven und so statt Überzeugung Resignation oder Frust zu schaffen. Besonders beliebt bei »ihm«, um »sie« zu nerven: endlose, vielleicht auch noch begeistert geschilderte, technische Ausführungen, väterliches Verhalten und entsprechend mitfühlende, nette ungeschäftliche Wortwahl, Imponiergehabe durch laute kraftvolle Stimme oder Präsentation von Lösungen, auch wenn es gar kein Problem gibt. Besonders »beliebt« bei Frauen ist es, wenn Männer sexistische Witze machen – damit ist »er« in jedem Fall daneben.

Aber auch »er« kann von »ihr« perfekt frustriert werden: Unklare, mit Gefühlen gespickte Äußerungen, endlose assoziative Ausflüge in Gedanken und Ideen, die noch nicht zu Ende gedacht wurden, viele Worte wie »nur«, »eigentlich«, »wenig«, die ihren Standpunkt nicht klar erkennen lassen und ein äußerlich auffälliges Erscheinungsbild hinsichtlich Kleidung, Schmuck oder Frisur, das »ihn« im Geschäft völlig irritiert oder gar auf ganz andere Ideen bringt.

Susanne Kleinhenz
Erotischer Perspektivenwechsel

Mit der Flirtformel zum Erfolg: Warum flirten immer Manipulation, aber Manipulation nicht immer Flirt ist

Was genau Flirten und Verführung ist, erfahren Sie, wenn Sie sich den Film »Don Juan de Marco« mit Johnny Depp und Marlon Brando ansehen. Hier wird in den ersten zehn Minuten in überzeugender Art und Weise gezeigt, was es bedeutet zu verführen und wie die einzelnen Schritte, die dem wahren Verführer Erfolg verschaffen, Schritt für Schritt nachzuvollziehen und umsetzbar sind.

Johnny Depp legt sich eine Augenmaske und einen Umhang an und schreitet langsam durch die Straßen von Manhattan zu einem Hotel. Seine Stimme begleitet uns in die Nacht hinein und verrät uns mit elegantem Akzent seine Erfolgsglaubenssätze: »*Mein Name ist Don Juan de Marco. Ich bin der Sohn des großen Fechters Antonio Garribalde de Marco, der auf tragische Weise ums Leben kam, als er die Ehre meiner Mutter verteidigte, der schönen Donna Inez Santiago San Martine. Ich bin der größte Liebhaber der Welt. Ich habe mehr als 1.000 Frauen geliebt. Letzten Dienstag wurde ich 21. Keine Frau verließ unbefriedigt meine Arme. Nur eine hat mich je abgewiesen – und wie das Schicksal so spielt, ist sie die Einzige, die mir etwas bedeutet. Aus diesem Grunde habe ich nun mit 21 beschlossen, meinem Leben ein Ende zu setzen. Aber zuerst eine letzte Eroberung.*«

Mit diesem Vorsatz geht er in das Restaurant eines Hotels, sucht sich eine unterkühlte wartende Frau aus, deren Freund sich einmal mehr im Laufe ihrer gemeinsamen Zeit verspätet …

Er tritt zu ihr an den Tisch und fragt sie, ob er ihr Gesellschaft leisten darf. Auf ihren Einwand, sie warte auf ihren Freund, erwidert er schlicht und freundlich mit einer betörenden Absichtslosigkeit in seinem Ausdruck: *»Ich will nicht verweilen«*, was vermutlich der einzig wirklich ehrliche Satz in dem folgenden Dialog sein wird, und nimmt Platz. Er stellt sich ihr vor mit den Worten: *»Ich bin Don Juan.«* Sie nimmt ihn zunächst nicht ernst und macht sich über ihn lustig, indem sie schnippisch zurückgibt: *»… und natürlich verführen Sie Frauen …«*

Darauf schließt sich ein Dialog an, den jeder Mann, der Frauen verführen, oder jeder Verkäufer, der Kunden gewinnen möchte, auswendig können sollte. Er erwidert: *»Ich würde niemals einer Frau mein Verlangen aufzwingen. Ich bereite Ihnen Vergnügen, wenn Sie den Wunsch danach hegen … Es ist das überwältigendste Vergnügen, dass Sie jemals verspüren werden.«*

An dieser Stelle ist sie bereits nicht mehr in ihren abwehrenden Gedanken, sondern mit ihrer gesamten Aufmerksamkeit bei ihm und hängt an seinen Worten, was er bemerkt und fortfährt: *»Sehen Sie, es gibt Frauen, deren Finger sind ebenso feinfühlig wie ihre Beine, die Fingerspitzen sind ebenso empfindsam wie die Füße und berührt man ihre Knöchel, so ist es als umfasse man mit den Händen ihre Knie …«*, und so arbeitet er sich weiter vom Erlaubten zum Unerlaubten, von ihren Händen zum Rest ihres Körpers und gelangt so ganz mühelos mit ihr in das Himmelbett eines Hotelzimmers, und auch hier lässt uns die Stimme im Hintergrund wissen, wie es ihm gelingt, sie zu verführen: *»Jede Frau ist ein Geheimnis, das nach Entdeckung drängt. Aber ihrem wahren Liebhaber verheimlicht sie nichts. Die Beschaffenheit ihrer Haut kann uns verraten, was sie sucht …«*

Seinen Höhepunkt findet diese Verführung in seiner Metapher: *»Ich wüsste gerne, ob die Stradivari die gleiche Verzückung empfindet, wie der Geiger, wenn er ihrem Herzen diesen einen vollendeten Ton entlockt …«*

Wer diesen Film mit offenen Augen und Herzen gesehen hat, weiß danach, was Verführung bedeutet und was das Geheimnis großer Verführer ist. Es ist die Mischung aus dieser unendlichen Romantik und der Suche nach dem Unerreichten, verbunden mit einer grenzenlosen Wertschätzung für diese eine Frau, die ihm das Schicksal da gerade gegenüber gesetzt hat. Er versprüht diese Aura, jede ihrer Sehnsüchte zu sehen, wertzuschätzen und sie so, wie sie ist, als wunderschöne Frau wahrzunehmen. Jegliches Abschätzende, Manipulierende und Schmutzige ist ihm so fremd, als gäbe es das in seiner Welt gar nicht. Nach der Verführung geleitet er sie zurück zu ihrem Tisch, bedankt sich galant und entschwindet in die Nacht, um sich das Leben zu nehmen – einer anderen wegen. Soweit zur Wahrhaftigkeit und Illusion.

Sie sitzt Abend für Abend am selben Tisch in dem Restaurant, in der irrsinnigen Hoffnung, er käme noch einmal zurück.

Untersuchen wir nun einmal, was genau er tut!

Er flirtet mit seiner ganzen Person. Er sagt das eine und tut dann das andere. Er lügt niemals, lässt aber alle uncharmanten Wahrheiten weg. Er sagt ihr, er werde nicht verweilen, und nimmt dabei Platz. Er sagt, er würde niemals sein Verlangen einer Frau aufzwingen, und bringt sie dazu, ihn darum anzuflehen, genau dies zu tun. Er erfasst in kürzester Zeit, was ihr tiefstes Verlangen und ihre verborgenste Sehnsucht ist, und lässt sie ganz zart spüren, eben diese zu befriedigen. Das genau ist Verführung. Er verschleiert durch seine Maske und seine Sprache sein eigenes Begehren, romantisiert und verklärt sich in ihren Augen so, dass jede noch so unnahbare Frau ihn sich als Erlöser ihrer eigenen Unerreichbarkeit wünscht.

Sein Erfolg sind seine Wertschätzung und sein Instinkt für die individuellen Sehnsüchte der Menschen. In einer anderen Szene sagt er:»*Wenn ich sage, dass alle meine Frauen durch ihre Schönheit blenden, widersprechen Sie. So hat die eine vielleicht eine zu große Nase, die Hüften einer anderen sind vielleicht zu breit, möglicherweise hat eine andere wiederum zu kleine Brüste. Aber ich sehe diese Frauen so, wie sie wirklich sind: glanzvoll, strahlend, überwältigend und vollkommen. Und zwar, weil ich mich durch meine Augen nicht einschränken lasse.*«

Das ist sein wirkliches Erfolgsrezept. Er sieht das Schöne und begrenzt sich nicht durch die Sicht auf die Realität. Seine Fantasie und Vorstellungsgabe sind so viel größer als sein realistischer Blick. Er lebt eine unendliche Wertschätzung und Liebe für sich, seine Eltern und für alle, die ihm begegnen. Er gibt seiner Auserwählten nicht nur das Gefühl, etwas ganz Besonderes zu sein, weil er ein bestimmtes Ziel damit verfolgt, sondern er fühlt es in diesem Moment ganz und gar und er ist dieses Gefühl mit jeder Faser seines Körpers.

Szenenwechsel in die Realität: Wie versucht der »neuromantische« Mann, seine Eroberung mit nach Hause zu nehmen und dabei die Zahl seiner Schuldgefühle zu minimieren? Vielleicht sagt er zu ihr: »*Du gefällst mir, ich möchte diese Nacht mit dir verbringen, vielleicht auch noch die eine oder andere Nacht; danach werde ich mich – je nachdem, wie abwechslungsreich du bist – früher oder später gelangweilt fühlen und weitere deiner Geschlechtsgenossinnen jagen.*« Wie ehrlich und manipulationsfrei dies auch sein mag, so wenig inspirierend ist es doch. Kein Mensch will die perspektivische Wahrheit eines Flirts in diesem Augenblick wirklich hören. Obwohl in unserem »*Sex and the City*«-Singlezeitalter der sexlustigen, aber bindungsunfähigen Genussgesellschaft nahezu alle wissen, dass es bei fast jeder Romanze um eine eher kurzfristige Lustbefriedigung geht, als um die Liebe eines ganzen Lebens, sehnen und erwarten wir die romantische Verklärung. Männer und Frauen wollen die Illusion, einzigartig zu sein, den Zauber der Verzückung in den Worten und Augen des anderen. Und so wird, Gott sei Dank, auch im 21. Jahrhundert noch geflirtet. Ein schöner Flirt ist wie ein wunderbares Buch, das in vielen Farben und Schattierungen Platz für alles lässt – nur nicht für die Wirklichkeit.

Wie wird nun ein Verkäufer zum Verführer?

Wie viel Wahrheit und romantisch erotische Verklärung tut einem Verkaufsgespräch gut und wie lassen sich diese Verführungskünste in Verkaufsgespräche integrieren? Wäre es angenehm, im Flirt von einem Verkäufer erobert zu werden beziehungsweise einen Kunden zu erobern?

Besonders beeindruckend für den Verkaufsflirt ist die Idee, seinem Gegenüber niemals das eigene Verlangen aufzuzwingen, ihn aber dann dazu zu bringen, dass er genau das letztendlich von einem fordert. Wäre das nicht die Vollendung von wunderbarster und erfüllender Manipulation für beide Seiten? – Natürlich immer in der besten Absicht.

Der erfolgreiche Flirt-Verkäufer hat den Archetypus des Don Juan in seinen tiefsten Überzeugungen verankert. So, wie Don Juan de Marco weiß, dass er der größte Verführer aller Zeiten ist, muss der wahrhafte Liebhaber, Verführer und Verkäufer genau das von sich glauben, ohne Einschränkung und ohne Wenn und Aber.

Um Ihnen dafür eine kleine Hilfe zu geben, habe ich hier eine Formel zur Bemessung Ihres Flirtfaktors. Sie lautet: Je geringer die nackte Wahrheit im Vergleich zum Romantikfaktor ausfällt, desto höher der Flirtfaktor:

(R x pS x V) - Wa = F
(Romantik x projizierte Sehnsucht x Verklärung) - nackte Wahrheit = Flirtfaktor

Bewerten Sie jede der folgenden drei Fähigkeiten mit 1 bis 10 Punkten und multiplizieren Sie die drei Zahlen anschließend miteinander. Hierbei meint Romantik die Fähigkeit, Gefühle zu erleben und ausdrücken zu können. Projizierte Sehnsucht meint die Fähigkeit, zu erkennen, was Ihr Gegenüber wünscht und ersehnt, und Verklärung meint die Fähigkeit, Ihre tatsächlichen Wünsche in Hinblick auf die Wünsche Ihres Gegenübers zu verklären und sich selbst zurückzunehmen.

Ihre maximale Punktzahl ist damit also 10 x 10 x 10 = 1.000.

Legen Sie nun einen Wert für die »nackte Wahrheit« fest, indem Sie Ihren Drang, dem anderen die Wahrheit ungeschminkt ins Gesicht sagen zu wollen, mit Punkten von 1 bis 1.000 bewerten und schließlich von dem Romantikfaktor abziehen. Ist Ihr Flirtfaktor negativ oder im geringen positiven Bereich, sollten Sie über die Art und Weise Ihres Verkaufs- und Flirtgeschickes nachdenken. Ist er über 800, sind Sie schon gut als Verführer und Flirt-Verkäufer unterwegs. Bei einem Wert von 1.000 brauchen Sie für Ihren Charme und Ihre Verführungskunst vermutlich einen Waffenschein.

Hier nun noch zwei Beispiele von Verkäuferinnen eines beliebigen Produktes:

Beispiel 1:
Verkäuferin »A« hat den Glaubenssatz: »*Ich bin kompetent und habe es nicht nötig, meinen Kunden auf einer persönlichen Ebene zu begegnen.*«
Prüfen wir den Flirterfolg nach der Formel: (**R**omantik **x** projizierte **S**ehnsucht **x** Verklärung) - **W**ahrheit = Flirtfaktor, kommt Folgendes heraus (1 x 1 x 1) - 1000 = -999

Beispiel 2:
Verkäuferin »B« denkt über sich selbst: »*Ich bin kompetent in meinem Job und ich liebe es, mit Menschen zu sprechen. Ich möchte herausfinden, wie sie sind, was sie fühlen und wie sie denken. Jeder Mensch hat seinen ganz individuellen Charme und es macht mir Spaß, genau diese liebenswerte Seite in jedem zu finden.*«
Sie schneidet wesentlich besser ab als Verkäuferin A – im Flirtfaktortest, im Verkaufserfolg und vermutlich auch im Erreichen ihrer persönlichen Wünsche.
Sie wird sich auf ihre Kunden mit offenen Augen, hochgezogenen Brauen, sanfter Stimme und subtil erotischer Ausstrahlung zu bewegen und sie mit einer Aura einfangen, die ihnen das Gefühl gibt, etwas ganz Besonderes zu sein.

Bei welcher Verkäuferin würden Sie lieber kaufen?
Auf der bewussten Ebene wird der intelligente Mensch natürlich immer erwidern, dass er nur das Produkt kauft, das wirtschaftlicher, fortschrittlicher oder einen sonstigen rationalen Vorteil aufweisen kann. Heute wissen wir aber, dass wir Menschen unbewusst entscheiden und dann erst nach unserer emotional getroffenen Entscheidung diese rational begründen.

Wie kann diese Ambivalenz, in der sich Menschen befinden, besser bedient werden als beim Flirt? Der Flirtende setzt Wortbotschaften, die das »Rationale« bedienen, und darunter »emotionale Botschaften«, die das eigentliche Entscheidungszentrum beeinflussen. Das Manipulierende daran ist, dass der Kunde bei der Frage, warum er sich für das Produkt der

Verkäuferin B entschieden hat, einen rationalen Grund angeben wird, und der wahre Grund, dass ihm das Produkt erst durch den Flirt so unwiderstehlich erschien, eventuell gar nicht in sein Bewusstsein tritt. Und so manipulieren wir und werden manipuliert, solange sich die Erde dreht.

Das Spiel mit der Sehnsucht nach Liebe

Was ist der gemeinsame Nenner von Rita Hayworth, Marilyn Monroe, Ava Gardner und Sophia Loren und was fehlt den heutigen Hollywoodstars wie Sharon Stone und Nicole Kidman? Es ist die Unerreichbarkeit, das Angedeutete, aber nie zu Ende Gebrachte. Wie viel anregender ist es, dem verführenden Strip einer Rita Hayworth als Gilda zuzusehen, wie sie zu den Klängen von *»Put the blame on Mame«* ihren satinschwarzen langen Handschuh lasziv abstreift, als einer Sharon Stone zwischen die gespreizten Schenkel in *»Basic Instinct«* zu blicken. Beide Frauen entsprechen dem Idealtyp ihrer Zeit.

Mit dem Schocker »Basic Instinct«, der 1992 in die Kinos kam, hat sich die sexuelle Darstellung von Frauen im Kino verändert. Die mehr und mehr aufkommende Lust der Männer an starken, dominanten Frauen lässt den Wandel der Weiblichkeit von der bis dahin eher passiven Rolle in die aktive und selbstbestimmte Rolle zu. Was dabei verloren geht, ist der verführerische Moment des Nichtgesagten, des Nichtgezeigten.

Wie kann Verführung stattfinden in der Konfrontation mit der eindimensionalen Offensichtlichkeit? Selbst wenn in mancher Gazette die heutigen Stars als neue Greta Garbo, Grace Kelly, Marlene Dietrich gehandelt werden, so sind sie doch nur viel kopierte, aber niemals erreichte Diven. Um wirkliche Diven zu sein, zeigen sie zu viel, geben zu viel, bemühen sich zu sehr und lassen viel zu wenig Raum für die eigene Fantasie des Betrachters. Sie sind im Vergleich zu den Originalen Fälschungen, weil es ihnen an der Passion mangelt, für das was sie sind und was sie tun. Passion hat zwei Bedeutungen: Leid und Leidenschaft.

Die tatsächliche Kunst der großen Diven des Hollywoods der 1950er-Jahre lag nicht in dem, was gezeigt wurde, sondern in dem, was nicht gezeigt wurde, und vor allem in dem, was sie waren. Sie waren nicht perfekt, nicht superdünn, nicht geliftet und gedoubelt. Sie waren menschlich, sie brannten vor Leidenschaft und Leid – und das ließ sie strahlen.

»… the gift hides the wound«, sagt Stephen Gilligan. »… die unendliche Begabung verbirgt die Wunde, die sie schuf.« Cicero wusste: »Die Menschen kommen durch nichts den Göttern näher, als wenn sie Menschen glücklich machen«, und genau das haben sie getan.

Jede dieser Hollywood-Diven berührte durch Echtheit in ihrem Leid, ihrer sexuellen Ausstrahlung und ihrer Bedürftigkeit. Sie gaben damit den Zuschauern Raum, sich mit ihnen zu identifizieren, nicht durch ihre Perfektion, sondern durch ihre Verletzbarkeit. Das ist es letztendlich, was Menschen attraktiv, begehrenswert und sexy macht. Es geht letztendlich immer um die eigene Lebendigkeit und Fähigkeit zu empfinden, zu lieben und zu leiden, zu lachen und zu weinen – nicht um Künstlichkeit, Perfektion, Phallussymbole und künstliche Oberweiten – im Privatleben, Management, Werbung und Verkauf.

Menschen haben eine unendliche Sehnsucht nach der Verzauberung. Sie wünschen sich hinaus. Hinaus aus ihren engen Häusern, hinaus aus ihren Jobs, von denen sie sich nicht erfüllt fühlen, hinaus aus der zu engen Umklammerung ihrer Partner, von denen sie sich nicht geliebt und vor allem nicht begehrt fühlen. »Überall ist es besser, wo ich nicht bin.«

Diese Sehnsucht, in Verbindung mit der Angst des Menschen, sein Leben in die eigenen Hände zu nehmen und zu verändern, treibt die Menschen in die Kinos und Videotheken. Dort gibt es jedes wunderbare Leben, jedes Abenteuer, ganz ohne Gefahr – allerdings nur aus zweiter Hand.

Die erfolgreichsten Kinofilme sind die archetypischsten. Mit Archetypen können wir uns identifizieren oder sie von ganzem Herzen ablehnen und verachten. Sie sind entweder gut oder schlecht, unterstützend oder Gefahr bringend. Archetypen sind quasi Urbilder unseres Unterbewusstseins. Sie sind zu finden in Harry Potter, Star Wars, Herr der Ringe und in allen anderen erfolgreichen Filmen und in der Werbung. Wie wäre es, wenn Sie ein archetypischer Verkäufer wären?

Der Archetyp des Verführers, der Erfolgsverkäufer der Zukunft?

C.G. Jung beschreibt Archetypen als zweite »Schicht« des Unbewussten und da sie bei allen Menschen vorhanden sind, spricht er vom so genannten »kollektiven Unbewussten«, das von Geburt an bei allen Menschen vorhanden ist. Der Archetypus symbolisiert also Teile der Gesamtpersönlichkeit, die uns in unserer Entwicklung im Leben begegnen werden.

Die Auseinandersetzung damit wäre für die menschliche Entwicklung günstig (Individuation). C.G. Jung schreibt: »*Wenn du dich mit deinem Schatten nicht auseinander setzt, wird er dir als dein Schicksal begegnen.*«

Der typischste Archetyp ist natürlich der Held. Seine Bestimmung ist die Heldenreise, die damit beginnt, sich vom Altbekannten und Vertrauten zu lösen, in die Welt zu ziehen und dabei Abenteuer zu erleben, die ihn immer wieder auf seine Grundthemen stoßen und die er dann durch Motivation der Prinzessin (Anima = die weibliche Seite im Mann) bewältigt.

Beeindruckende Archetypen der Werbung sind der *Lonesome Cowboy* von Marlboro und der Adonis aus der *Cool-Water*-Parfum-Werbung – nicht zu vergessen der Archetyp des Verführers – also Don Juan.

Don Juan kennt seine Anima und hat sie integriert. Die Auseinandersetzung mit seiner weiblichen Seite, lässt ihn Frauen und Männer gleichsam verstehen und ermöglicht ihm, sie zu verführen. Da er sie in sich selbst nicht ablehnt, muss er sie auch dann nicht bekämpfen, wenn sie ihm im anderen Geschlecht begegnet. Er braucht keine Macho-Allüren und keine Unterwerfungsgesten, muss keine Machtspiele spielen und sein Testosteronspiegel stellt ihn nicht ewig vor die Wahl: »*Vögle oder töte es*« (Ken Wilber). Er liebt die Frauen und die Menschen, weil er nahezu nichts bei sich selbst ablehnt, das macht ihn zum Verführer und das macht Menschen zu erfolgreichen Verkäufern.

Wie wird man nun zu einem archetypischen Verführungsverkäufer? Erstens, setzen Sie sich mit sich selbst auseinander. Bedenken Sie, dass alles, was Sie im Leben bekämpfen oder gering schätzen, ein nicht integrierter Teil von Ihnen selbst ist. Rilke schreibt in einem seiner Briefe: *»Vielleicht sind alle Drachen unseres Lebens Prinzessinnen, die nur darauf warten, uns einmal schön und mutig zu sehen. Vielleicht ist alles Schreckliche im tiefsten Grunde das Hilflose, das von uns Hilfe will.«* Zweitens, bedenken Sie, dass es im Leben eines jeden Menschen darum geht, die eigenen Illusionen und Projektionen wahr werden zu lassen. Machen Sie also das Zusammentreffen mit Ihrem Kunden für ihn zu einem Treffen mit seinem Helden. Aber nicht Sie sollen dabei der Held sein, sondern Ihr Kunde. Geben Sie ihm die Chance, in der Zeit ihres Zusammenseins alle seine Illusionen leben zu können, so wird er an Ihnen festhalten, wie er an seinem Lieblingsfilm, seinem Lieblingsbuch und eben seiner liebsten Illusion festhalten wird.

Nichts ist erotischer, als die erlebte und bestätigte Vorstellung, der tollste Mann oder die tollste Frau der Welt zu sein.

Die subtile Wirkung eines erotischen Werbespots

In einem umstrittenen Werbefilm von Mazda werden einige der eben beschriebenen Phänomene erfolgreich umgesetzt. Der Werbefilm erinnert an den Mythos des Pygmalion, was ihn archetypisch und greifbar macht. Der Bildhauer, der sich so in sein Kunstwerk verliebt, dass Venus gerührt ist und ihr Leben einhaucht, ist hier ein Dekorateur, der liebevoll seine vier geschaffenen Schaufensterpuppen in sein Auto trägt. Die Puppen sind wunderschön, tragen nur ein Hemdchen und der Zuschauer sieht deutlich ihre Rundungen.

Nachdem er seine zunächst seelenlosen Puppen in seinem Auto verstaut hat, geht die Fahrt los. Und getreu dem Mazda-Slogan: *»Keiner bringt Sie so in Fahrt«,* vollbringt das Auto nun das Wunder der Venus und haucht den vier Schaufensterpuppen Leben ein. Eine fährt zart mit ihrer Hand über ihr Hemdchen, sodass das bestrumpfte Bein sichtbar wird, die Zweite bekommt einen Schimmer von Tränen in ihre blauen Augen und als der Dekorateur und Fahrer des Wunderautos am Ziel angekommen ist, die erste Puppe aus dem Auto hebt, ist eine deutliche Veränderung sichtbar: Die Puppe streckt ihm kess ihre aufrechten Brustwarzen entgegen. Auch die Wirkung dieser Werbung ist witzig auf der ersten Ebene und subtil manipulativ auf der zweiten Ebene.

Susanne Kleinhenz
Aspecta Trainingszentrum
SKleinhenz@aspecta.com

Erfolgreiche Werbung verfolgt das Ziel, den unbewussten Sehnsüchten der Menschen ein Gegenüber zu geben und sie in die Illusion zu versetzen, dass sie mit dem Genuss des beworbenen Produktes ein bestimmtes Lebensgefühl erlangen. Und so wird anstelle dessen konsumiert. Die Sehnsucht nach Freiheit lässt den Konsumenten nach seiner Marlboro greifen. Was er erntet, ist Illusion. Und Illusionen schaffen Konsum. Das wirkliche Bedürfnis, die tiefe Sehnsucht, wird nie wirklich gestillt – deshalb muss der Zuschauer immer mehr konsumieren, in der Hoffnung, irgendwann einmal dem Zauber zu erliegen, das ersehnte Gefühl zu erlangen und aufrechterhalten zu können. Was passiert innerpsychisch bei dieser Schaufensterpuppenwerbung mit unserem männlichen Zuschauer? Er bekommt ganz subtil vermittelt, wenn er dieses Auto fährt, habe er eine so hohe Potenz und sexuelle Ausstrahlung, dass er sogar eine Schaufensterpuppe sexuell erregen kann. Ein Gefühl, das bei Männern auf hohe Akzeptanz und ein wohliges Gefühl in den wichtigen Regionen stößt, also den Kaufwillen verstärkt.

Er kauft also das Auto und der Hersteller hat sein Ziel erreicht. Unser Käufer hat, immer wenn er mit seinem Auto fährt, die Illusion sexueller Potenz, was sich natürlich wieder positiv auf seine Ausstrahlung auswirkt und vielleicht wirklich die eine oder andere unnahbare Frau dahinschmelzen lässt. Und Frauen kaufen das Auto in der Hoffnung, dass sich durch ihre eigene Erotisierung ihr Mann darin in einen Don Juan verwandelt.

Hans-Uwe L. Köhler
Wie Sie Ihre Kunden verführen – aber richtig!

*»Man kann nicht alle Frauen dieser Welt verführen –
aber man sollte es wenigstens versuchen!«* Marcel Reich-Ranicki

Haben Sie schon einmal eine Frau verführt? Ja? Nein? Was denn nun? Wir sind ja unter uns. Also gut: Sie haben schon einmal eine Frau verführt. Eine kleine Frage: Glauben Sie wirklich, dass Sie der Verführer waren?

Wären Sie sehr überrascht, wenn Sie erfahren würden, dass Sie nicht verführt haben, sondern verführt wurden? Oder, noch besser gesagt, Sie waren eingeladen, die Dame zu verführen?

Bevor Ihr männliches Ego völlig zusammenbricht: An der Uni Wien ist diese Frage untersucht worden. Die Fragestellung war: Wer muss mit dem Flirt beginnen, damit es zur Eskalation kommt? – Was immer Sie persönlich unter Eskalation verstehen, ist erlaubt! Die Antwort ist simpel: Die Frau muss beginnen. Sie wählt durch einen kurzen, klaren Blick diejenigen aus, die zum Flirt zugelassen sind. Wenn Sie auf einer Party diesen Blick nicht empfangen, müssen Sie gar nicht lange rumbaggern – Sie haben keine Chance!

Vielleicht erinnern Sie sich an so eine Gelegenheit, wo Sie sich furchtbar ins Zeug gelegt und wie blöde gebaggert haben und trotzdem nichts erreichten. Die Lösung ist einfach: Keine der anwesenden Frauen hatte Ihnen eine Einladung zum Flirten gesandt. Sie haben sich nur etwas eingebildet.

Halten wir gemeinsam fest: Sie kennen sich mit Flirten aus, und Sie akzeptieren zunächst einmal, dass die Frauen zum Flirten einladen. Schwenken wir auf eine neue Szene: Stellen Sie sich Folgendes vor: Zwei Männer sitzen an einem Tisch – Käufer und Verkäufer – und reden miteinander. Für Sie kein interessantes Bild? Malen wir das Bild ein wenig detaillierter: Der Käufer ist Hersteller eines beliebigen Produktes, das aus Teilen besteht, die dieser Käufer auf dem Markt einkauft. Der Verkäufer ist Händler eines solches Teiles, aber bis zu diesem Gespräch noch nicht Lieferant.

Finden Sie dieses Bild jetzt aufregender? Nein? Natürlich nicht, schließlich finden solche Gespräche jeden Tag statt. Was soll daran aufregend sein? Okay, machen wir die Geschichte transparenter. Der Ausgangspunkt ist klar: Der Käufer hat für alle Teile, die er für die Herstellung seiner Produkte braucht, Lieferanten. Und wir hören ihn gerade zu dem Verkäufer sagen:»Ach wissen Sie, ich bin sowohl mit der Qualität, mit der Zuverlässigkeit als auch mit dem Preis zufrieden.« Also auch nichts Ungewöhnliches.

Was ist aber mit dem Verkäufer los? Was macht der da eigentlich? Er müsste doch wissen, dass dieser Hersteller, so wie jeder andere Hersteller auch, jede Menge Lieferanten hat. Was treibt ihn in dieses Gespräch? Was will er genau? Was ist die wahre Absicht des Verkäufers? Verkaufen? – Nein. Geschäfte machen? – Nicht wirklich. Geld verdienen? – Vielleicht, aber das allein ist kein überzeugendes Motiv.

Wissen Sie, was er vorhat? Er will, dass sein Gesprächspartner eine einmal getroffene Lieferantenentscheidung überprüft. Und nicht nur das: Er will, dass sein Gesprächspartner diese Entscheidung widerruft!

Würde diese Situation zwischen einer Frau und einem Mann ablaufen, dann würde der Mann in etwa zu der Frau sagen:»Ich weiß, dass Sie verheiratet sind, und ich glaube Ihnen sogar, dass Sie damit ganz zufrieden sind. Aber ich mache Ihnen ein Angebot: Lassen Sie es uns eine Nacht miteinander probieren – und wenn sich herausstellt, dass es Ihnen mit mir nur ein bisschen besser gefällt, als das, was Sie sonst gewohnt sind, dann wäre doch zu überlegen, ob wir nicht mehr daraus machen sollten …«

Mensch Köhler, so sagt das kein Mann zu einer Frau! Das mag die ekstatische Liebeserklärung eines vertrockneten Mathelehrers sein – aber so wird das nichts! – Einverstanden. Ich komme auf diesen Einwand noch zurück, versprochen!

Eine interessante Frage taucht dennoch auf: Hat der Verkäufer in der vorgenannten Szene überhaupt eine Chance? – Ja! Hat er! Aber nicht, weil er ein super Verkäufer ist. Entscheidend ist viel mehr: Der Kunde hat ihn zu diesem Gespräch zugelassen – und damit seine prinzipielle Flirtbereitschaft zum Ausdruck gebracht. Das bedeutet, der Kunde lebt in der Rolle der Frau. Er wählt aus!

Interessant ist auch diese Frage: Was ist eigentlich passiert, wenn der Verkäufer ohne Auftrag aus diesem Gespräch geht? Würden wir alle denkbaren Ausreden durchgehen und ablehnen (!), dann wäre das Urteil vernichtend: Er hatte die Chance zum Flirt, hat sie aber nicht genutzt. Er ist aus dem Spiel – zumindest für dieses Mal.

Wollen Frauen und Männer verführt werden?

»Kann man wirklich behaupten, dass jede Frau, die eine Einladung zum Cappuccino annimmt, bereit ist, sich verführen zu lassen?« – Wohl kaum! Es ist allerdings so, dass sie während des Gespräches entscheidet, ob es weitergeht oder nicht. »Also gut, wenn sie nun die Einladung zu einem Essen annimmt, ist das dann ein Signal der Bereitschaft zur Verführung?« – Wahrscheinlich auch nicht. Aber sie entscheidet, ob es weitergeht oder nicht. Sie könnte als Nächstes vielleicht die Einladung in eine trendige Bar annehmen. »Aber das ist doch jetzt der eindeutige Hinweis auf ihre Bereitschaft, sich verführen zu lassen, oder?« – Vielleicht – aber sicher können Sie sich nicht sein! »Wann kann man denn sicher sein?« – Warum wollen Sie sicher sein? Es ist ein Spiel!

Und was hat Verführung mit Verkaufen zu tun?

Ein Nicht-Kunde empfängt Sie zu einem Gespräch. Würden Sie ihm zu Gesprächsbeginn gleich einen Blanko-Vertrag auf den Tisch legen? Wohl kaum. Aber Sie könnten vielleicht auf das Gesprächsziel hinweisen? Wäre das bei einem Erstkontakt wirklich klug? Mit Sicherheit wäre jede Plumpheit dumm und gefährlich, auch wenn sie ins Gegenteil umschlägt: »Ich will Ihnen gar nichts verkaufen!« Diese Aussage wäre wirklich richtig dumm!

Was Sie erreichen müssen, ist, in Ihrem Kunden einen Impuls zu setzen. Er muss den Wunsch verspüren, sich von Ihnen verführen zu lassen, sodass er Sie immer wieder ermuntern kann, mit der »Verführung« fortzufahren.

Einmal angenommen, Sie hätten die Absicht, eine Frau zu verführen. Welchen Ort würden Sie dafür wählen? Eine Disco mit Hammer-Sound oder eine Bar? Würden Sie sich mitten in die Bar setzen oder eher seitlich? Bevorzugen Sie in diesem Augenblick grelles oder gedämpftes Licht? Würden Sie sich über einen Barkeeper freuen, der minütlich auftaucht, um nach neuer Order zu fragen oder um den Tisch aufzuräumen? Würde nun eine Gruppe Ihrer Freunde auftauchen – wäre das dafür der ideale Zeitpunkt? Oder würden Sie gar Ihr Handy auf den Tisch legen – es könnte ja ein wichtiger Anruf eintreffen?

Natürlich würden Sie das alles nicht wollen, nicht wünschen und nicht tun! Sie würden vielmehr alles unternehmen, um jegliche Störung zu vermeiden. Warum aber verhalten sich dann so viele Verkäufer im Verkaufsgespräch so tölpelhaft?

Warum beginnt Einkaufen mit einer Lüge?

Kennen Sie die folgende Szene? Sie betreten ein Kaufhaus oder eine Boutique, eine Verkäuferin oder ein Verkäufer kommt auf Sie zu mit der Frage: »Kann ich Ihnen helfen?« Einmal abgesehen von der Idiotie dieser Frage, die man ja am liebsten mit der Antwort, »Klar, wo ist hier die Toilette?«, kontern möchte, wette ich mit Ihnen, dass Sie mehrheitlich geantwortet haben: »Nein, vielen Dank! Ich wollte mich nur einmal umsehen!«

216

Im Ernst, halten Sie diese Antwort für intelligent und wahrheitsgetreu? Denn, weshalb betritt man ein Kaufhaus? Weil es regnet, weil man auf die Toilette muss, weil man vor einer unangenehmen Person flüchtet? Das mag ja alles sein. Doch der einzig wahre Grund, um in ein Kaufhaus zu gehen, ist: um zu kaufen! Selbst wenn Sie sich nur umsehen wollen, steckt dahinter die Absicht zu kaufen. Das »Umsehen« dient der Vorbereitung, das eigentliche Ziel ist, etwas zu kaufen. Wie immer Sie sich persönlich winden möchten, Sie werden zu keinem anderen Schluss kommen.

Wenn Sie eine Leserin sind – lassen Sie uns doch einmal vor Ihren Kleiderschrank gehen – nur so in Gedanken natürlich. Wäre es indiskret, wenn ich nach einem kurzen Blick behauptete: Die Hälfte der Kleidungsstücke in Ihrem Kleiderschrank wird nicht mehr getragen, weil sie ein Frustkauf waren? Wie ich darauf komme? Naja, weil Sie eben immer wieder in die Stadt gehen, um sich nur einmal umzusehen. Machen Männer das auch? Natürlich, sie nennen es nur anders – oder nehmen ihre Partnerinnen zur Rechtfertigung und Entschuldigung mit. Übrigens, Männer kaufen alles gerne, wenn ein Motor dran ist …

Geht es beim Verkaufsgespräch nicht vielmehr um Kosten-Nutzen-Prozesse?

Also gut: Es wird ja immer davon geredet, man müsse dem Kunden ein Problem lösen oder ihm einen Nutzen bieten. Das hat ja nun wenig mit der Erotik des Verführens zu tun. Und die Wortwahl törnt nicht wirklich an, das stimmt! Dennoch geht es selbstverständlich auch beim Flirten und Verführen darum, Probleme zu lösen und Nutzen zu bieten.

Warum sollte sich eine Frau mit Ihnen einlassen? Doch, nur weil Sie ihr einen oder mehrere Nutzen bieten können. Und überraschenderweise sind diese Nutzenpositionen bekannt: Eine Frau sucht bei einem Mann mehrheitlich Vertrauen, Zuverlässigkeit und Sicherheit.

Wenn Sie als Verkäufer allerdings Ihre gesamten Anstrengungen allein auf den Punkt »Nutzen bieten« reduzieren, dann bewegen Sie sich nur im Mittelfeld. Natürlich gibt es da auch Kunden – aber die sind zum einen nicht besonders attraktiv und zum anderen herrscht ein großes Gedrängel mit anderen Konkurrenten. Wenn Sie also aus dem Mittelmaß herauswollen, dann müssen Sie Ihre Position so attraktiv machen, dass das Selbstverführungspotenzial des Kunden ungeschmälert zur Wirkung kommt. Ihre Worte müssen ein Mix der Verlockung sein!

Das erste Gesetz des Verführens

Wenn Sie jemanden verführen wollen, dann müssen Sie das einfachste und erste Gesetz des Verführens beherrschen: Hinhören und klug fragen.

Kennen Sie den Sparkassenspot: Mein Haus. Mein Auto. Mein Boot. Dieser Spot ist der beste Männer-Versteher-Film, der je gedreht wurde. Er zeigt nämlich ein Ritual der besonderen Art: Wenn zwei Männer sich begegnen, spielen sie immer dieses Spiel. Beide zeigen ihr Spielzeug. Nach kurzer Betrachtung wird der andere aufgrund seiner Mitbringsel als Spielpartner akzeptiert. Überlegen oder unterlegen, das ist nicht entscheidend. Nach diesem nur wenige Sekunden dauernden Spielzeugvergleich, wenn Sie wollen auch Jagdtrophäenvergleich, können Männer völlig entspannt über das eigentliche Thema des Zusammenseins reden.

Entscheidend bei diesem Ritual ist die Tatsache, dass beide Männer – des Gleichgewichtes wegen – ständig bereit sind, den anderen sofort zu unterbrechen, wenn er zu sehr übertreibt.

Dass Frauen völlig anders miteinander reden, ist hinlänglich bekannt. Hier findet ein Suchprozess des sozialen Verständnisses statt. Allein der zeitliche Fortschritt in einem Gespräch zwischen zwei Frauen ist um ein Vielfaches langsamer, als das bei Männern der Fall ist. Dafür sind der Klärungsgrad und die Verständnistiefe größer, als Männer sich das möglicherweise überhaupt vorstellen können.

Lassen Sie uns nun einmal betrachten, was passiert, wenn ein Mann und eine Frau miteinander reden: Wieder wird der Mann seine Spielzeuge auspacken – doch die Frau wird, weil sie es immer so macht, ihn nicht unterbrechen, sondern interessiert nicken und aufmerksam zuhören. Ergebnis: Der Kerl hört nicht auf, Jagdtrophäen hervorzukramen – und seien sie noch so klein oder uralt.

Da er nicht unterbrochen wird oder keine Gegenbeweise gezeigt bekommt, fühlt er sich immer überlegener – bis er unerträglich wird.

Wenn Sie als Mann mit einer Frau ins Gespräch kommen, dann hüten Sie sich vor männlichen Gesprächsritualen. Hören Sie nur zu. Sagen Sie kein Wort. Erzählen Sie nichts von sich. Nicken Sie. Öffnen Sie Ihre Hände. Ziehen Sie die Augenbrauen hoch. Kommentieren Sie nur auf der Verständnisebene – keinesfalls mit Bemerkungen wie »Ist mir auch schon passiert«.

Wenn sich eine Frau mit Ihnen unterhält, hat sie vorher bereits für sich wahrgenommen, ob Sie ein Hordenführer oder ein guter Jäger sind – ein Loser sind Sie in jedem Fall nicht, sonst säße Sie nicht bei Ihnen.

Zurück zur beruflichen Wirklichkeit

Sie treffen als Verkäufer auf einen Kunden: Lassen Sie ihn beginnen, seine Spielzeuge vorzuführen. Schlüpfen Sie in die weibliche Rolle: Ermuntern Sie ihn, alle Trophäen auszugraben. Achten Sie aber auf jede Einladung, auch selber Trophäen zu zeigen. Nur seien Sie klug: Erzählen Sie einem Bärenjäger nie von den eigenen Fellen – besser ist es, Sie wären ein großer Fischer. Denn die Regel ist: Niemals im selben Revier jagen!

Sie treffen als Verkäuferin auf einen Kunden: Natürlich wird er beginnen, von seinen Erfolgen zu berichten. Achtung: Machen Sie deutlich, dass er sich auf diesem Gebiet nicht austoben muss und dass Sie Wert legen auf andere Erfolge – das könnte ihn beruhigen. Wichtig ist weiterhin, dass Sie ihn angemessen unterbrechen. Er kennt das und wenn Sie es nicht machen, unterschätzt er Sie. Unterbrechen Sie ihn und fragen Sie nach. Das ist der perfekte Nasenring der Verführung. In Ihrer Frage liegt doch die Richtung, wohin die Reise zu gehen hat.

Sie treffen als Verkäufer auf eine Kundin: Vermeiden Sie jedes Imponiergehabe! Sie hat sich doch schon für Sie entschieden. Mit der klugen Entscheidung, wirklich aufmerksam in den Details hinzuhören, haben Sie eine gute Chance. Wenn Ihnen auf einmal der Gedanke durch den Kopf schießt: »Ah, jetzt habe ich das Problem erkannt!«, warten Sie ab, das kann viel zu schnell gewesen sein. Sie brauchen Geduld.

Und hier für Frauen der Weichmacher schlechthin: Wenn Ihr Partner nach Hause kommt, fragen Sie nie: »Wie war's?« Was soll er darauf antworten? Er wird sagen: »Wie immer.« oder »Gut.« oder »Frage mich nicht.«. Besser ist, Sie warten einen Augenblick, beobachten ihn und fragen ihn dann: »War es so hart?« Dieser Mann zerfließt in Ihren Händen! Fragen Sie Ihren Kunden nur: »Harte Zeiten?«

Zwei Dinge sollten Sie nie tun!

Nur bei einer plumpen Anmache könnten Sie fragen: Wollen wir miteinander schlafen? Schließlich ist das doch eine völlig idiotische Frage: Sie wollen Sex! Das ist okay! Sie wollen aber nicht die ganze Nacht bleiben. Auch das ist okay, denn woher wollen Sie wissen, dass sie Sie eine ganze Nacht ertragen will? Warten Sie ab, lassen Sie sich intuitiv leiten, achten Sie auf Ihr Gefühl, seien Sie nicht so hastig, beobachten Sie voller Vergnügen, wie die Signale der Verführung immer dichter werden.

So, und im Business? Fragen Sie nie nach dem Auftrag! Zögern Sie genussvoll den Punkt des Einverständnisses durch den Kunden hinaus! Beobachten Sie einfach voller Vergnügen, wie der Kunde einkauft!

Ist der Kunde für den Verkäufer nur eine Episode?

Könnten Sie sich vorstellen, an einem einzigen Abend in einer Diskothek mit mindestens zehn Frauen einen Flirt zu beginnen und dabei mit jeder der Frauen die Festnetznummer zu tauschen und eine Verabredung für die nächste Woche zu einem Besuch beim Italiener zu treffen? Wenn Sie sagen »Kein Problem!«, dann kann ich Ihnen zum Thema Verkaufen nichts mehr erzählen. Wenn Sie hingegen sagen sollten: »Naja, könnte ganz schön anstrengend werden!«, dann verstehen wir uns. Tatsache ist, wenn Sie diese Nummer durchziehen wollen, dann müssen Sie zehnmal eine Beziehung aufbauen, zehnmal um Vertrauen werben, zehnmal so faszinierend wirken, dass zehn Frauen zur Ihrer Idee ja sagen.

Glauben Sie, dass es möglich ist, sich an einem einzigen Abend zehnmal zu verlieben? Könnte es nicht sein, dass es fast unmöglich ist, zehnmal diese emotionale Leistung zu erbringen?

Hans-Uwe L. Köhler
Experte für emotionale
Kommunikation
www.loveselling.de

Verkäufer dürfen sich nicht in ihre Kunden verlieben! Würde man das von ihnen verlangen, würde man sie völlig überfordern! Und Kunden wissen das. Sie erwarten das auch nicht. Aber was sie erwarten und auch akzeptieren, ist, dass der Verkäufer die Klaviatur der Verführung beherrscht.

Die Faszination des Verführens durch Don Juan ist nur deshalb für die Frauen erträglich, weil sie wissen oder hoffen, auch die Nächste ist nicht die Letzte, sondern nur die Nächste.

Und Kunden akzeptieren den Verkäufer als Don Juan, weil sie wissen, dass er bei keinem seiner Kunden bleiben wird. Sein Hunger ist so groß, dass nach jeder Verführung eine neue Verführung folgt. Nach der Verführung ist vor der Verführung. Es gibt keine Erlösung.

Prof. Joachim Köhler
Sex Sells – eyes too

Der Anspruch der Marketingexperten und der Werber, den Absatz von Produkten aller Art zu fördern, ist ungebrochen groß. Seit es Absatzförderung gibt, in welcher Form auch immer, existiert auch die Vorstellung, dass durch den Einsatz der Sexstimulation ebendiese Absatzförderung beschleunigt und somit verbessert werden kann.

Zu dem Zeitpunkt, da ich gebeten wurde, mich zu diesem Thema zu äußern, beobachtete ich allerdings völlig andere Marktbeschleuniger. Heute befinden wir uns in einer Marketingphase, in der »Geiz geil« zu sein hat, wir die »Mutter aller Schnäppchen« zu lieben haben und vor dem Kauf irgendeines Elektronikgerätes prüfen müssen, ob »ich nicht blöd bin«. Wo bitte bleibt denn da der SEX?

Während der Erstellung dieses Manuskriptes läuft in Presse, Funk und Fernsehen eine höchst amüsante Retrospektive der 1950er-Jahre. Diese Berichte gefallen mir deshalb so gut, weil ich in dieser Zeit aufgewachsen bin und daher mit vielen Beiträgen sehr persönliche Erinnerungen verbinde. Wenn wir heute schauen, wie seinerzeit Absatz gefördert wurde, sehen wir mindestens drei Marktmerkmale:

– den unübersehbaren Mangel innerhalb der Gesellschaft,
  gleichbedeutend mit Nachholbedürfnissen

– den Wunsch nach Informationen und neuen Erkenntnissen,
gleichbedeutend mit Aufbruch in eine neue Zeit
– die Bedeutung von Massenkaufkraft als eine der treibenden Kräfte
in neu prosperierenden Märkten

Die Werbung der 1950er-Jahre folgte diesen wesentlichen Marktmerkmalen. Sie war einfach, sehr zielgerichtet und entsprach den damals geltenden Ethik- und Moralvorstellungen.

Heute werden andere, teilweise sehr viel aggressivere Marktbeschleuniger eingesetzt und es ergeben sich neue Fragen, eben auch die, ob Sex nun wirklich verkauft, oder ob diese Kraft in einer zum Teil hormongesteuerten Gefühlswelt überbewertet wird?

Fragen über Fragen. Wissenschaft gib bitte Antwort!

Natürlich verkauft Sex, innerhalb selbst gesetzter Grenzen. Obwohl es um Sex gehen soll, bleiben wir gemeinsam sachlich und schauen uns diese selbst gesetzten Grenzen einmal an. Wann findet Sex statt und wie empfinden wir Sex? In unserer Gedankenwelt findet Sex angeblich ständig statt. Im Alltag sieht das aber anders aus. Sex findet statt unter Anwesenheit von Lust und Möglichkeiten, aber eigentlich unter Ausschluss der Öffentlichkeit. Die Wahrnehmung von Sex wird nach wie vor geprägt von Moralvorstellungen und gesellschaftlichen Erziehungsvorgaben, was die Überlegung nahe legt, ob es nicht weniger belastete Werbe- und Wahrnehmungsreize gibt.

Sex ist soziokulturell mit den Abend- und Nachtstunden verbunden und somit in die Tagesdunkelphase verlegt. Wer aber kauft nachts schon ein, oder besser gefragt, wer trifft nachts seine Konsumentscheidung? Es ist demnach nahe liegend, dass unsere Tages-Nacht-Fantasien benutzt werden, Kauffreudigkeit zu fördern. Natürlich kaufen wir nachts (abends) ein – praktisch wie ideell. Die Liberalisierung der Ladenöffnungszeiten hat mindestens in den Metropolen völlig neues Konsumverhalten freigesetzt. Das abendliche, familiäre Zusammensitzen, verbunden mit Anschaffungsdiskussionen, mag es noch geben und ist somit sicher immer noch aktuell – wenn überlegt werden soll, wo finden eigentlich Kaufentscheidungen statt. Dies ist für mich die entscheidende Frage. Wo wird entschieden, wer entscheidet und wer darf die Entscheidung vollziehen? Kaufentscheidungen sind aber immer mit unseren Wahrnehmungsmöglichkeiten verbunden. Sie sind mit abhängig davon, was wir bei uns direkt und im gesellschaftlichen Kontext um uns herum wahrnehmen. So entstehen Wünsche der unterschiedlichsten Art, aus denen Kaufdruck und letztendlich Konsumverhalten wachsen kann.

Es soll deshalb bei meiner Betrachtung der Eingangsfragestellung darum gehen, die Wechselwirkung von Reizen und Wahrnehmungen zu untersuchen, um zu guter Letzt den nachstehenden Merksatz noch einmal zu prüfen.

Ich stelle zur Diskussion: »Sex verkauft nur scheinbar, nämlich immer dann, wenn wir in unserer Gedankenwelt dafür Platz haben! Diesen Platz schaffen wir durch ein ausgewogenes Verhältnis unterschiedlicher Wahrnehmungsformen!«

Gefühle und Wahrnehmungen im Spannungsfeld soziopsychologischer Bedürfnisse

Unsere Wahrnehmungen erfolgen zu über 70 Prozent durch die visuellen Organe, also Augen und das sich daran anschließende Wahrnehmungs- und Verarbeitungssystem. Was wir sehen und wie wir es bewerten, hängt uneingeschränkt davon ab, wie wir Sehen und Wahrnehmen erlernt haben. So ist zum Beispiel bekannt, dass die Buschmänner des Amazonasgebietes in der Lage sind, bis zu 400 unterschiedliche Tönungen der Farbe Grün zu erkennen. Die gleiche Gruppe Menschen reagierte in einem Feldversuch beim Betrachten von Fotos, auf denen schöne (meist weibliche) Menschen zu sehen waren, relativ gleichgültig. Diese Gleichgültigkeit wird auch damit erklärt, dass einerseits das Medium Fotografie völlig unbekannt ist, zum anderen aber die Allgegenwärtigkeit von nackten Körpern hier niemanden überraschen kann. Das sagt noch nicht sehr viel aus, zeigt aber, dass die soziokulturelle Bedeutung von Reizen mitentscheidend ist, wie wir sehen, wie wir Sehen erlernt haben und was wir dabei empfinden können.

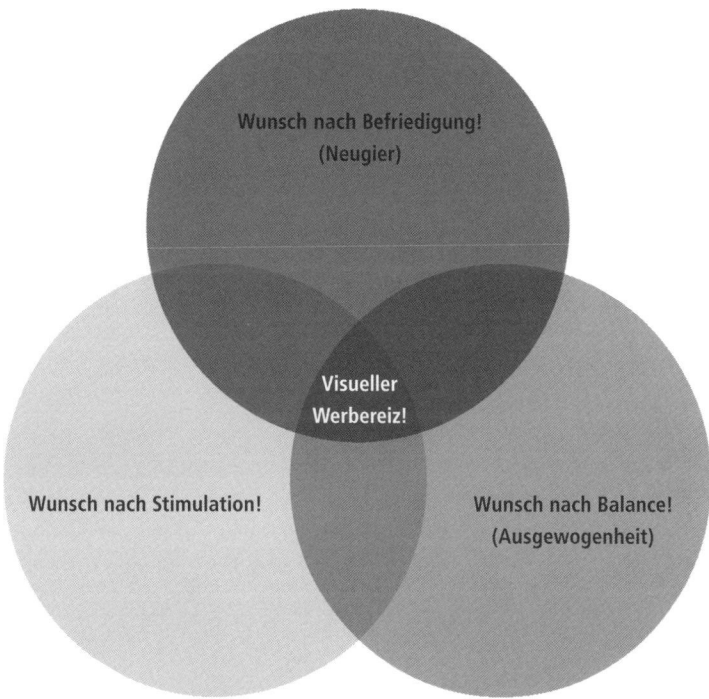

Visuelle Reize (Reize allgemein) im Spannungsfeld unterschiedlicher Wahrnehmungs- und Bewertungsformen.

Der Wunsch nach Stimulation

Jede bildliche Darstellung zielt auf Stimulation. Egal, ob es sich um ein Foto für das Familienalbum handelt, mit dem später einmal Erinnerungen stimuliert werden sollen, oder um ein gut gemachtes Werbefoto, mit dem Produktaufmerksamkeit erreicht werden soll. Stimulation folgt aber neben reinen Gefühlsreizen auch klaren Erziehungsmustern. Die Grenzen aus Ethik und Moral können bei Betrachtern Stimulationen unterschiedlichster Art auslösen, von uneingeschränkter Zustimmung bis angeekeltem Ablehnen. Vielleicht erinnert sich der eine oder andere Leser noch an einen Werbespot des Internetanbieters AOL, der gemeinsam mit dem Tennisstar Boris Becker für die leichte Zugänglichkeit ins Internet werben wollte.

Boris Becker sitzt da vor seinem Computer und fragt sich voller Entzücken: »Bin ich schon drin?«

Welcher Jüngling hat sich diese Frage nicht auch schon mal in einer der wichtigsten Stunden seines Lebens gestellt. Nur: Nach dem Wäschekammerskandal des Herrn Becker war dieser Werbespot tot! So unschuldig und sexy Boris Becker in diesem Spot auch wirken mochte, die Realität war eine andere und sie verstieß eindeutig gegen Moralvorstellungen.

»Sex sells« – eben nicht immer, es kann Verkaufsstimulation auch behindern.

Der Wunsch nach Balance

Der Wunsch nach Ausgewogenheit und innerer und äußerer Balance gehört mit zu den von C. G. Jung beschriebenen festen Bestandteilen unserer Kultur (Archetypen). Sie alle kennen alltägliche Stoßseufzer ihrer Mitmenschen, die da lauten: »Muss denn immer alles auf einmal passieren, können sich die Dinge nicht gleichmäßiger verteilen!« So oder so ähnlich reagieren wir bei Überforderung gleich welcher Art. Natürlich lieben wir (angeblich) den Exzess – aber bitte wohl dosiert! Eine Werbebotschaft, die diesem menschlichen Verlangen sehr gut entspricht, ist die Aussage eines Lebensmittelherstellers, der allen Verbrauchern verspricht: »Du darfst so bleiben, wie du bist – Du darfst!«

Juchhu!!! Endlich gibt es den scheinbar wohl dosierten Exzess! Alles essen zu dürfen und trotzdem so zu bleiben, wie man ist (isst). Diese Werbebotschaft ist natürlich nicht für Übergewichtige oder sonst außer Form geratene Mitmenschen gedacht, aber sie ist massensoziologisch schlau konzipiert, denn sie übernimmt die Verantwortung für ein mögliches Fehlverhalten. Wir vertrauen solchen Aussagen, genau so, wie wir den Werbebildern vertrauen, die Menschen zeigen, die so sind wie wir. Vielleicht nicht so sexy, nicht so schön geformt wie manche Wunschvorstellungen, aber eben wie wir – ausgewogen. Der nette Junge von nebenan, der Herr Kaiser einer Versicherungsgesellschaft, die Hausfrau die mit Meister P. erfolgreich aufwischt und so weiter.

Genau hier siegt das Bodenständige! Der Sex dabei? Wir machen es so wie immer!!!

Der Wunsch nach neuen Reizen (Neugier)

Neugier gehört mit zu den menschlichen Untugenden und ist gleichzeitig Auslöser für zahllose Entdeckungen und Entwicklungen. Im eigenen Mikrokosmos beginnt Neugier mit dem Schlüssellochgucken, dem Schnüffeln in verbotenen Schubladen. Ein einleuchtendes Beispiel für die Kraft der Neugier im Konsumverhalten ist aus meiner Sicht die uralte Wundertüte (heute ersetzt durch das Kinder-Überraschungsei). Der Reiz der Wundertüte besteht noch heute darin, dass man nicht wirklich weiß, was darin ist. Nur eine leise Ahnung treibt einen zum Kauf. Wir erwarten etwas zum Naschen und etwas zum Besitzen (Spielen), bei überschaubarem Kaufrisiko.

Ähnlich kann es sich mit Werbereizen verhalten. Diese Reize spielen nicht selten in einer virtuellen Welt, schaffen ein wenig Sehnsucht, sollen aber niemals den Konsumenten enttäuschen, damit keine Kaufreue entsteht.

In der Werbung und der Absatzförderung wird der Trieb »Neugier« häufig des Neuen beraubt und es scheint nur noch um Gier zu gehen. Hier spätestens setzt sich Sex als eine mögliche treibende Kraft durch. Allerdings mit dem Risiko behaftet, dass die Grenze zur Virtualität vom Betrachter nicht mehr erkannt wird. Die Sehnsüchte können das Erreichte übersteigen, das heißt der Konsum erfüllt nicht mehr das Versprochene und die Enttäuschung überwiegt letztendlich. Hier drängt sich doch die Frage auf, ob es nicht neutralere, wertfreiere und moralisch weniger belastete Werbeimpulse gibt?

Werbebeispiele, in denen Neugier geweckt wird, aber eine gefühlsmäßige Überforderung vermieden werden soll, gibt es reichlich. So verspricht zum Beispiel ein bekannter Kaffeeröster: »Jede Woche eine neue Welt!« Neues in bekannten Formen. Ein bekannter Stuttgarter Autohersteller lässt eines seiner Sportmodelle durch unberührte (unberührte = unschuldige) Naturlandschaften fahren und einige Außenstehende fragen sich immer wieder: »Mika!?« Zum Schluss ist es Mikas Frau, Mutter zweier Kinder.

Das Abenteuer Sex wirkt auch dann, wenn es nicht unmittelbar gezeigt wird, sondern nur vermutet werden kann oder vermutet werden darf.

Kommen wir auf die Ausgangsfrage zurück. Sex sells? Natürlich tut es das, aber eben auch dann, wenn es nicht wirklich allgegenwärtig ist. Sex trägt aber auch das Risiko der Frustration, der Missachtung moralischer Werte und Verstöße gegen die Ansprüche der *Political Correctness* in sich.

Dies lässt nun den Schluss zu, dass neben Sex auch andere Merkmale verkaufsfördernd eingesetzt werden können. Betrachten wir doch die verbindenden Organe der Wahrnehmung. Was wird eingesetzt, um den Werbereiz zu erkennen? Eingangs schrieb ich, dass über 70 Prozent unserer Wahrnehmungen visuell erfolgen. Was hält uns dann davon ab, die Augen in den Mittelpunkt zu stellen, mit denen der wie auch immer gestaltete Reiz wahrgenommen werden kann? Wie begegnen wir unseren Mitmenschen im täglichen Leben? Wohin schauen wir häufig zuerst? Ist es nicht der Blickkontakt, den wir suchen oder auch bedarfsweise vermeiden?

Die Wirkung der primären und sekundären Sexsymbole ist unstrittig, aber ihre Effizienz wäre ohne die visuelle Wahrnehmungsmöglichkeit gleich null. Diese Erkenntnis gilt natürlich für jede bildhafte Darstellung gleichermaßen – allerdings mit einer Einschränkung. Es gibt Reize, die sind in den gesellschaftlichen Wertvorstellungen derart unbelastet, dass sie risikofreier und häufig wesentlich massentauglicher eingesetzt werden können. Dazu gehören die Augen von Menschen und Tieren. Wer von uns war nicht schon einmal entzückt über große, strahlende Kinderaugen oder ist vor den flehenden Augen eines jungen Hundes emotional in die Knie gegangen?

Die Eingangsfrage war, ob Sex verkauft? Bleibt zu prüfen, wo Sex beginnt, wie er/sie/es erkennt und diese Wahrnehmung steuert. Und so gelange ich letztendlich zu der Einsicht: Sex sells – eyes too! Sag es mit den Augen, denn Blickkontakt gewinnt!

Was außerdem verkauft, steht in unserer Werbeklimastudie.

Blickkontakt gewinnt.

Schlussbemerkung

Die Techniken der Absatzförderung und das gesamte konzeptionelle Marketing werden sich den sozioökonomischen Bedingungen unterordnen müssen. Marketing, in welcher Form auch immer, leistet seinen Beitrag zur wirtschaftlichen Weiterentwicklung, es gestaltet und formt innerhalb der wirtschaftlich technologischen Entwicklung die Wahrnehmung und die Absatzwege von Produkten. Marketing ist innerhalb dieser gesamtwirtschaftlichen Wechselwirkungen von Technologie und Produktion wirklich nicht alles, aber ohne Marketing wäre alles nicht wirklich!

Eingangs habe ich die wesentlichen Merkmale des Marktes im aufbrechenden Nachkriegdeutschland genannt, die da waren:

– der unübersehbare Mangel
– Aufbruch in eine neue Zeit
– die Bedeutung der Massenkaufkraft in neu prosperierenden Märkten

Im Vergleich dazu leben und erleben wir seit Jahren das Ende der Knappheit. Es gibt (fast) alles jederzeit zu kaufen. Trotz hoher Arbeitslosigkeit und »Hartz IV« sind Reisefreudigkeit und die Anschaffung von Neuwagen ungebrochen hoch. Allerdings ist unser gesellschaftliches Leben weniger

Prof. Joachim Köhler
TSB – J. Köhler Seminar
tsbkoehler@aol.com

von Aufbruchstimmung, als vielmehr von Besitzstandswahrung geprägt. Noch weisen wir im beginnenden neuen Europa Massenkaufkraft nach. Allerdings laufen alle beteiligten Länder Gefahr, dass die vorhandenen Geldmengen vom Endverbraucher zurückgehalten werden und alle mehr oder weniger Opfer von ungünstiger Steuerpolitik und Subventionsmaßnahmen werden.

Vor diesem Hintergrund wird Verkaufen nicht leichter. Ob Sex hilft? Der aggressive Preiskampf mit seinen »Geiz-ist-geil«-Botschaften scheint seine eigenen Grenzen zu erreichen. Was wird in der Zukunft prägend wirken?

Ein letzter, kurzer Ausflug in die banale Welt des Absatzkampfes der heutigen Zeit: Demnächst – ab 2006 – wird in Deutschland ein wenig bekannter amerikanischer Fast-Food-Anbieter in seinen Restaurants knapp bekleidetes Personal bedienen lassen. Aussichten in schöne Formen sollen über durchschnittliche Qualitäten längst bekannter Produkte hinwegtäuschen und so den Absatz fördern. Dies ist keine Eigeninterpretation von mir, sondern die Unternehmensmitteilung an die Presse!

Fazit: Hier verkauft Frischfleisch gegrilltes Hackfleisch! Sex sells? Selbstverständlich!

Für die Absatzförderung der nächsten Jahre werden in allen Branchen die größten Anstrengungen erforderlich sein, wenn es nur darum gehen soll, den Konsumentenmarkt in der alten Welt wieder so richtig in Schwung zu bringen. Mit dieser Aufgabe verbinde ich allerdings die Vorstellung nach sehr zentralen Basics des Marketings. Ich wünsche Ihnen und mir, liebe Leserinnen und Leser, für die nächste Zukunft ein höheres Maß an Selbstehrlichkeit, verbunden mit einer zeitgemäßen Wertediskussion, da beides die bessere Penetrationskraft hat.

Gerd Kröncke
Ganz Paris träumt

In meiner Jugend kannte ich einen Herrn in mittleren Jahren und aus großbürgerlichem Milieu, das mir fremd war, der aber nicht recht in die bourgeoise Norm passen wollte. In seinen Kreisen, zu denen ich nicht gehörte, wurde er mit Misstrauen, ein bisschen mit Neid beäugt. Seiner unmittelbaren Umgebung war er unheimlich, weil er unabhängig war, obwohl keiner wusste, womit er seinen Lebensunterhalt verdiente. Da man ihm keine regelmäßige Arbeit zutraute, wurde etwas von Couponschneiden geraunt, worunter ich mir wenig vorstellen konnte. Manchmal war auch die Rede von einer Spielleidenschaft, war er nicht mal in Baden-Baden gewesen. Die Jüngeren mochten ihn, weil er sie auf eine Weise ernst nahm, die ihnen die Eltern versagten. Wiewohl er vom Habitus ein vornehmer Mann war, schienen ihm Klassenschranken nichts zu bedeuten. Zweimal im Jahr, wenn die Tage noch kurz waren oder schon wieder kürzer wurden, verschwand er für zwei, drei Wochen. Hinterher tauchte er so plötzlich wieder auf, wie er verschwunden war, schwieg sich aus. Er war aber, man ahnte es bis zur Gewissheit, in Paris gewesen. In unserer norddeutschen Großstadt war das damals noch ungewöhnlich. Es gab die Übriggebliebenen einer Generation, die als deutsche Soldaten eine gemütliche Phase des Weltkriegs in Paris verbracht hatten, aber man hatte unterdessen andere Sorgen und Paris blieb ihnen ferne Erinnerung. Nur wenn sie davon erzählten, ergingen sie sich in O-là-là-Andeutungen, die irgendwie mit Sex zu tun hatten, seltener auch mit Liebe. Der Herr in mittleren

Jahren, der es zum Schluss zum Oberstleutnant gebracht hatte, bat mich gelegentlich zu sich, in einen geheimnisvollen Raum, von dem ich damals nicht wusste, dass man so etwas einen Salon nannte. *»Junger Mann«*, sagte er einmal, er siezte mich, obwohl ich den kurzen Lederhosen gerade erst entwachsen war, *»glauben Sie den Leuten nicht, wenn sie Ihnen ihre Pariser Abenteuer erzählen«*. In dem Salon hingen neben ein paar alten Bildern, die er »erstklassigen Kleinmeistern« zuschrieb, ein paar galante Stiche, die unsereins aus den Augenwinkeln musterte. Manchmal verließ er den Raum, offenbar, um mir die Gelegenheit zu geben, genauer hinzuschauen. Weil der Raum im Halbdunkel lag, fiel es nicht auf, dass ich errötete, als er hinter mir stand. In der *Rue de Seine* gäbe es eine Galerie, sagte er dann, da verkauften sie solcherlei, und wenn ich je nach Paris käme, sollte ich dort vorbeischauen und könnte mich auf ihn berufen. Er erzählte auch von der *Place Clichy* und der *Place Blanche* und ich wunderte mich, dass er *»die Place«* sagte. Die Gegend um die *Rue de Seine* ist noch immer der Ort für Galerien, aber die galanten Stiche sind etwas aus der Mode und nicht auf Anhieb zu finden. An *Pigalle* muss es damals anders ausgesehen haben. Denn schon ein paar Jahre später, den Gassenhauer »Pigalle, Pigalle« noch im Ohr, fuhr ich zum ersten Mal nach Paris und es war eine Erleuchtung. Irgendwie hatte man im Kopf, dass Paris mit Liebe zu tun hatte, und es gibt Phasen im Leben, da reimt sich Liebe auf Sex, bevor man lernt, dass das eine das andere ergänzt, aber nicht notwendigerweise miteinander zu tun haben muss. Es war dann aber so, dass ich gar nicht bis zur *Place Clichy* kam, sondern in *Saint Germain des Prés* eine vorübergehende Bleibe fand, ohne zu ahnen, wie glücklich ich damit war. Ich hielt es einfach für selbstverständlich, dass unsereins in Rufweite der Kirche *Saint Germain* in einer Mansardenbude unterkam. Sex spielte eine große Rolle in jenen Tagen, wenn auch eher theoretisch, und die *»Liebe in Saint Germain des Prés«*, ein legendärer Band des holländischen Fotografen Ed van der Elsken, war eine Art Reisebegleiter. So etwas wollte ich auch erleben. Paris empfängt im Jahr 26 Millionen Besucher, mehr als die Hälfte aus dem Ausland und ein großer Prozentsatz dieser Menschen kommen, weil sie seit ihrer Jugend ein nicht näher bestimmtes Bild von Paris mit sich herumtragen. Amsterdam, wo eine bestimmte Art von Sex wahrscheinlich leichter, bestimmt aber auch billiger zu kaufen ist, bleibt die Stadt der Grachten. Prag, das mit Liebe kaum in Verbindung gebracht wird und doch eine wunderschöne Stadt ist, bleibt die Goldene Stadt, und so ist Paris eben die Stadt der Liebe. Nicht jeder wird sich das eingestehen, aber es ist da, und es trägt dazu bei, dass Paris sich verkauft. *»Ganz Paris träumt von der Liebe ...«*, mag noch immer unterschwellig mitschwingen, obwohl die große Catharina Valente den Jüngeren längst kein Begriff mehr ist, und es ist ein Bild von Liebe, *»... denn dort ist sie ja zu Haus«*, das gewissermaßen gesellschaftlich akzeptiert ist. Wer gern nach Thailand reist, wofür es ehrenwerte Gründe gibt, kann in den zumindest unterschwelligen Verdacht geraten, ihm stünde der Sinn nach billigster Prostitution. Paris war über diesen Verdacht schon erhaben, als die schöne Irma la Douce noch ihren Dienst in der *Rue Saint Denis* verrichtete. Irma la Douce ließ sich zwar bezahlen, aber sie hatte auch den Ruf, großzügig zu sein. Es scheint sie nicht mehr zu geben, heute wird die *Rue Saint Denis* von unglücklichen Frauen bevölkert, die nicht aus der französischen Provinz kommen, sondern aus der afrikanischen. Als der väterliche Freund meiner Jugend nach Paris fuhr, immer erster Klasse, war die Reise noch für Privilegierte. Wir Jungen hatten so unsere Vorstellungen, die auch deshalb mit Sex zu tun hatten, weil in jener Zeit Präservative noch Pariser genannt wurden. Eine Reise war unerschwinglich, heute kann man aus der hannoverschen Provinz mit etwas Glück ein Flugticket für 0,01 Euro kaufen und mit allen Extra-Gebühren bleibt man unter dem lächerlichen Betrag von 50 Euro. Eine Zeche in einer Pariser Bar fällt höher aus. Selbst wenn manche Plätze viel von ihrem Zauber eingebüßt haben, so sie ihn denn je hatten, will sich keiner sein Paris ausreden lassen. Die Gegend um die *Place Pigalle,* von der uns unser Freund damals erzählte, ist aufdringlicher als sie je gewesen sein kann. Der Betrieb beginnt erst richtig, wenn es dunkel wird, aber schon tagsüber sind die Schlepper aktiv. Es ist kein Ort zum Flanieren, es ist halt immer die *»große Mausefalle mitten in Paris«* geblieben. *Sex sells the hard way.* All das schadet nicht dem Ruf der Stadt, Paris ist resistent gegen jede üble Nachrede. Manchmal ist die Aussage, dass jemand nach Paris der Kunst wegen reise, nur eine Umschreibung für Suche nach Sex, den eben manche in der Kunst finden. Wenn ein Realist wie Gustave Courbet den *»Ursprung der Welt«* auf die untere Partie eines Frauentorsos reduziert, dann ist das eine Spielart von Sex in der Kunst, wie sie unverstellter kaum denkbar ist. Das Bild hängt im *Musée d'Orsay* und hat manchen Jungen verstört, wenn er unvermittelt davorstand. Denn noch immer kommen junge Menschen in die Stadt und haben dieses vage Bild, das von einer Generation zur nächsten weitergegeben wird. Dann landen sie früher oder später in dieser Gegend und wenn es gut geht, läuft es so ab: Ein junger Mann stromert durch die Straßen, wirft verschämte Blicke in die Bars, und manchmal traut er sich hinein. Dann sitzt da diese aufregende junge Frau allein vor einem leeren Glas. Er lächelt, sie lächelt, aber er, von Panik erfasst, stürzt aus dem Lokal, und als er wiederkommt, ist sie weg und ihm bleibt eine Enttäuschung erspart, die er teuer bezahlt hätte. Die wunderbare, wenn auch aus heutiger Sicht etwas verstaubte Filmkomödie »*Ariane*« mit Gary Cooper und Audrey Hepburn spiegelte in den 1950er-Jahren alle Wunschträume der Teenager wider. In den ersten Bildern ließ Billy Wilder eine Kuss-Szene nach der anderen drehen, und die Botschaft lautete: In Paris wird mehr geküsst als irgendwo sonst auf der Welt. Die Einstellungen sind so harmlos wie die 1950er-Jahre eben waren, aber bedienten den Mythos. Ein halbes Jahrhundert später begann der Film »*Amelie*« nach gleichem Muster. Nur, dass die ersten Bilder Bums-Szenen zeigten. Die Botschaft ist dieselbe, nur traut man sich heutzutage mehr als damals. Es sind die Klischees, mit denen sich Paris verkauft, erfolgreich bis in alle Zeiten. Dass diejenigen unter den Millionen Touristen, die dem Sex-Klischee folgen, bei der Abreise nicht enttäuscht sind, liegt daran, dass niemand von der Stadt gelangweilt ist, auch wenn sich manche uneingestandenen Hoffnungen nicht erfüllt haben. Wenn zum Beispiel ein Kollege erzählt, dass er in Barcelona wohnt, dann ist man allenfalls gelinde erstaunt. Aber wer sagen kann, er lebe in Paris, wird noch immer dieses Aufleuchten in den Augen des Gegenüber erleben, weil jeder sein eigenes Bild über die Stadt im Kopf hat. Wer indes in Paris lebt, der kommt selten nach *Pigalle* und schon gar nicht ins *Moulin Rouge*. Manchmal führt mich mein Weg zum Friedhof *Montmatre*, wo Heinrich Heine liegt, den es aus anderen Gründen nach Paris verschlagen hatte. Er kannte das Wort Sex noch nicht, umso schöner hat er über Liebe geschrieben. Irgendwann, ganz allein, hat mich doch der Schalk gepackt und ich habe mich des Nachts auf die Gegend eingelassen. Es war ein lauer Frühlingsabend und in einem Bistro am Zinktresen stehend geriet ich mit einem Typ ins Gespräch, der mich von Haltung und Habitus an jemanden erinnerte. Es hat gedauert und ich musste lange in verschütteten Erinnerungen kramen, bis mir mein väterlicher Freund aus frühen Jugendtagen wieder einfiel. Dieser Herr an der Theke, mit einem Ziertuch im eng-

Gerd Kröncke
Korrespondent
der Süddeutschen Zeitung in Paris
gerd.kroencke@sz-korrespondent.de

lischen Jackett, hatte etwas von derselben zeitlosen Eleganz, was die Jahrzehnte vergessen ließ, die inzwischen verstrichen waren. Er sei zweimal im Jahr in Paris, so viel war herauszuhören, meist im Frühling oder im Herbst, und wenn er ehrlich sein solle, komme er wegen der Liebe. Er ließ ein paar kennerische Einzelheiten fallen, die mich dann aber enttäuschten, weil es nicht die Mädchen waren, nach denen er Ausschau hielt. Da konnte ich nicht mitreden und ging meiner Wege.

Chandra Kurt
Entblößende Schuhkreationen

Ein kurzer Blick durch die aktuelle Werbelandschaft macht klar, dass ein Frauenkörper der Werber liebster Werbeträger beziehungsweise -botschafter ist. Denn es gibt kaum ein Konsumgut, das sich nicht bereits seiner optischen Auffälligkeit bedient hätte. Der weibliche Körper – oder zumindest ein erkennbarer Teil davon – kommt sowohl für Autoreifen, Zahnpasta, Turnschuhe, Parfüms oder Wandbehänge ins Bild. Und zwar immer auf dieselbe Art: leicht beschürzt und darauf bedacht, Evas Reize voll zum Ausdruck zu bringen. Eine solche Werbeprominenz genießen weder Vertreter aus dem Tierreich noch aus der Sport- oder Musikbranche.

Während in den 1950er- und 60er-Jahren Frauen bereits Einzug in die Werbelandschaft gefunden hatten, galt der Fokus damals vielmehr ihrer unermüdlichen Haushaltskraft. Ganz nach dem Motto: »Sie kann den Haushalt machen, die Kinder aufziehen, Kochen und abends gut für ihren Mann aussehen«, wurde sie in diversen Anzeigenserien stilisiert. Inzwischen ist der Feminismus kein Fremdwort mehr, genauso wie die sexuelle Befreiung. Einzig in der Werbung scheint die Zeit etwas stehen geblieben zu sein. Denn die Beispiele für schlechte Kombinationen von Werbung und weiblicher Erotik gehören zum Alltag. In den Kreativabteilungen der Werbeagenturen lautet die Devise »Sex sells« und dementsprechend nackt sind die Anzeigen.

So etwa, wenn es darum geht, Schuhe zu verkaufen. Ob sportlich oder elegant, spielt dabei eine sekundäre Rolle, was zählt, ist die nackte Haut, die ihnen entspringt. Eine Augenweide ist das Pittarello-Model (nicht zu verwechseln mit einem aus dem Pirelli-Kalender). Bei Pittarello quillt es aus allen Enden. Sogar der geschnürte Schuh drückt, was sich seine Trägerin allerdings nicht anmerken lässt, schließlich hat Verführung ihren Preis. In diesem Falle 59 Euro. Die Verfügbarkeit ist allerdings limitiert – zum Glück.

Glücklich wie Adam und Eva scheinen auch die Inselbewohner mit Jackal-Turnschuhen zu sein. So glücklich, dass sie vergessen haben, etwas anzuziehen – ist auch nicht nötig mit solchen Schuhen und einer solchen Aussicht. Sie lächelt in die Kamera und wir fragen uns, ob der Fotograf auch Jackal-Träger ist.

Weiter geht's mit Patrick Cox. Auch hier schmiegt sich eine Schuhträgerin an das andere Geschlecht. Er entledigt sich eines Kleidungsstückes und sie entledigt sich eines Kleidungsstückes. Na ja, sie lauscht jetzt an seinem Pulsschlag und überlegt, ob sie das nächste Mal vielleicht einen Zweiteiler anziehen solle, und wir genießen ihre schönen Stiefel mit spitzig langen Absätzen.

Ähnlich spitz geht's bei Diesel zu. Eine Anzeige, die Aufmerksamkeit verdient. Schließlich sind auf ihr auch am meisten Frauen zu sehen. Zwei Fragen: Wo sind wohl die nicht sichtbaren Körperteile der Frauen? Vielleicht liegen sie nach hinten geklappt oder sie sind so artistisch veranlagt, dass sie alle aufeinander gestapelt Platz haben. Vorsicht beim Nachstellen! Die zweite Frage: Sollen wir uns überlegen, welche Stiefel uns am besten gefallen, oder dass ein Diesel-Träger Frauen auf drei Arten beflügeln kann? Wie dem auch sei: Schade, dass man seinen Kopf nicht sieht.

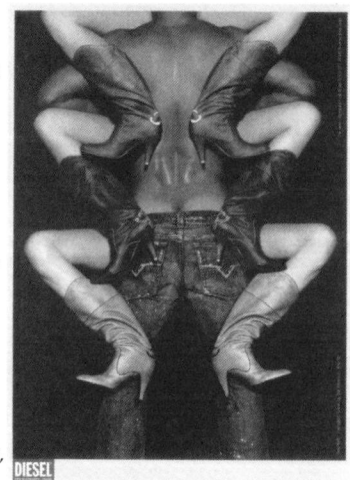

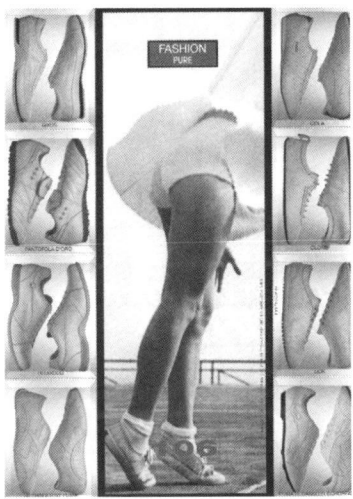

Kopflos ist eine weitere Turnschuh-
trägerin. Ist auch absolut okay, denn
das Wichtigste ist auf der Puma-
Anzeige ja zu sehen. Ihre Unterhose.

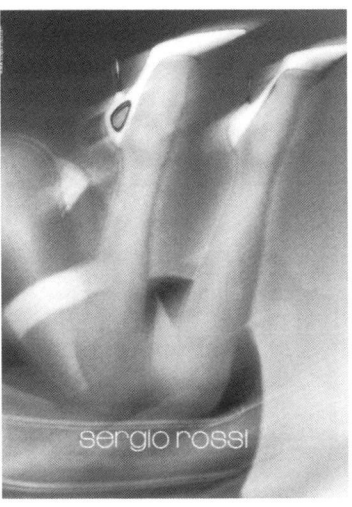

Die elegante Version dieser Werbung
wird auch gleich von Sergio Rossi
geliefert. Ganz nach dem Motto:
Spitze Schuhe verlangen nach
spitzem Höschen und zu flachen
Schuhen kann frau ruhig das un-
kompliziertere Modell tragen.
Hauptsache modisch abgestimmt.

Zum Schluss noch dies: Glücklicherweise – für manch ungesättigtes Frauenauge – scheint das entblößende Frauenschicksal nun auch die Männermodels zu erwarten. Sie sind zwar noch nicht so zahlreich anzutreffen, müssen ihren Body aber vermehrt zur Schau stellen. Und zwar durchtrainiert von der Pobacke bis zum Bizeps. Im Zeitalter der Gleichberechtigung ist dies auch mehr als fair.

Wir freuen uns auf jeden Fall auf diese Werbeevolution und warten gespannt darauf, wie die Männerwelt reagiert, wenn mit einem knackigen Männerpo für den neusten Staubsauger oder die moderne Polstergruppe geworben wird.

Claus von Kutzschenbach
Hat der liebe Gott gewollt, dass Frauen und Männer auch zusammen arbeiten?

Wenn Frauen in traditionelle Männerberufe vordringen, gibt es zunächst einmal Irritationen. Auf beiden Seiten. Kein Wunder: Beide Geschlechter sprechen völlig unterschiedliche Sprachen, haben völlig unterschiedliche Lebens- und Wertvorstellungen: Ein Mann hat mehr mit einem männlichen Affen gemein als mit einer Frau, behaupten Genforscher. Und dennoch bringen gemischtgeschlechtliche Gruppen bessere Arbeitsergebnisse. »Sex sells« – vermutlich. Aber eines ist klar: »No sex – no sales!«

Die Dame erregt sich: »... dafür bin ich nicht Akademikerin geworden!« Dabei hatte ich ihr doch nur geraten, ihre Weiblichkeit auszuspielen als einzige Frau unter ihren vielen männlichen Führungskollegen, von denen sie sich nicht akzeptiert fühlt. »Denn Männer«, so erklärte ich, »sehen nun mal immer erst die Frau an sich und erst dann ...« Empörung! Sexistisch!

Nun ja, Sex ist ja per se nichts Schlechtes. Schließlich hat der liebe Gott Frauen und Männer vor allem zum Zweck der Fortpflanzung erfunden und wahrscheinlich nicht deshalb, damit sie zusammen die gleichen Arbeiten erledigen. Für die gleichen Arbeiten hätte ein Modell genügt. Die Natur ist da absolut ökonomisch.

Aber Frauen und Männer sind nicht nur in ihrer sichtbaren biologischen Struktur höchst unterschiedlich. Eine deutsche Forscherin fand beispiels-

Hat der liebe Gott gewollt, dass Frauen und Männer auch zusammen arbeiten?

Claus von Kutzschenbach

weise heraus, dass das weibliche Gehirn in dem Bereich, der für Kommunikation zuständig ist, größer und besser ausgebaut ist als das männliche (nun gut, das mag man auch ohne wissenschaftliche Erkenntnisse so vermutet haben). Schließlich: Die neueste Updateversion des Betriebssystems für unsere Entscheidungen, unsere Gehirnarchitektur, ist immerhin rund 50.000 Jahre alt. Das war sicherlich für damalige Verhältnisse ideal.

Nur, die Lebensumstände haben sich seither dramatisch geändert. Da stellt sich zwangsläufig die Frage, ob die Gehirnarchitektur unserer Altvorderen aus der Steinzeit dafür geeignet ist, dass Mann und Frau cool und rational zusammen arbeiten und das Thema Sex vollständig ausblenden können. Besonders dort, wo Frauen plötzlich in eine Domäne eindringen, in der bislang die Männchen unter sich waren, in vielen traditionellen Männerberufen und – besonders heftig wegen der Akkumulation von Alphatierchen – im Management.

»Sex sells«, sagt man. Da passt es durchaus ins Bild, dass das englische Wort »sell« als Substantiv zunächst einmal für »Reinfall, Schwindel« steht und erst als Verb die bei uns bekannte Bedeutung »verkaufen« (aber auch: »verraten«) erhält. Darüber wäre noch gesondert zu sinnieren. Doch mit dieser begrifflichen Doppelbödigkeit wird unser Thema erst wirklich interessant.

Nun hat der liebe Gott einmal – offensichtlich rein aus Gründen der Fortpflanzung – zwei Ausgaben des Menschen geschaffen, eine weibliche und eine männliche. Und nur, wenn sich beide zusammentun, können sie sich reproduzieren. Also eigentlich eine hoch brisante Angelegenheit. Man denke nur an Chemikalien, die für sich genommen relativ harmlos sind, aber zu einer kaum kontrollierbaren Kettenreaktion führen, wenn man sie vermengt …

Betrachten wir das Thema mal aus einer ganz anderen Perspektive: Man stelle sich einmal die zwei Hälften einer solchen, auch kommunikativ sehr unterschiedlich konstruierten Reproduktionseinheit vor, wenn sie in unserer postindustriellen Zivilisation in einer kleinen Dreizimmerwohnung in einer modernen Wohnanlage in einer Großstadt längere Zeit miteinander friedlich auskommen sollen. Im Höhepunkt ihr Geschlechtsreife. Am Zenit

Claus von Kutzschenbach
Hat der liebe Gott gewollt, dass Frauen und Männer
auch zusammen arbeiten?

ihrer reproduktiven Leistungsfähigkeit – und zugleich noch am Anfang ihres Berufslebens, bei dem sie in der übrigen Zeit am Arbeitsplatz mit anderen potenziellen Reproduktionseinheiten in intimer Nähe auf engstem Raum asexuelle Leistung bringen sollen. Der Wahnsinn. Geht das denn überhaupt oder sind da nicht eher ständig unkontrollierbare Kettenreaktionen angesagt? Anfangs – in den ersten Wochen und vielleicht sogar über einige Monate – verläuft das Zusammenleben unseres Pärchens sicherlich sehr positiv im Sinne der Fortpflanzung; wenngleich das hier ursprünglich beabsichtigte Ergebnis mittlerweile technisch, chemisch oder biologisch sorgfältig kontrolliert und geplant gegen null gesteuert werden kann. Und diese Reproduktionsübungen waren ja ein ganz wesentlicher Grund für die Unterwerfung ins unvermeidliche Zusammenleben völlig unterschiedlicher Kulturen auf kleinstem Raum. (Oder denke ich jetzt schon wieder zu sehr aus Männersicht? Gibt es vielleicht aus der Frauensicht ganz andere Vorstellungen, Wünsche und Träume vom Zusammenleben? Vermutlich. Mit Sicherheit!)

Was wir aber sicher wissen ist, dass das enge und ständige Zusammenleben von Männlein und Weiblein in der jungen Blüte ihrer Jahre (und auch lange später noch) nicht ohne Reibungen verläuft. Die heftigsten Krisen sind Liebes- und Ehekrisen. Und dennoch finden wir uns immer wieder erneut, paarweise. Und dennoch können wir oft ein halbes Leben lang oder noch länger gut, harmonisch und in mehrfacher Weise produktiv mit demselben Partner auskommen. Erstaunlich. Schön!

Dabei scheint das gedeihliche Miteinander manchmal so abgrundtief unmöglich: Der liebestötende, so oft in Männerohren hineingepeitschte, gezischte oder mit stiller Verzweiflung ins Nichts geflüsterte Satz aus sonst so verführerisch lustvollen Frauenlippen entwickelt seine alles zerstörende Wirkung mit nur vier Worten: »Du verstehst mich nicht!« Richtig. Wie auch!?

Intelligente Männer haben das »Nichtverstehen« spätestens nach dem fünften Mal bedauernd für sich akzeptiert und sich klaglos in ihr Schicksal gefügt, dass vieles, besonders Frau an sich, für sie unverständlich bleibt. Unter sich schweigen sie sich darüber beredt aus. Nun ja, Frauen akzeptie-

Hat der liebe Gott gewollt, dass Frauen und Männer auch zusammen arbeiten?

Claus von Kutzschenbach

ren offenbar genau das nicht und wollen partout und ständig verstanden werden. Wie dieses Problem lösen bei den so grundsätzlich unterschiedlichen Bauplänen der beiden Menschenwesen?

Gibt es so viele tief greifende Verwerfungen, Missverständnisse und Lebenskapitulationen auch unter auf engem Raum zusammenlebenden, heterogenen Männern? Nach meiner langjährigen Erfahrung, die auch ein 18-monatiges intimes Zusammenleben von bis zu zwölf Männern auf engstem Raum einschließt (Bundeswehr-Kaserne), nicht so sehr. Konflikte unter Männern sind schnell geregelt: Wenn die Hierarchie ausgekämpft ist, kommen Männer vergleichsweise pragmatisch miteinander aus, Männer unter sich funktionieren im Normalfall ziemlich reibungslos und lassen dann jeden leben, wie er will.

Wie ist das unter Frauen? Vermutlich nicht ganz so einfach. Aber auch sie finden sich. Auf ihre Weise. Auch sie entwickeln – für männliche Außenstehende kaum begreifbare – Kommunikations- und Beziehungsstrukturen, die die Zusammenarbeit oder ein Zusammenleben zumindest vorübergehend auf eine erträgliche Art und Weise regeln und eine ständige »Zicken-Soap« vermeiden helfen.

Männer brauchen im beruflichen Alltag vor allem ihren Platz in der Hierarchie, um ihre Fähigkeiten einzubringen, um ihren Job zu tun. Damit sie funktionieren können, müssen sie gesagt bekommen, was zu tun ist und wer neben, hinter und über ihnen steht. Wer ihnen was zu sagen hat und wem sie etwas zu sagen haben. Und solange das nicht wirklich klar ist, versuchen sie, es herauszufinden. Mit ihren Mitteln.

Stärke, Macht, Einfluss, Schnelligkeit, Risikofreude, Abenteuerlust, sichtbarer Erfolg und Durchsetzungsvermögen sind es, mit denen »mann« Punkte beim Ranking erzielt. Zumindest unter den extrovertiert veranlagten Männern, dem männlichen Idol auf dem Fußballplatz und in Hollywoodstreifen. Mehr introvertiert veranlagte Männer dagegen bestimmen ihr Ranking nach geistiger Macht, hohem wissenschaftlich-religiösem Ansehen, präzisem Funktionieren von Prozessen, Unfehlbarkeit, Unbestechlichkeit und kühler Unangreifbarkeit ihrer Erkenntnisse und Entschei-

Claus von Kutzschenbach
Hat der liebe Gott gewollt, dass Frauen und Männer
auch zusammen arbeiten?

dungen. Diese introvertierten wie extrovertierten Werte und Fähigkeiten sind es, um die unser männliches Denken kreist, wenn wir uns unter unseresgleichen orientieren und wenn wir erfolgreich sein wollen. Diese Themen bestimmen unser Interesse, sie prägen unsere Kommunikation. Und wenn wir punkten wollen, dann versuchen wir, uns in einer (oder mehreren) der oben genannten Fähigkeiten als besonders gut darzustellen.

Dummerweise positionieren wir Männer uns so auch gegenüber Frauen. Und in der Konsequenz liegt vermutlich schon hier das große Missverständnis. Denn für uns Männer sind die oben genannten Tugenden ein Wert an sich, für Frauen dagegen sind unsere heiligen Werte möglicherweise nur ein Indiz für etwas ganz anderes. Ein Indiz dafür, ein guter Beschützer, Vater, Ernährer, Liebhaber zu sein? Aber das ist vermutlich unter modernen Frauen auch nicht mehr der richtige Ansatz. Und möglicherweise ist schon der Begriff »Liebhaber« (= Lover) wieder höchst missverständlich und im Alltag weit weniger aufregend, als das Wort an sich verheißt. Und manchmal habe ich den Verdacht, dass sich manche Frauen manche Männer nur deshalb aussuchen, weil sie meinen, hier reiche Beute für Domestizierungsversuche zu haben. Fatal: Der wilde Rebell, Abenteurer, Draufgänger oder der total vergammelte Existenzialist wird von Frauen möglicherweise nicht wegen seines von uns Männern bewunderten wilden und abenteuerlichen Lebens gewählt, sondern deshalb, weil sie meinen, ihm genau das austreiben zu können. Auch so sterben Helden.

Und umgekehrt. Sicherlich gibt es andererseits Fälle, in der die begehrte und bewunderte Partykönigin, die hoch begabte und bestens ausgebildete Jungakademikerin mit Sexappeal, umwerfendem Charme und besten Karrierevoraussetzungen sich plötzlich verwandelt in ein braves Hausmütterchen und sich ihr bis dahin weiter Horizont verengt auf die überschaubare Welt eines Spielplatzes voller Kinder. War's das? Vielleicht ja, vielleicht nein – vielleicht lebt »mann« damit ganz gut, »frau« nicht so ganz – schwierig!

Wie auch immer: Bei nüchterner Betrachtung verstehen sich Frauen und Männer nicht wirklich. Bei nüchterner Betrachtung sollten sie für den

Hat der liebe Gott gewollt, dass Frauen und Männer auch zusammen arbeiten?

Claus von Kutzschenbach

Alltagsgebrauch einen weiten Bogen um den jeweils anderen machen und sich nur kurzzeitig und gezielt zum Zweck der Fortpflanzung und des damit verbundenen Lustgewinns treffen. Das tun sie aber nicht. Im Gegenteil: Nicht nur, dass privat ein zweisames Leben Ziel vieler Wünsche geschlechtsreifer Frauen und Männer ist, auch am Arbeitsplatz rücken die beiden so unterschiedlichen Spezies einander immer mehr auf die Pelle. Schon seit einigen Dekaden drängen immer mehr Frauen in typische Männerberufe wie Armee, Polizei oder Management. Was wollen sie da? Wenn es darum geht, dass sie dort mehr Geld verdienen, wäre das verständlich. Aber Polizei oder Armee sind nun wirklich nicht bekannt für üppige Gehälter. Wollen auch sie mehr Abenteuer erleben oder das Funktionieren von Organisationen, die traditionell für (männliche) Hierarchie und Disziplin stehen? Oder wollen sie sich selbst irgendetwas beweisen? Oder den Männern? Oder gibt es letztlich gar keine klassischen Männerberufe? Was auch immer – die Frauen tun es – und bislang hat das offensichtlich noch nicht merklich geschadet. Erstaunlich.

Natürlich spricht der eine oder andere uniformierte alte Hagestolz hinter vorgehaltener Hand, dass das mit den Frauen in der Truppe doch nicht ganz so unproblematisch sei – klar, Männer sind leichter zu führen. Aber in der Wirtschaft funktioniert der Geschlechtermix am Arbeitsplatz offensichtlich gut. Nicht nur in Mitteleuropa: Auf einer Delegationsreise mit anderen deutschen Instituten für Aus- und Weiterbildung treffe ich in den Vereinigten Arabischen Emiraten und in Oman auf Frauen und Männer, die völlig unkompliziert und selbstbewusst nebeneinander und miteinander ihren Dienst tun. Dabei tragen sie ihre jeweilige traditionelle Kleidung: Die Männer die körperverhüllende *Dish-dash-ah* (meist weiß), auf dem Kopf das *Shumagg* (rotweiß gemustertes Tuch) oder *Gutrah* (weißes Tuch im Sommer), die Frauen ihre schwarze *Abayah* und auf dem Kopf – das Haar verhüllend – die *Hejab*. Der Umgang der Geschlechter miteinander in Behörden und Büros erscheint uns respektvoll, aber völlig locker. Und als während einer Konferenz die Sprache darauf kommt, dass die Top-Managementpositionen in Deutschland vor allem von Männern besetzt sind, bemerkt unser arabischer Gastgeber mit feinem Lächeln, die Deutschen seien wohl Chauvinisten ... »Nun, immerhin haben wir eine Kanzlerin«, fiel mir da noch rechtzeitig als passende Antwort ein. Aber,

Claus von Kutzschenbach
Hat der liebe Gott gewollt, dass Frauen und Männer
auch zusammen arbeiten?

wenn das so gesehen wird in einer Kultur, die uns immer wieder als Paradebeispiel für Geschlechtertrennung und Frauenunterdrückung dient, dann macht das nachdenklich.

Wenn selbst in der arabischen Welt der rituellen Geschlechtertrennung Frauen und Männer immer häufiger zusammen arbeiten und denselben Job tun, muss es dafür Argumente geben, die stärker ziehen als die sonst sehr respektierte Tradition. Ein Argument könnte (männlicher) Arbeitskräftemangel in bestimmten Berufen oder Spezialisierungen sein. Ein weiteres der auch hier sich abzeichnende Erfolg der Frauenbewegung, Männerbastionen zu stürmen und Gleichberechtigung zu erreichen. Ein drittes Argument schließlich könnte darin begründet liegen, dass Frauen nicht nur insgesamt fleißiger und zuverlässiger arbeiten (das übrigens meinen auch viele deutsche Chefs), sondern, dass sie allein durch ihre Anwesenheit am Arbeitsplatz die Produktivität von Teams deutlich steigern. Und tatsächlich, wie bereits gesagt: Nach verschiedenen Untersuchungen bringen gemischtgeschlechtliche Gruppen mehr Leistung als homogene, die Reibungsverluste durch Konflikte sind geringer.

Warum nur? Ganz einfach: Sex sells.

Männer unter sich bringen, wenn die Hierarchie erst einmal steht, normalerweise gerade mal die Leistung, die gefordert wird. Nur die jungen Alphatierchen bringen mehr Leistung, bis sie die Nebenbuhler überholen und das alte Alphatier stürzen. Dann sind sie selbst in der Defensive und mauern. Die Leistung regelt sich wieder auf Normalmaß ein. Vielleicht vollzieht sich Ähnliches auch unter Frauen.

So, und nun stelle man sich einmal vor, unter eine bis dato reine Männertruppe mischen sich plötzlich eine oder mehrere (von Natur aus fleißige) Frauen. Was passiert? Klar, jeder Mann, der nicht völlig aus der Welt ist, wird nun der Weiblichkeit imponieren wollen und mehr oder weniger offen um sie werben. Am einfachsten damit, dass er seinen Job gut macht, hilfsbereit und offen ist. Damit hätte der Arbeitgeber schon etwas gewonnen. Die Frauen wirken auch – so wird immer wieder beobachtet – konfliktlösend und mildernd bei den typischen und meist kontraproduktiven

Hat der liebe Gott gewollt, dass Frauen und Männer auch zusammen arbeiten?

Claus von Kutzschenbach

Hahnenkämpfen der Männer: Klar, wenn meine männliche Kraftmeierei von Kolleginnen nicht akzeptiert oder sogar deutlich missbilligt wird, dann lohnt das nicht mehr, ich wende mich dann einer anderen Werbetaktik zu, etwa, mehr Leistung und bessere Ergebnisse im Job zu bringen. Denn offensichtlich kann ich am einfachsten und am wenigsten umstritten erst einmal damit punkten. Das leuchtet ein.

Und umgekehrt: Warum ergibt auch die Zufügung von »ein wenig Mann« mehr Leistung in bis dato reinen Frauengruppen? Aus dem nämlichen Grund? Weil Frauen dem Mann intuitiv zeigen wollen, wie fleißig sie sind und wie nützlich sie ihm damit sein können, und hoffen, dass er sie dann auch als Sex- und Lebenspartnerin erwählt? Wie auch immer: Auch die Aufmischung von Damenteams durch Männer wirkt am Ende positiv auf das gesamte Arbeitsergebnis. Über die Ursachen gibt es viele Vermutungen und wenig Gewissheit.

Eine weitere Vermutung ist natürlich, dass das Ganze mit Sex überhaupt nichts zu tun hat, sondern dass sich in einem gemischtgeschlechtlichen Team einfach viel mehr unterschiedliche Begabungen und Fähigkeiten finden, die sich bei der Bewältigung komplexer Aufgaben ideal ergänzen. Gut möglich, aber vielleicht auch ein wenig naiv. Immerhin bietet der Arbeitsplatz (und dazu zählen wir großzügigerweise hier einmal die Hörsäle an den Universitäten mit) ideale Chancen, den potenziellen Sexual- und Lebenspartner kennen zu lernen – sowohl quantitativ als auch qualitativ. Die Auswahl ist – je nach Firma oder Organisation – groß und das Verhalten, die Fähigkeiten und die Neigungen des anderen können gefahrlos und bequem ohne engere eigene Verwicklung in den unterschiedlichsten Situationen beobachtet werden.

Besonders – und da sind wir wieder beim Thema – in gemischtgeschlechtlichen Gruppen. Mann müsste ja wirklich sehr beschränkt (oder total introvertiert versachlicht) sein, wenn er die bequeme Möglichkeit, in Reichweite seines Arbeitsplatzes eine Frau zu gewinnen oder sie zumindest zu beeindrucken, nicht einmal testweise ausprobieren würde. Und weil andere Beeindruckungsmöglichkeiten am Arbeitsplatz zunächst immer entweder kompliziert, riskant oder deplatziert sind, bleibt als

Claus von Kutzschenbach
Erfolgsstrategien
www.cuk-consulting.de

Imponier- und Werbeventil nur – und erfreulicherweise für den Arbeit-geber – die zu leistende Arbeit.

Vielleicht denkt »frau« ja wirklich, am Arbeitsplatz könne oder müsse »mann« Sex total ausblenden. Vielleicht hat »frau« ja die Eigenschaft, sich wirklich (fast) ausschließlich auf ihre Arbeit zu konzentrieren. Denkbar. Inklusive der daraus resultierenden Irritationen. Und genauso denkbar ist es, dass auch mancher Mann irritiert ist und verunsichert bis ohnmächtig verärgert reagiert, wenn das letzte Refugium seiner heiligen Männerord-nung, der außereheliche Arbeitsplatz in der Firma oder Behörde, nun plötzlich auch von weiblichen Wesen okkupiert wird. Hilft nichts, mit Frauen geht's – vielleicht gerade deshalb – besser.

Merkwürdigerweise und wider besseres Wissen, dass Frauen und Männer wirklich grundverschieden sind und im schlichten Zusammenleben unvermeidbar tief gehende Krisen auslösen, suchen sie sich immer wieder. Und sie belohnen sogar den, der sie am Arbeitsplatz zusammenführt, zunächst einmal brav mit mehr Output in der vom Arbeitgeber oder Dienstherrn geforderten Dimension (und nicht etwa zuerst in der gottge-wollten Outputdimension der Reproduktion). Vielleicht hat der liebe Gott doch gewollt, dass Frauen und Männer auch zusammen arbeiten. Dann aber haben wir lange gebraucht, um das zu begreifen: Tausende Jahre und viele Hochkulturen, in denen gerade der Geschlechtermix am Arbeitsplatz höchst verpönt war. Was für eine gewaltige ökonomische Vergeudung!

Stefan Lammers
»Sells Sex« oder wie viel Sex muss es sein?

Sells Sex? Natürlich verkauft Sex! Würde sonst der Titel dieses Buches der deutschen Topverkäufer »Sex sells« heißen? Würde sonst so viel Werbung auf Plakaten, in Zeitschriften, im Internet und im Fernsehen so auf nacktes Fleisch abgestellt sein? Denn Sie wissen, was Sie tun! Sex ist immer noch die aufmerksamkeitssteigernde Methode. Ja, Sie haben richtig gelesen, die aufmerksamkeitssteigernde Methode! Aber ist es denn das, was wir eigentlich erreichen wollen? Natürlich ist es wichtig, im ersten Moment Aufmerksamkeit zu erzeugen, um bei unseren potenziellen Kunden Lust auf unsere Produkte zu machen und die Kaufgier zu wecken. Aber das ist doch nur der erste kleine Schritt, ausschlaggebend für die Zukunft, aber winzig im Gesamtverkaufsprozess, der eigentlich dann erst richtig anfängt.

Mehr Sex am Anfang!

Am Anfang steht die Zielgruppenklärung und damit auch die Suche nach der Beantwortung der Frage: Wie viel Sex braucht oder verträgt meine Zielgruppe? Wieso nehmen wir uns dazu nur zu selten die Zeit? Die Frage ist nach Produkt, Branche oder Verkaufsbereich sehr unterschiedlich zu beantworten. Aber es gibt noch viele andere Fragen, die wir uns bei der Zielgruppenanalyse beantworten sollten. Wer ist der Entscheider? Wie viel Geld steht zur Verfügung? Könnte ich jemanden verletzen? Will ich ein langfristiges Geschäft aufbauen, oder handelt es sich um einen einmaligen Kundenkontakt?

All diese Fragen – und Sie kennen bei genauerem Überlegen bestimmt noch viele mehr – sind mindestens einmal pro Produkt oder unterschiedlichem Verkaufsvorgang zu beantworten. Es sei denn, Sie haben zu viel Zeit und potenzielle Kunden, um nach dem Trial-and-Error-Prinzip zu verfahren. Ein Beispiel einer gelungenen Zielgruppenanalyse finden wir in der Endverbraucher-Zielgruppe Textil/Dessous. Sie ist gut und relativ klar zu klassifizieren. Palmers, C&A oder H&M haben es mit den *City Lights* vorgemacht. Dass die Plakate nahezu Sammlerwert erreichten, sogar gestohlen wurden und gleichzeitig sowohl Frau als Mann angesprochen haben, unterstreicht den Volltreffer. Nie interessierte sich der Mann mehr für Unterwäsche oder seine damit verbundenen Fantasien. In anderen Verkaufsbereichen wäre diese Kampagne nach hinten losgegangen. Beispielsweise im B-to-B-Bereich. Dort wären solch fleischgewordenen Kampagnen nicht nur fehl am Platz, sondern würden auch an den eher erwartungs- und nutzenorientierten Wünschen der Käufer scheitern. Zumal hier häufig mehrere Entscheider am Einkauf beteiligt sind. Dort kann eine attraktive Verkäuferin mit ihrem Charme oder ihrer netten Telefonstimme den einen oder anderen Aufmerksamkeitsgewinn erzielen. Sie sehen, wie wichtig eine ordentliche Analyse und Planung im Vorfeld ist. Nur dann können Sie professionell über den richtigen Einsatz der Mittel entscheiden.

Wie viel Sex erfordert mein Verkaufsprozess?

Um diese Frage beantworten zu können, müssen Sie sich bewusst machen, in welcher Art Verkaufsprozess Sie sich befinden. Sind Sie in einem Verkaufsprozess ähnlich dem »One-Night-Stand«, bei dem der Kunde die kurzfristige Befriedigung seiner Bedürfnisse sucht? Oder ist der Kunde in Wirklichkeit auf der Suche nach nachhaltiger Befriedigung durch eine Affäre oder sogar durch eine echte Beziehung?

Was bedeutet das für Sie als Verkäufer? Wie finden Sie die eigentlichen »geheimen, dunklen« nicht ausgesprochenen Gelüste Ihres Kunden heraus? Was bedeutet das für Sie und Ihre Arbeit? Sind Sie bereit, sich persönlich zu verkaufen, sich zu prostituieren, um den Verkaufserfolg sicherzustellen? Mögen Sie und wollen Sie sich überhaupt mit jedem Kunden ins Bett legen? Und wenn ja, wie können Sie dann die Wahrscheinlichkeit erhöhen, dass es auch noch Ihnen beiden Spaß macht?

Wenn Sie sich rücksichtslos auf die Kundensicht einlassen, können Sie zwischen verschiedenen Gelüsten unterscheiden:

Der One-Night-Stand im Verkauf

Der Kunde ist auf der Suche nach etwas für den einmaligen Gebrauch. Nehmen wir mal an, beispielsweise ein Konzertticket von Robbie Williams. Der Kunde kennt das Produkt. Hat Gefallen daran gefunden und möchte es sich einmalig aus der Nähe ansehen, berühren. Dazu muss er ein Stück Papier, das Ticket, bei Ihnen erwerben, das ihm den Zutritt zu seinen Gefühlen ermöglicht. Es gibt keine langfristige Beziehung, weder zwischen dem Produkt und den Kunden noch zwischen Ihnen als Verkäufer und Ihrem Kunden. Das maximale Gefühl zwischen Verkäufer und Kunde kann ein negatives sein: Der Preis ist zu teuer. Die Karten kommen zu spät. Die Sicht von den Plätzen ist schlecht. Es gibt maximal kurzzeitig ein wunderschönes erfüllendes Gefühl nach der kurzzeitigen persönlichen Beziehung im Konzert. Danach wird nur noch die Retorte der Musik oder DVD als Quasi-Gefühlsersatz benutzt. Bei dem Verkaufsvorgang des »One-Night-Stands« ist sicher nicht vom Ticketverkäufer in irgendeiner Weise zu erwarten, dass er sich bemüht, besonderen Service zu bieten oder den Kunden an sich zu binden. Nein, ein schneller Verkauf mit einer professionellen Logistik (Bezahlung und Versand) steht im Mittelpunkt. Er sieht den Kunden wahrscheinlich eh nicht wieder. Sex sells? Ja klar, eigentlich will der Kunde die Tickets ja gar nicht. Er will Robbie. Aber anstandslos akzeptiert er Eintrittsgebühren, die nicht verhandelbar sind, und ist vielleicht sogar darüber hinaus noch bereit, bei eBay oder auf dem Schwarzmarkt überhöhte Preise zu akzeptieren. Wo gibt es das sonst im Handel?

Sex ohne Liebe im Verkauf

Was will Ihr Kunde? Gute Produkte. Eine gute Beratung. Aber er wird Sie dafür nicht gleich heiraten und alle zwei Wochen zum nächsten Kauf vorbeikommen. Welche Verkaufsmaßnahmen stehen Ihnen zur Verfügung? Wenn Sie die Bereitschaft haben, den Kunden besser kennen zu lernen, können Sie sich einen guten Stammkunden aufbauen, der immer mal wieder gerne bei Ihnen vorbeischaut oder sich freut, wenn Sie vorbeikommen. Welche Leidenschaften hat Ihr Kunde? Wie lebt er? Welche Freunde hat er? Vielleicht können Sie auch in seinem Umfeld Produkte verkaufen?

Je mehr Sie im Laufe der Zeit über Ihren Kunden herausfinden, desto eher wissen Sie, welche Verkaufschancen Sie mit welchem Produkt haben. Gegebenenfalls erkennen Sie auch, dass sich die Investition Ihrer Verkaufsbemühung gar nicht lohnt. In diesem Fall sollten Sie schleunigst von ihm ablassen und ihre wertvolle Zeit sofort in interessantere Kunden investieren. Immer wieder stoße ich auf Verkäufer, die bis zum Letzten versuchen, einen Kunden doch noch zu überzeugen. Warum wollen Sie so viel Zeit mit so wenig Aussicht auf Erfolg verwenden? Konzentrieren Sie sich auf die Kunden, bei denen die Abschlusswahrscheinlichkeit am höchsten ist. Am besten bauen Sie sich ein Idealkundenprofil auf. Bei welchem Kunden hatten Sie bisher am meisten Erfolg. Vielleicht haben Sie in Ihrer Schulzeit schon mal Vergleichbares gemacht? Welche meiner Vorlieben stimmen mit meiner Angebeteten überein, welche nicht? Und dann? Sie haben einen so genannten Schlussstrich gezogen und gewusst, wo es sich lohnt zu investieren und wo nicht. Gehen Sie mal nach diesem Muster Ihre potenziellen Kunden durch. Ich verspreche Ihnen, Sie werden sich wundern, wie Ihre »Abschlusswahrscheinlichkeit« steigt und wie viel Zeit Sie sparen.

Sex mit Liebe im Verkauf

Hier ist von Ihrem Kunden Großes, Langfristiges geplant. Sie werden den Kunden über Jahre immer wieder sehen. Umso wichtiger, dass Ihre Argumente von Anfang an seriös und stichhaltig sind, dass Ihre Argumente über Jahre immer wieder den Beweis der Richtigkeit antreten können. Der Kunde ist bereit, mehr Geld auszugeben, wenn er sicher ist, dass das Produkt den Nutzen erfüllt, den er sich verspricht. Die fetten Jahre der Wegwerfgesellschaft sind vorbei. Auch Sie als Verkäufer werden stärker in die Pflicht genommen. Neue Verbraucherschutzgesetze, wie die Widerrufsfristen und die längerfristige Produkthaftung, stärken den Kunden und verlangen nach seriösem nachhaltigem Verkauf. Fragen Sie sich, welchen Nutzen das Produkt für Ihren Kunden hat, und bleiben Sie ehrlicher Berater des Kunden. Er wird es Ihnen durch eine langfristige Beziehung mit Referenzen, Empfehlungen und weiteren Käufen stetig danken.

Fazit

Wir nehmen uns im Verkauf viel zu wenig Zeit für die Vorbereitung. Dabei macht die richtige Vorbereitung 90 Prozent des Verkaufserfolges aus!

Stefan Lammers
Stefan Lammers Business Building
www.slbb.de

Warum eigentlich? Wenn Sie Ihre Angebetete erobern wollen, gehen Sie doch auch nicht unvorbereitet los. Sie überlegen sich, welcher Typ ist sie? Worauf steht sie? Was mag sie gerne, was nicht? In welcher Umgebung fühlt sie sich wohl? Sie reservieren in ihrem Lieblingsrestaurant einen Tisch. Und bevor Sie zu Hause losgehen? Sie überlegen sich, welche Kleidung passt, welches Parfüm ihr gefallen würde, stecken sich Kondome und die Schlüssel des frisch polierten Wagens ein, dann holen sie, um ihr zu imponieren Geld vom Automaten und putzen Ihre Kreditkarte. Um was zu bekommen? Den One-Night-Stand, die Affäre oder die große Liebe. Sie nehmen sich die Zeit für die Vorbereitung.

Ich hoffe für Sie, dass bei Ihnen im Verkauf und in der Beziehung Ihr persönlicher Sex sells!

Geert Müller-Gerbes
Mutmaßungen über ein Thema, das der Menschheit seit Jahrtausenden Rätsel aufgibt

Nicht erst seit den Pharaonen interessiert es die Menschheit, wer mit wem und wie und mit welchem Ergebnis dem Sex huldigt. Seit Jahrtausenden halten sich abenteuerliche Spekulationen über inzestuöses Gebaren in den ägyptischen Königshäusern und geben den Stoff her für Dutzende Bestseller. Und gar erst die Romanze, oder was immer es war, zwischen Kleopatra und Cäsar! Die heute recht füllige Elizabeth Taylor zehrt noch immer von dem Ruhm, den sie damals filmisch als altertümliche Kurtisane erntete. Sexbombe bereits vor der Stunde null unserer Zeitrechnung.

Je mehr wir über Einzelheiten wissen, desto intensiver mischt sich in die platte Beschreibung des Sex auch das Filigrane der Erotik. Dieser Trend hat bereits vor mehr als 1.000 Jahren begonnen und ist nicht erst seit dem Kamasutra in aller Munde. Heinrich VIII. von England ist eine der meist behandelten Figuren in Englands Schulbüchern – nicht zuletzt wegen seines enormen Frauenverschleißes. Die Folge solchen Übermutes war schließlich die Trennung Englands von Rom und dem Papst als letzter Instanz in Fragen der Moral und damit auch des Glaubens. Die Sexgier eines Königs als Anlass für die Gründung der anglikanischen Kirche? Fast könnte man meinen, so weit sei man bisher nirgendwo gegangen. Jedenfalls hat Heinrich VIII. für viele Dramen der Weltliteratur herhalten müssen.

Und da sage noch einer, Sex sei nicht verkaufsfördernd. Im Gegenteil: Hillary Clinton hätte nicht mal die Hälfte ihres Bestsellers »Gelebte Geschichte« verkaufen können, wenn da nicht die Affäre Lewinski gewesen wäre und die Frage im Raum gestanden hätte, ob ihr Mann Bill nun wirklich oder nicht und ob Clinton der Sexprotz und Lügner gewesen ist, als den der geifernde Chefermittler und Sonderstaatsanwalt Starr ihn hinzustellen versucht hatte. Ein Blick auf die Seite 563 des besagten Buches ernüchtert zwar und ist erst recht kein Verkaufsargument, aber das Gerücht allein reicht bereits aus für eine Millionenauflage. Und wenn wir schon bei amerikanischen Präsidenten sind – John F. Kennedy, die Lichtgestalt der 1950er- und frühen 60er-Jahre, der Mann, der Amerika seinen Glauben an die Zukunft wiedergab, Hoffnungsträger ganzer Generationen, Garant für eine bessere Welt – dieser John F. Kennedy war hinter den Frauen her wie der Teufel. Seine Frau, die ungewöhnlich liebreizende Jacqueline Kennedy, Tochter aus bestem Hause, hat Zeit ihrer Ehe darunter gelitten, dass und wie ihr Mann fremdging. Sogar Marylin Monroe hat davon ein anrührendes Lied gesungen. Geschadet hat es dem Herrn im Weißen Haus am Potomac nicht. Spätere Biografen dagegen haben aus der präsidialen Promiskuität reichlich verkaufsfördernden Honig gesogen.

Im Übrigen hat auch Bill Clinton an der angeblichen oder wirklichen Affäre mit der Dame Lewinski nicht nachhaltig Schaden genommen – im Gegenteil. Von Chefermittler Starr dagegen hört man seither nichts mehr.

»Very british« sind die Folgen von Sexgeflüster, Sexgerüchten oder handfeste Sexualaffären dagegen in England. Dauerbrenner in allen Schattierungen der Yellow Press ist bis heute Charles, der »Ewig-Prinz« von Wales und gestresster Sohn einer Jahrhundertkönigin. Ob es um Diana oder Camilla geht, ob um geheime oder verkaufte Tonbänder von illegal abgehörtem Bettgeflüster: Es verkauft sich glänzend und steigert jedenfalls die Auflagen von Zeitungen, Zeitschriften und Büchern weltweit und bringt Millionenquoten im Fernsehen. Der Leser und der Zuschauer verschlingt alles, ob aus Lust, Ekel oder nur aus Abscheu. Hauptsache, er glaubt an das Gute, Edle, Schöne vornehmlich des eigenen Charakters.

Geert Müller-Gerbes
Mutmaßungen über ein Thema, das der Menschheit
seit Jahrtausenden Rätsel aufgibt

Charles ist jedenfalls wegen keines der umlaufenden Gerüchte zurückgetreten oder hat gar verzichtet auf den Thronanspruch wie seinerzeit Großonkel Eduard, dessen Verhältnis zu einer geschiedenen, noch dazu amerikanischen Frau zum Eklat mit anschließendem Thronverzicht führte, als er sie trotz allen königlichen Einspruchs heiratete.

Anders dagegen der ehemalige und inzwischen verstorbene britische Rüstungsminister Profumo, der über einer Affäre mit dem Callgirl Christine Keeler Amt und Würde verlor und wochenlang die Schlagzeilen beherrschte – keineswegs zum Nachteil der Londoner *Fleet Street* und aller übrigen Verlagshäuser in Europa.

Macht hat offenbar etwas durchaus Erotisches und verkauft sich als Mischung besonders gut. Je größer die Schnittmengen, desto höher der Marktwert. Ob das große Bosse großer Konzerne sind, ob das Politiker in herausragender Position sind, ob Sportler auf dem Gipfel ihres Ruhmes – immer ist das knisternde Etwas der Erotik der Macht im Spiel. Manche, Frauen zumal, basteln Monate und Jahre an ihrem Outfit, um dem Ideal nahe zu kommen. Manche schaffen es, manche nie. Und im Hintergrund droht immer der fallende oder steigende »Verkaufswert« – vulgo die Popularitätskurve.

Franz Josef Strauß, Machtmensch par excellence, Genießer fester und flüssiger Kostbarkeiten, einer, der auf allen Ebenen aller Parkette weltweit aufs Zierlichste zu tanzen vermochte, dieser hoch gebildete bajuwarische Schöngeist war umschwärmt von schönen Frauen, obwohl wahrhaftig kein Adonis. Im Gegenteil.

Sex sells – natürlich. Und gerade jene unausgesprochenen Zwischentöne sind es, die die Neugier und vor allem die Fantasie anstacheln. Da wird unterstellt, vermutet, angedeutet. Eine Pirouette nach der anderen wird gedreht. Ein Schleier wird über den anderen gehalten und schließlich ist jener am glücklichsten dran, der die wildesten Vorstellungen entwickelt. Die *Yellow Press* lebt davon und keineswegs schlecht.

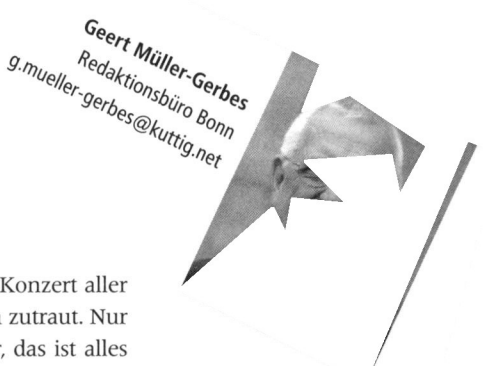

Geert Müller-Gerbes
Redaktionsbüro Bonn
g.mueller-gerbes@kuttig.net

Da tut sich natürlich ein Mann wie Stoiber recht schwer im Konzert aller jener, denen man hinter verschlossenen Türen alles mit allen zutraut. Nur korrekt, immer ein bisschen unsicher, Kamillentee statt Bier, das ist alles durchaus kraftlos. Daher auch der aus dem Tierreich stammende Begriff des »Bestoiberns« …

Gerade dann, wenn jedes bisschen Sex und jede Spur von Erotik fehlen, zeigt sich, wie berechtigt die im Titel geäußerte Vermutung ist. Gleichwohl soll es Menschen geben, die ein Automobil nicht wegen kopulierender Paare auf dem Kühler oder einer Dame im Bikini kaufen, sondern allein deswegen, weil die Technik stimmt. Aber das Öl für das Auto, nicht wahr, das haben wir doch alle nur wegen der verführerischen Jungfrau auf der Büchse gekauft, oder? Wenigstens ganz früher. Und zugegeben haben wir es auch nicht. Alles klar?

Andreas Nawrocki
Sexappeal: das gewisse »Etwas«, das den Verkäufer erfolgreicher macht

Es ist eine Tatsache, dass wir alle unser Konsumverhalten gegenüber der Vergangenheit verändert haben. Gesellschaftliche Schichten konsumierten früher ausschließlich auf dem Niveau, in dem sie auch verkehrten.

Heute ist das anders. Als Beispiel sei der Porschefahrer genannt, der bei Aldi einkauft. Dies ist heute weder ein befremdendes Verhalten noch gesellschaftlich geächtet. Auf den Geiz folgt der Reiz. Das ehemalige horizontale Verkaufsverhalten hat sich zum vertikalen Konsum gewandelt.

Diese Erkenntnis erfordert allerdings ein neues, ein verändertes Verkaufsverhalten. Durch den Individualisierungswunsch des Kunden wird der Absatz von Produkten und Dienstleistungen immer schwieriger. Produkte werden immer mehr zur Nebensache. Der Kunde ist aufgeklärt und weiß, was er will. Die Frage lautet: Wo und bei wem kauft er? Das heißt zukünftig, wer kein Massengeschäft machen will, muss sich explizit und intensiv um jeden einzelnen Kunden mit großem Geschick, Sorgfalt und Vermögen kümmern. Auftreten mit gehobenem Niveau sorgt beim Kunden für Kaufanreiz und schafft durch Wiederholung eine »Zeitwirkung«, die sich positiv auszahlen wird.

Sexappeal: das gewisse »Etwas«, das den Verkäufer erfolgreicher macht

Paul und Michel, zwei blinde Bettler aus Paris, berichten über ihre Tageserfolge. Michel war sehr erfolgreich. Er bekam über zweihundert Euro. Paul bekam weniger. Knapp vierzig Euro. Bei der Ergründung, warum Michel so viel erfolgreicher war, kamen beide auf eine erstaunliche Erkenntnis. Der Text, der Passanten auffordern sollte, ihnen etwas zu spenden, hieß bei Paul: »Ich bin blind und bitte um eine kleine Spende.« und bei Michel: »Heute ist ein wunderschöner Tag, nur leider kann ich ihn nicht sehen.«

Was unterscheidet die beiden. Sexappeal – das gewisse Etwas, das uns erfolgreicher macht. Michel ist es gelungen, die Herzen der Menschen zu erobern. Er hat es geschafft, Emotionen auszulösen. Dazu hat er seinen Verstand eingesetzt. Im Gegensatz dazu Paul. In der Hoffnung, dass ihn jemand als »Opfer« wahrnimmt und mit ihm leidet, wartet er vergebens auf den großen Erfolg. Er operiert ausschließlich mit dem Verstand. Seine Kommunikation wird geprägt durch rationelles Erklären. Damit findet er keinen Zugang in die Herzen seiner »Kunden«.

Sexappeal ist die körperliche und persönliche Anziehungskraft von Verkäufern. Man wird vom Kunden charismatisch wahrgenommen. Diese Wirkung färbt automatisch auf unser Produkt beziehungsweise unsere Leistung die wir anzubieten haben, ab.

Charisma – die Inszenierung der persönlichen Attraktivität

Was ist Charisma überhaupt? Der Begriff Charisma leitet sich aus dem altgriechischen *charizesthai* ab, das bedeutet, etwas gerne geben oder schenken. Ein charismatischer Verkäufer handelt also (scheinbar) uneigennützig und erfährt aus diesem Grund Bewunderung. Charisma unterscheidet somit »normale« Anbieter von »besonderen«. Der Glaube daran, dass es besondere Menschen gibt, mit außergewöhnlichen Fähigkeiten, die eine besondere »Ausstrahlung« haben und geheimnisvolle Kräfte besitzen, stirbt nicht aus.

Charismatischen Menschen gelingt es, aus scheinbar unerklärlichen Gründen Krisen zu meistern und anstrengungslos von Erfolg zu Erfolg zu gelan-

Andreas Nawrocki
Sexappeal: das gewisse »Etwas«,
das den Verkäufer erfolgreicher macht

gen. Sie werden dadurch glorifiziert und ihnen werden besondere Eigenschaften zugesprochen. Sie werden dadurch zu wertvolleren, kompetenteren und erleseneren Persönlichkeiten. Mit einem Wort, sie haben das gewisse *Etwas!*

Es scheint gerade so, dass Kunden – also gewöhnliche Menschen – die durch das neue Konsumverhalten geprägt sind, geradezu auf charismatische Verkäufer, die mit Sexappeal ausgestattet sind, warten. Das verspricht viele Chancen, die der Markt zukünftig bietet, wenn wir lernen, uns besser zu verkaufen. Die Inszenierung der persönlichen Attraktivität mit dem Ziel, den Kunden in unseren Bann zu ziehen, wird wichtiger denn je.

Wie erzeugen wir Charisma und Sexappeal?

Charisma und Sexappeal entstehen, indem wir eine maximale positive Wirkung bei unseren Kunden durch unser Verhalten erzielen. Wir beeinflussen ihn in die von uns gewünschte Richtung. Doch hier ist schon die erste Hürde zu überwinden. Wenn wir von Beeinflussung sprechen, denken wir automatisch an Manipulation. Wer beeinflusst, manipuliert oder Einfluss ausübt, kann Meinungen, Einstellungen, Entscheidungen oder Handlungen verändern, Gedanken stabilisieren oder neu bilden.

Unbewusst machen wir uns dieses Wissen branchenspezifisch zunutze.

Selbstverständlich können sowohl Mann als auch Frau Charisma und Sexappeal haben. Wenn sie aber zur falschen Zeit, an der falschen Stelle ihre Leistung anbieten, wird die Akzeptanz des Konsumenten schwerer fallen. Oder wurden Sie schon einmal von einem Mann in einer Parfümerie »charismatisch« bedient? Einer Frau in einer Parfümerie vertraut man mehr und traut ihr mehr Beratungskompetenz zu. Die Kundin erwartet eine »Gleichgesinnte«, die Verständnis bei der Beratung aufbringt, während der Mann vom »Objekt der Begierde« Tipps erwartet.

Unternehmen beschäftigen im Verkauf viele, fleißige Menschen, die mit vielerlei Fähigkeiten ausgestattet sind. Diese scheitern oft an ihren guten Vorsätzen und Zielen. Und dies aus einem Grund: Sie beherrschen die Gesetze der Kundenbeeinflussung und der Selbstsuggestion nicht.

Besonders in Deutschland, geschichtlich bedingt, klingt für viele Beeinflussung nach Attributen wie ungerecht, unfair, hinterhältig oder gemein. Die erste Hürde, um Charisma und Sexappeal zu erlangen, ist, sich freizumachen von solchen Vorurteilen und Assoziationen. Kein Mensch kann nicht nicht beeinflussen, allein durch die Tatsache, dass er sichtbar ist, löst er bei anderen Reaktionen aus.

Im privaten und beruflichen Alltag bedienen wir uns permanent sprachlicher und nichtsprachlicher Formen der Suggestion (Beeinflussung), ohne dies zu wissen, zu wollen oder gar gezielt zu tun. Suggestion und Kommunikation sind nicht zu trennen. Durch unsere Gedanken und Selbstgespräche kommunizieren wir mit uns selbst und suggerieren uns damit selbst. Das kann positiv wie negativ geschehen. Genauso verhält es sich mit der Kommunikation mit unseren Mitmenschen und Kunden.

Selbstbewusstsein oder Selbstvertrauen?

Der Unterschied zwischen Selbstbewusstsein und Selbstvertrauen ist zwar wenigen Vertriebsmitarbeitern bekannt, aber dennoch immens. Die Definition von Selbstbewusstsein ermöglicht die Erkenntnis, dass wir uns selbst bewusst sind. Es ist die Konzentration auf das, was wir tun.

Sind wir bewusst dabei, wenn wir Kommunikationsinstrumente wie Sprache, Stimme oder Körpersprache nutzen. Synchronisieren wir das, was wir aussprechen, mit dem, was wir durch unseren nonverbalen Ausdruck darstellen. Beruhigen oder begeistern wir dabei mit der paraverbalen Stimmqualität?

Wir nutzen unsere Verhaltens- und Kommunikationsmöglichkeiten eher unbewusst und wundern uns dann über zufällige Erfolge oder Misserfolge. Wir suchen die Schuld beim Kunden, bei der Marktsituation oder beim »falschen Produkt«.

Was ist dagegen Selbstvertrauen? Beim Selbstvertrauen ist weniger die Konzentration des Verkäufers gefordert, sondern eher der Glaube. Der Glaube an die Fähigkeit und Fertigkeit, die wir beherrschen. Ich vertraue mir, weil ich bewiesen habe, dass ich etwas kann. Erfolg lässt Vertrauen in

Andreas Nawrocki
Sexappeal: das gewisse »Etwas«,
das den Verkäufer erfolgreicher macht

sich entstehen. Bewusstsein ist Konzentration – Vertrauen ist Glaube. Ein großer Unterschied.

Besonders im Verkauf, beim Vermitteln von Dienstleistungen, generell im Kundenkontakt können wir suggestive Methoden nutzen, um zu demonstrieren, wie diese heimliche Macht funktioniert. Wir können uns aber auch davor schützen.

Von verkäuferischer Suggestion sprechen wir dann, wenn wir den Kunden zu einer bestimmten Reaktion veranlassen, ohne dass dieser dies bewusst registrieren muss und die dahinter stehenden Absichten erkennt oder die Mittel im Einzelnen durchschaut.

Faktor Fantasie

Ein Kind ist als Kunde unbefangen, unaufgeklärt, Preis und Qualität sind ihm nicht bewusst. Wie verhält sich also ein Kind bei der Produktauswahl? Ist es überhaupt und wenn ja wodurch beeinflussbar?

Das Kind will eine große Giraffe aus Stoff. Der Verkäufer hat diese Art von Giraffe aber nicht in seinem Sortiment. Jetzt wird es natürlich schwierig, einen großen, elektrischen und beweglichen Elefanten zu verkaufen. Das Kind lässt sich schwer durch Qualität und technische Möglichkeiten überzeugen.

Das Kind braucht etwas anderes. Dieses *Etwas* hat eine andere Qualität. Dieses Etwas hat mit Fantasie und Vertrauen zu tun. Der Verkäufer kann das Kind als Kunden nur gewinnen, wenn er durch Fantasie neue Motivation im Kind auslöst. Diese Fantasie und die daraus entstandene Option kann Interesse für die »Alternative Elefant« auslösen.

Doch zunächst muss das Kind erfahren, dass es eine lukrative Alternative zur Giraffe gibt. Daraus kann ein emotionaler Kompromiss entstehen. Dies schafft der Verkäufer aber nur, wenn es ihm gelingt, den Elefanten in die Kinderfantasie einzubauen. Dadurch gewinnt das Kind Vertrauen. Und dieses Vertrauen wird zum Verkaufsfaktor Nummer eins. Durch die Zuneigung zum Verkäufer und dessen Fähigkeit ein »neues Märchen« zu kreieren gewinnen alle: Kind, Eltern und Verkäufer – Fantasie ist stärker als Fakten.

Und wie verhält es sich bei Erwachsenen Kunden? Sie bringen, dadurch, dass sie aufgeklärter sind, viel Wissen mit. Wissen über Produkte ermöglicht die Vergleichbarkeit. Vergleichbarkeit endet beim Preis. Haben wir gleiche Produkte, Dienstleistungen und Preise wie unsere Mitbewerber, müssen wir dem Faktor Fantasie, dem was der Kunde durch uns erhält, viel mehr Gewicht beimessen als allgemein üblich. Durch dieses Gefühl entsteht eine Beziehung zu dem Verkäufer. Produkte und Preise rücken in den Hintergrund.

Aktion durch Wahrnehmung

Geglückte Kommunikation und Beeinflussung des Kunden mit dem Ziel, mit ihm eine Beziehung einzugehen, hängt nicht nur vom guten Willen ab, sondern auch von der Fähigkeit zu durchschauen, welche seelischen Vorgänge und zwischenmenschlichen Verwicklungen ins Spiel kommen. Dabei wird oft übersehen, dass es für dieses ersehnte Gefühl, wenn es von Dauer sein soll, tiefere Grundlagen geben muss. Es gilt, Kompetenzen zu kennen, zu beherrschen und sie zielgerichtet einzusetzen.

Tangentiale Kommunikation

A und B reden aneinander vorbei. Jeder wartet nur, bis der andere ausgesprochen hat, um das, was »auf den Lippen brennt«, als Antwort zu geben. Wir hören nicht zu. Der andere will etwas bei uns bewirken oder möchte etwas von sich preisgeben.

Doch wir sind so sehr mit uns selbst und unserer Darstellung beschäftigt, dass die Wahrnehmung des anderen und der daraus entstehende wirkliche Dialog kaum stattfindet. Die Folge: Die charismatische Wirkung wird verpasst.

Es herrscht das weit verbreitete Missverständnis, dass Menschen, die dieselben Worte benutzen, sich auch verstehen. Ein Stichwort jagt das andere. Bildhaft gesprochen tangieren sich beide Aussagen nur in einem bestimmten Punkt, der dann der Ausgangspunkt ist für eine neue Aussage.

Andreas Nawrocki
Sexappeal: das gewisse »Etwas«,
das den Verkäufer erfolgreicher macht

Deshalb eignet sich der Begriff »tangentiale Kommunikation« recht gut zur Charakterisierung.

Seelische Vorgänge beim anderen werden bei dieser Art der Kommunikation kaum oder wenn nur unbewusst und unzureichend berücksichtigt. Ausreichende Informationen über und von unseren Kunden stehen uns permanent zur Verfügung. Doch was nehmen wir davon wahr? Und wie reagieren wir darauf?

Das charismatische gewisse *Etwas,* das Sexappeal auslöst, findet genau im Vermeiden von tangentialer Kommunikation und Achtsamkeit seinen Ursprung.

Die ausreichende Wahrnehmung des Kunden und seiner seelischen und nicht nur faktischen Bedürfnisse dient als Voraussetzung, um adäquat Reaktionen auf dieses Verlangen zu zeigen.

Dies setzt ein hohes Maß an Disziplin des Verkäufers voraus. Alles, was ihn persönlich hervorhebt, nimmt er bewusst zurück. Er gibt dem Kunden ein Höchstmaß an Bedeutung und stellt ihn in den Mittelpunkt des Geschehens. Dadurch erzielt er Vertrauen und kann zielgerichtet durch sein Angebot helfen, die Kundenwünsche zu erfüllen. Er führt ihn sozusagen zum erstrebten Ziel.

Durch die gewonnenen Informationen lädt er den Kunden zu einer finalen Handlung ein. Der Kunde kauft durch das gewonnene Vertrauen. Kompetenz setzt er als Standard voraus.

Der kommunikative Geist unserer Kunden reagiert nicht mehr auf herkömmliche »tangentiale Kommunikation«. Er will den Überraschungseffekt, die Achtsamkeit und die Teilnahme. Um dies zu erreichen, müssen wir uns von gewohnten Kommunikationsmustern verabschieden. Merkwürdig zu sein bedeutet, zum Merken würdig zu sein. Die Würde und das stabile Erinnern sind also damit gemeint. Merkwürdigkeit entspringt der Merkfähigkeit. Und die wieder beginnt jenseits von Gewohntem, Gesichertem und Alltäglichem.

Effektives Zuhören

Zuhören ist unsere wichtigste Aktivität innerhalb der Kommunikation. Untersuchungen zeigen, dass wir 50 bis 80 Prozent unserer Wachzeit damit verbringen zu kommunizieren. 45 Prozent davon entfallen auf das Zuhören. Das Zuhören kann somit als entscheidende Fähigkeit bezeichnet werden. Charisma und Sexappeal entstehen also maßgeblich durch unsere Zuhörfähigkeit.

Zuhören ist die Kommunikationsfähigkeit, die am meisten gebraucht, aber am wenigsten gelehrt wird. Im Gegenteil, unsere allgemeinen Zuhörgewohnheiten deuten auf einen Mangel an systematischer Übung hin.

Mehr als die Hälfte ihrer Zeit müssen Verkäufer mit Zuhören verbringen. Doch nur wenige sind hierfür geschult. Kunden spüren das und fühlen sich dadurch häufig unbedeutend, distanziert und vom Verkaufsprozess nicht überzeugt.

Effektives Zuhören ist von großer Bedeutung zur Verbesserung der tagtäglichen Kommunikation mit dem Kunden. Es wäre viel gewonnen, wenn der Verkäufer, bevor er seinen »eigenen Senf« dazugibt, zunächst einmal in der Lage wäre, sich präzise in die Welt des Kunden einzufühlen und sie mit dessen Augen zu sehen.

Er signalisiert dem Kunden durch Aufmerksamkeit seine Zuwendung und Anteilnahme. Er erkennt somit dessen wahre Bedürfnisse und Interessen.

Im Gegensatz dazu verhält sich der Verkäufer, der dem Kunden eine schnelle Lösung liefern will. Er redet immer immer schneller. Er will das Problem lösen, indem er mehr Gas gibt. Wie der Autofahrer, der feststellt, dass sein Benzin knapp wird, und instinktiv aufs Gaspedal drückt, um möglichst schnell die nächste Tankstelle zu erreichen. Obwohl er wissen müsste, dass er sein Ziel sicherer erreicht, wenn er etwas vom Gas geht.

Deswegen sollten sie als charismatischer Verkäufer mit dem gewissen *Etwas* immer beachten: Um ein Wort nachzuschicken ist immer Zeit, niemals aber, um eines zurückzurufen (Baltazar Gracián).

Andreas Nawrocki
Sexappeal: das gewisse »Etwas«,
das den Verkäufer erfolgreicher macht

Stressmanagement beeinflusst Sexappeal

Einen erheblichen Einfluss auf Charisma und das gewisse *Etwas* hat das persönliche Stressempfinden. Wenn wir uns von jemandem angegriffen fühlen, antwortet unser Körper mit einer Stressreaktion. Diese Reaktion ist noch genau dieselbe, wie sie bei unseren Ur-Ur-Ahnen vor Jahrtausenden abgelaufen ist: Sah sich der Urzeitmensch in Gefahr, zum Beispiel einem Säbelzahntiger gegenüber, so hatte er nur zwei Möglichkeiten, um mit der Situation fertig zu werden: Angriff oder Flucht.

Den Säbelzahntiger gibt es auch heute noch, nur in anderer Erscheinungsform. Er kann Auftreten in Gestalt eines wütenden Kunden, einer unangenehmen Verkaufssituation, eines schlecht gelaunten Kollegen, eines überkritischen Chefs, Terminhetze und nicht zuletzt durch den Erfolgsdruck vom Vorgesetzten.

In solchen Situationen laufen in unserem Körper die gleichen Vorgänge ab, wie bei dem Menschen der Urzeit.

Stress im Verkauf

Die meisten Verkäufer erleiden Stress. Wenn das Stressniveau im Verkauf steigt, nehmen die Kommunikationsfähigkeit und das Zielbewusstsein ab. Dies tritt besonders dann ein, wenn die Verkäufer mit Einwänden oder Widerständen des Kunden konfrontiert werden, die sie nicht spontan beherrschen.

Der innere Selbstschutz reagiert dann automatisch und der Organismus empfindet dies als Bedrohung und Gefahr. Es entsteht ein disharmonischer Stress. Dieser *DIS-Stress* liegt darin begründet, dass die Angst vor dem Misserfolg größer ist als die Hoffnung, die Herausforderung überwinden zu können.

Das Gegenteil davon ist der *EU-Stress,* der euphorische Stress. Diesen muss der Mensch haben, ohne ihn wird er krank. *EU-Stress* kommt aus Euphorie, freudigen, angenehmen Ereignissen, positiven Erlebnissen. Im menschlichen Körper schießen bei Stress blitzartig die beiden Hormone Adrenalin und Noradrenalin ins Blut, dazu kommen noch Triglyzeride.

Das Blut verdickt sich. In der Urzeit sollte das bei Verletzungen zum schnelleren Gerinnen des Blutes führen.

Diese Automatik läuft bei Gefahr ab und ermöglicht jedem Menschen eine maximale, bis zu zehnfache Leistung. Durch die emotionale, charismatische Wirkung des Sexappeals des Verkäufers und die darauf folgenden positiven Reaktionen des Kunden entsteht eine ähnliche Leistungsfähigkeit – bei beiden!

Wer zum Club der bedeutungsvollen Verkäufer gehören will, muss sich auch ein bedeutungsvolles Format zulegen. Charisma und Sexappeal steigen analog der Wahrnehmungskompetenz. Achte auf das, was du wem wann wie sagst. Je höher der Wert der Botschaft, je interessanter die zu vermittelnden Fakten für die Kunden sind, desto niedriger kann die Animation der Botschaft dosiert werden.

Vergessen Sie nicht, dass man im Leben die Dinge, die man nicht tut, mehr bereut als die, die man tut. Ich wünsche Ihnen eine charismatische Fortsetzung Ihrer Persönlichkeit voller Sexappeal und Einflussmöglichkeit!

Dr. Helmut Pfeifer
Mit Schlüsselreizen
den analytischen Verstand
überlisten

Wenn man wissen will, wie der kritische, analytische Verstand überlistet werden kann, sollte man zunächst einmal wissen, wie unser Gehirn funktioniert beziehungsweise sich im Laufe der Evolution entwickelt hat. Man kann sich die Entwicklung des Gehirns im Laufe der Evolution ähnlich dem Wachstum einer Stadt vorstellen. Im Mittelpunkt einer Stadt befindet sich in der Regel ein Marktplatz mit einer Kirche. Hier spielte sich alles Leben ab. Hier wurden alle politischen Entscheidungen getroffen und Geschäfte getätigt. Übertragen auf unser Gehirn entspricht die Stadtmitte oder der Altstadtkern dem so genannten Mandelkern.

Im Gehirn werden hier aus einer Vielzahl von Informationen stichpunktartige Proben genommen und sofort Entscheidungen getroffen. Kriterium: »Ich will überleben und mich wohler fühlen.« Diese Entscheidungen werden getroffen, bevor unser Verstand, unser Bewusstsein, überhaupt etwas davon merkt.

Eine Stadt wächst natürlich weiter und um den Altstadtkern herum entsteht im Laufe der Zeit die Neustadt. Hier, an der Grenze zwischen Alt- und Neustadt, liegen übertragen auf das Gehirn unsere Emotionen.

Auch bei unseren Haustieren hat sich das Gehirn im Laufe der Evolution bis dahin entwickelt. Wer ein Haustier hat, weiß, dass auch ein Haustier wütend, freudig oder beleidigt sein kann. Aber auch diese Emotionen sind unserem Verstand noch nicht bewusst. Unsere Stadt wächst im Laufe der Zeit immer weiter bis hin zu den Neubausiedlungen am Rande der Stadt. Und genau hier, wiederum übertragen auf unser Gehirn, ist unser Verstand angesiedelt, in der so genannten Großhirnrinde. Übrigens, die Entwicklung bei unseren Haustieren ist so weit nicht gediehen. Hier fehlt die Großhirnrinde. Sie haben kein Bewusstsein.

Wenn man sich nun vorstellt, dass zunächst alle Informationen im Zentrum der Altstadt ankommen und von dort aus weiter verbreitet werden, zunächst über die Grenze der Altstadt in die Neustadt und von dort aus bis hin zu den Neubausiedlungen, wird bewusst, dass viele Informationen verloren gehen. In unserem Gehirn kommen rund 50 Millionen Bit/s über das Rückenmark im Mandelkern (Altstadtkern) an. Alleine unsere Sinnesorgane liefern bereits rund 11 Millionen Bit/s. Auf dem Weg vom Altstadtkern über die Altstadtgrenze zur Neustadt (Emotionen) bis hin zum Neubaugebiet (Verstand) gehen die allermeisten Informationen verloren. Hier findet ein Prozess der Reduktion von Informationen in ungeheurem Ausmaß statt. Bei unserem Verstand kommen nur noch lediglich maximal 77 Bit/s, das entspricht maximal 9 Informationen/s, an. Dieser Prozess erfordert Zeit. Die Zeit, die dabei verstreicht, das sind je nach Komplexität zwischen 0,2 bis 0,5 s. (Wir hinken der Realität um diese Zeitspanne hinterher).

So, wie eine Vielzahl an Informationen auf dem Weg von der Altstadt bis hin zu den Neubausiedlungen verloren geht, kann man sich das auch in einem Unternehmen vorstellen. Alle Mitarbeiter, Auszubildende, Reinigungskräfte und kaufmännischen Angestellten produzieren ständig Unmengen an Informationen. Bis diese Informationen beim Vorstandsvorsitzenden ankommen, sind sie auf ein wichtiges Minimum verdichtet worden. Auch dieser Prozess erfordert Zeit.

Wenn es nun gelingt, eine Handlung auszulösen, bevor die Information beim Verstand angekommen ist, dann ist dieser regelrecht überlistet worden. In Stresssituationen zum Beispiel wird unser Verstand durch typische Stressreaktionsmuster (Kampf- oder Fluchtverhalten) überlistet. Das hat genauso mit Überleben zu tun, wie die Fähigkeit, sich fortzupflanzen. So werden also alle Informationen, die unser Überleben sichern, sofort mit Priorität eins versehen, mit dem Ziel, möglichst augenblicklich eine Handlung auszulösen.

Ein Überlisten des Verstandes in der Kommunikation beziehungsweise beim Verkauf ist da schon deutlich schwieriger. In der Kommunikation haben wir folgende Reihenfolge: zunächst das Wort. Aus einem Wort entsteht ein Bild oder eine Vision. Und aus einem Bild entsteht eine Emotion. Ist diese Emotion stark genug, entsteht daraus ein Gefühl. Gefühle sind Emotionen (Grenze zwischen Altstadtkern und Neustadt), die wir bewusst wahrnehmen (Neubausiedlung) – einen Augenblick später. Stellt sich nun die Frage, wofür wir Gefühle überhaupt haben? Gefühle sind nichts anderes, als eine Aufforderung zum Handeln.

Übrigens, diese Zusammenhänge sind die Grundmuster des Verkaufens. Noch intensiver und schneller wird eine Handlung ausgelöst, wenn Bild, Emotion und Gefühl parallel geliefert werden, wie das bei typischen sexuellen Signalen der Fall ist. Insbesondere, da diese Kombination auch noch mit Überleben zu tun hat.

Ein persönliches Beispiel dazu:
Vor einigen Jahren stand bei mir die Entscheidung an, ein neues Auto zu kaufen. Das Objekt meiner Begierde war ein Porsche 911 Coupé. Nachdem ich mich dazu »durchgerungen« hatte, nun auch tatsächlich ein solches Modell zu kaufen, sind meine Frau und ich zum nächstgelegenen Porschehändler gefahren, um über das Fahrzeug zu verhandeln.
Ein Fehler, wie sich später herausstellen sollte, denn meine Frau hatte eine etwas andere Vorstellung von einem Porsche 911. Ihr Objekt der Begierde wurde, wie sich schnell herausstellte, ein Fahrzeug, welches im Schauraum des Autohauses stand. Zwar ein Porsche 911, jedoch ein Cabriolet.
Der Verkäufer reagierte mit Cleverness. »Setzen Sie sich ruhig einmal hinein«, meinte er zu meiner Frau. Nichts lieber als das. Mit einem Grinsen wie ein »Honigkuchenpferd« und leuchtenden Augen stieg meine Frau ein.
Als ob das nicht schon gereicht hätte, empfahl er auch noch einen bestimmten Knopf zu drücken, mit der Folge, dass sich das Verdeck des Cabrios wie von Zauberhand

öffnete. Während dessen zog mich der Verkäufer etwas beiseite und sagte, als meine Frau dann glücklich lächelnd im Fahrzeug saß: »Ist das nicht ein Bild, Herr Pfeifer?« Ein wirklich tolles Bild, mein Motivationspunkt verschob sich in Sekundenschnelle. Aus meinem Traum-Coupé wurde das Traum-Cabriolet meiner Frau. Ab und zu durfte ich allerdings auch mal fahren.

Hier wurde also ein Produkt (Porsche-Cabriolet) konkret mit Emotionen (Gefühl der Liebe zu meiner Frau) verknüpft. Da im Zweikampf zwischen Gefühl und Intellekt nun einmal das Gefühl siegt, war in diesem Fall der Verstand (Ich wollte ein Coupé.) chancenlos.

Mein Tipp also ist: Beim Verkauf von Produkten diese mit erotischen Signalen zu versehen. Wenn man nur einmal die Coca-Cola-Werbung nimmt, in der ein gut durchtrainierter schöner Mann sämtliche Sekretärinnen eines Unternehmens zu einer bestimmten Zeit an die Fenster lockt, verstehen Sie, was ich damit meine. Auch hier wird gezielt mit erotischen Signalen der Verstand in den Hintergrund gedrängt (Emotionen sind viel schneller als der Verstand.).

Da wir davon ausgehen können, dass alle Fakten, die in unserem Verstand oder auch Großhirnrinde ankommen, automatisch bewertet werden (zu viel, zu wenig, zu groß, zu klein, zu bunt), geht man mit Fakten natürlich ein gewaltiges Risiko ein, nämlich, dass sie »falsch« bewertet werden. Deswegen liefert Ihnen clevere Werbung keine Fakten. Oder glauben Sie, dass, wenn Sie genau wüssten, wie zum Beispiel ein Hamburger zusammengesetzt ist, diese Information von Ihnen immer positiv bewertet wird? Clevere Werbung in diesem Falle zeigt Ihnen lediglich glückliche Menschen, die voller Verzückung in einen solchen Hamburger beißen und hinterher noch glücklicher sind. Der Verstand hat keine Chance zu intervenieren. Noch besser funktioniert dieser Prozess bei erotischen Signalen.

Konkret heißt das: »Kleben« Sie erotische Schlüsselreize an ein beliebiges Produkt und der Verstand wird überlistet. Bis die Information beim Verstand angekommen ist, haben die Emotionen und auch Gefühle bereits reagiert. Die Chancen für den Verstand, gegen diese Reize anzukämpfen, sind sehr gering.

Dr. Helmut Pfeifer
Pfeifer Seminare + Consulting
info@pfeifer-seminare.de

Zunächst einmal müssen wir davon ausgehen, dass sich jeder erst einmal selbst verkauft. Wer also in der Lage ist, mit seinen eigenen Reizen zu arbeiten (hiermit meine ich nicht unbedingt sexy Kleidung, sondern auch Charme), der überlistet automatisch den analytischen Verstand. Hier ist allerdings Achtung geboten, denn, wer übertreibt, kann es so weit treiben, dass ein Kunde Dinge kauft, die er überhaupt nicht will. Das führt dann zu Kaufreue und eventuell auch zur Stornierung.

Ihre ganz persönlichen Reize sollten beim Verkauf durch entsprechende Bilder in Verbindung mit dem Produkt oder der Dienstleistung »zusammengeklebt« werden. Somit wird die Fantasie Ihres Gesprächspartners angeregt, es entsteht ein so genanntes Kopfkino. Stellen Sie sich vor, Sie möchten einem Kunden eine Schiffsreise schmackhaft machen, der eigentlich einen Wanderurlaub buchen möchte. Wenn Sie diesem Kunden sagen: »Sie fahren mit dem Schiff von A nach B. Das ist viel schöner als zu wandern«, werden Sie ihn nur schwerlich überzeugen können. Hier benötigen Sie das »Kopfkino«. Besser wäre es also, folgendermaßen zu argumentieren: »Stellen Sie sich vor, Sie schlendern in Ihrer Freizeitkleidung über die Holzplanken eines tollen Schiffs. Angeregt von dem Rauschen der Wellen und der Musik an der Bar nehmen Sie auf einem Barhocker Platz und bestellen sich einen Mai-Thai. Während der Barkeeper Ihren Drink mixt, lassen sie Ihre Augen ein wenig umherschweifen. Grandios, was Ihnen auf dem Sonnendeck so alles geboten wird, schöne Frauen. Automatisch bleiben Sie bei einer kaffeebraunen Blondine in einem weißen Bikini hängen. Die komplette »Infrastruktur« dieser Dame, die vollen Brüste … lassen Ihre Lebensgeister erwachen. Wow, was für ein Leben! So etwas bekommen Sie natürlich nur auf einer Schiffsreise geboten.«

Durch das Ausmalen der Situation auf dem Sonnendeck ist die Schiffsreise mit einem erotischen Signal versehen worden und der analytische Verstand hat gewaltige Probleme dagegen anzukämpfen.

Prof. Dr. Claudius A. Schmitz
Kundenakquise
soll prickeln – genau wie
Flirten

Sex sells! Das hat er immer schon getan. Und es ist kaum daran zu zwei-
feln, dass sich das irgendwann ändern wird. Gute Voraussetzungen also,
die vorliegende Thematik dafür zu verwenden, mehr Kunden in ein Geschäft zu locken. Sex soll im Folgenden – wie im wahren Leben – prozess-
orientiert betrachtet werden. So kennen wir die Anbahnungsphase, besser
bekannt unter dem Stichwort »Flirten«, das Vorspiel, Hauptteil, Climax und
das Nachspiel. Ich möchte mich ausdrücklich nur mit der Anbahnungsphase, dem Kennenlernen, beschäftigen und die anderen, nicht weniger
spannenden Phasen anderen Profis überlassen. Die Dramaturgie muss in
jedem Fall stimmen. Nur sind zahlreichen Dienstleistern und Händlern die
Regeln eines kommerziellen Balzverhaltens nicht so bekannt. Dieser Beitrag soll erheblich dazu beitragen, dem Leser auf die Sprünge zu helfen,
Flirten als wichtigen Phasenabschnitt vor dem eigentlichen Verkauf vor
Augen zu führen.

Flirten ist Anlocken von Kunden

Erinnern Sie sich noch? Oder sind Sie zurzeit aktiv dabei, einen Partner für
sich zu finden? Fest steht, dass die Ähnlichkeiten zwischen privater Part-
nersuche und Kundenakquisition erstaunlich hoch sind. Schließlich geht
es doch um dasselbe. Wie kann es mir gelingen, einen anderen Menschen
für mich einzunehmen? Was kann ich anstellen, damit zumindest ein
erster Kontakt erfolgreich zustande kommt? Erst wenn der erste Schritt im

Kundenprozess gelingt, können auch die weiteren Schritte stattfinden. Er ist für die weiteren Kontaktpunkte unerlässlich. Ich unterstelle vielen Gewerbetreibenden, dass sie sich hierüber relativ wenig Gedanken machen, oder schlimmer noch: Sie wissen, wie wichtig der erste Kontakt ist, aber sie handeln nicht entsprechend. Daher will ich Sie dazu einladen, das Experiment zu wagen, einen Flirtprozess gedanklich zu zerlegen.

Sich von seiner besten Seite zeigen

Sich von seiner besten Seite zu zeigen, bedeutet, auf seine Stärken aufmerksam zu machen. Hier kann das Schaufenster oder eine Anzeige gute Möglichkeiten bieten. Sie werden jedoch in der Praxis kaum genutzt. Auf der einen Seite beklagen sich viele Anbieter über eine mangelnde Kundenfrequenz, auf der anderen Seite werden Themen, wie beispielsweise die Werbung oder Schaufenstergestaltung, nicht ernst genommen oder unterschätzt. Aus Bequemlichkeit oder eigenem Unvermögen werden gerne die allzu bekannten Industrieposter lieblos und ohne Zusammenhang ins Fenster gehängt oder eine Auszubildende darf sich daran versuchen, das Fenster irgendwie »nett« zu gestalten. Eine Aussage wird in der Regel nicht transportiert. Die Bedeutung dieser »Visitenkarte« für das eigene Handelsunternehmen wird nicht erkannt. Hier käme es darauf an, zu zeigen, über welche Stärken man verfügt und worin die Mission des Unternehmens besteht. Warum soll der Kunde beziehungsweise Passant ausgerechnet in Ihr Geschäft kommen? Häufig hört man die Entschuldigung, man kenne ohnehin seine Kunden und die wüssten schon, warum sie kämen. Wenn das stimmt, dann würde ich das Fenster mit schwarzem Stoff verhängen, um sich die Fensterreinigung zu ersparen. Dass aber durch ein Schaufenster Inspirationen und Impulskäufe ausgelöst werden, wird fahrlässig übersehen.

Sie sehen, wie entscheidend die Beantwortung der Frage nach der Existenzberechtigung des eigenen Unternehmens ist. Wenn man sich weiterhin als x-beliebiger Anbieter einer Branche versteht, kann auch keine besondere Stärke kommuniziert werden. Daher der eindringliche Appell, sich über die Vision und die Mission eingehend Gedanken zu machen und sie mit den Mitstreitern im Unternehmen zu besprechen. Ähnlich dürfte es einem bei dem Versuch ergehen, mit einem Partner zu flirten. Man kann sich nicht von seiner besten Seite zeigen, wenn man selbst nicht weiß, welches die beste Seite ist. Es läuft darauf hinaus, den Zufall herbeizubeschwören. Das Herumirren dürfte jedoch nicht im ökonomischen Interesse sein. Mit der Zurschaustellung der Schokoladenseite dürfte auch, oder gerade, die Präsentation bestimmter Artikelgruppen gemeint sein. Jeder Anbieter verfügt über Angebote, auf die er besonders stolz ist. Produkte, die sein eigenes Herz höher schlagen lassen. Genau das muss der mehr oder weniger interessierte Kunde spüren. Daher ist der Dekoration und der Inszenierung bestimmter Produkte ein besonders hoher Stellenwert einzuräumen. Ein Besucher muss spüren, wie großartig hier das Angebot ist. Nicht nur die ausgestellten Waren im Eingangsbereich oder Schaufenster sollten sich von der besten Seite zeigen, sondern auch das Verkaufspersonal. Selten hat der Besucher den Eindruck, dass man sich hierüber ernsthaft Gedanken macht. In der Praxis reicht dann eventuell ein Namensschild, um zu erkennen, dass es sich um einen Angestellten handelt. Nehmen wir uns ein Beispiel an den internationalen Airlines, die großen Wert auf Designermode legen. Das wirkt schick oder bisweilen erotisch. Ähnliches wäre im Einzelhandel zum »Anbandeln« geeignet. Merkmale wie Höflichkeit und Freundlichkeit dürften selbstverständlich sein. Ich vermute jedoch, dass auch hier die Praxis vielerorts anders aussieht. Voller Unbehagen schallt dann die Frage durch den Raum, ob man helfen könne. Ich bin sicher: So findet man nicht einmal einen Tanzpartner.

Die »feinen Signale« erkennen

Wie erkennt man die »feinen Signale«? Flirten ist eng mit dem Aufspüren von gemeinsamer Sympathie verbunden. Um zu erkennen, ob der andere anspringt, bedarf es einer gehörigen Portion Empathie und hoher Aufmerksamkeit. Ist sie seitens des Bedienungspersonals nicht vorhanden, kommt niemals ein erfolgreicher »Flirt« zustande. Betrachten wir nur das unpersönliche Schaufenster, so dürfte es wohl entscheidend sein, genau dort Signale oder Erkennungszeichen zu platzieren, damit sich ein potenzieller Kunde angesprochen fühlt. Wecken Sie Sehnsüchte! Nach Möglichkeit würde man einen deutlichen Bezug zwischen den im Schaufenster dargestellten Objekten herstellen, damit der Beobachter sich sofort angesprochen fühlt und die präsentierte Geschichte weiterspinnen kann – auch das ist Flirten.

Man sendet Signale aus, die für die Zielgruppe relevant sind. Im anschließenden Gespräch können weitere feine Signale erkannt und ins Beratungsgespräch eingearbeitet werden. Es darf eben nicht vergessen werden: Flirten darf im Kundenprozess nicht abbrechen! Schade, dass in vielen Betrieben nicht einmal das Eintreten eines Kunden registriert wird. Dieser muss dann geduldig warten, bis er an der Reihe ist, oder er verlässt den Laden. Natürlich hat das nichts mehr mit Flirten zu tun. Man verpasst seine Chancen, wenn man die »feinen« Signale nicht erkennt und zu interpretieren versteht.

Lächeln, lachen, Witze machen

Das Lächeln spielt beim Flirten eine zentrale Rolle. Ob man nun gemeinsam lacht oder sich still anlächelt, beide Tätigkeiten zielen auf das Abtaxieren der beiderseitigen Sympathie ab. Lächelt der eine, lächelt man eben zurück. Es kann sehr erfrischend sein, wenn der Verkäufer nicht mit todernster Miene berät. Doch in der Regel dürfte ein flotter Spruch für gute Stimmung sorgen, auch bei den mithörenden Mitarbeitern. Gute Stimmung kann eine nachhaltige Wirkung haben, die dem Verkäufer meist zum Vorteil gereicht. Ob der Humor ernst gemeint ist und als positives Zeichen verstanden wird, wird vom Flirtpartner sehr schnell erkannt. So auch bei der Begrüßung oder im Beratungsgespräch. Der Kunde merkt sehr schnell, ob die herzliche Geste aufrichtig gemeint war oder aber Gegenstand einer lang eingeübten Routine. Ein Lächeln beziehungsweise jedweder Humor muss nicht zwangsläufig durch eine Person übermittelt werden. Die Produkte selbst und Dekorationselemente können für entsprechende Heiterkeit sorgen. Man denke an witzige Sprüche oder Kuscheltiere, die wohl dosiert auf der Präsentationsfläche verstreut für Spaß sorgen können.

Seine Reize ausspielen

Beim Flirten geht es darum, seine Reize auszuspielen. Frauen gelingt das meist leichter als Männern, denen es oft schwer fällt, keinen plumpen Eindruck zu machen. Jedoch kann die Körpersprache, die Bewegung der Augen und Hände den wahrnehmbaren Reiz intensivieren. Bereits beim Betreten eines Geschäftes entscheidet meist der erste Eindruck, wie das Gesamturteil über die Leistungen ausfallen wird. Daher kommt es darauf an, von Anfang an einen exzellenten Eindruck zu hinterlassen. Die sympathische Gestalt einer Verkäuferin oder eines Verkäufers, der Duft im Geschäft, eine Schale selbst gemachte Plätzchen oder andere visuelle oder akustische Stimuli tragen enorm dazu bei, einen hohen Sympathiewert zu erreichen. In der Werbung oder dem Schaufenster sollte ein Versprechen gemacht werden, das im Geschäft eingelöst wird.

Die Sozialpsychologen kennen das Phänomen der Dissonanzen. Das sind auftretende Entscheidungsunsicherheiten, deren Intensität von der Differenz zwischen versprochener und eingehaltener Leistung abhängt. Daraus kann die Erkenntnis abgeleitet werden, niemals zu viel zu versprechen. Nun ist es aber beim Flirten allzu natürlich, etwas mehr vorzugeben, als tatsächlich vorhanden ist. Man denke nur an das Balzverhalten bei Tieren. Auch hier wird meist optisch nachgeholfen, beispielsweise wenn der Pfau sein Rad schlägt. Ich glaube daran, dass es nicht schädlich ist, im Schaufenster oder in der Werbung etwas zu übertreiben. Andererseits ist mit Dissonanzen beim Kunden zu rechnen, was sich als besonders nachteilig herausstellen wird. Oft wird der enttäuschte Kunde bei seinen Freunden und Bekannten darüber berichten, wie wenig es ihm gefallen hat. Dies zu vermeiden, muss als Maßstab beim Marketingauftritt gelten.

Sich in die Augen schauen

Flirtende Menschen und Verliebte schauen sich gerne und immerzu in die Augen. So extrem darf man es sich natürlich in merkantilen Situationen nicht vorstellen. Dennoch, den Blickkontakt zum Gegenüber zu halten, ist wichtig. Nicht gleich minutenlang, aber immer wieder einige Sekunden. Damit unterstreicht man die Ernsthaftigkeit eines Angebots und gibt zu verstehen, wie wichtig einem der Gesprächspartner ist. Er ist in diesen Augenblicken der wichtigste Mensch auf der Welt. Dies kommt auch dadurch zum Ausdruck, dass Sie sich dem Kunden zuwenden. Verliebte oder Flirtende würden sich ja auch nicht abwenden und Desinteresse signalisieren, wenn sie sich in Wahrheit am liebsten »anknabbern« wollen. Man schaut sich an und die Körperhaltung ist deutlich einladend. Einladend ist eine Geste dann, wenn man mit ausgebreiteten Armen aufeinander zugeht, um den Partner in den Arm zu nehmen. Das dürfte bei einem ersten Verhandlungsgespräch mit einem fremden Menschen schwierig sein, wenn man von einigen Kulturkreisen absieht, in denen das Brauch und Sitte ist. Dennoch kann eine Analogie gefunden werden, die sich in der Produktsprache widerspiegelt. Schaufenster, die völlig zugeklebt und mit Werbepostern verhangen sind, können niemanden einladen. Eher werden hierdurch Barrieren aufgebaut. Des Weiteren sollte man sich die Thekengestaltung und den Eingangsbereich anschauen. Stellen sie Barrieren und Hindernisse dar oder laden sie zum Näherkommen ein? Speziell bei Informationsständen, Hotelrezeptionen und Verkaufstheken lässt sich wunderbar beobachten, wie falsch die entsprechenden Gestaltungen vorgenommen wurden. Eine Thekenform, die gleich einer angedeuteten Umarmung nach außen gebogen ist und einen quasi umarmen will, macht unbewusst einen sympathischen Eindruck. Bieten sie Dialogmöglichkeiten an runden Tischen an! Wenn Sie dazu noch eine Tasse Tee oder Kaffee reichen, ist die Voraussetzung für einen angeregten Flirt gegeben.

Anders geben als die anderen

Man muss sich anders geben als die anderen. Das dürfte sich von selbst verstehen. Keiner wird beim Flirten einen originellen Eindruck hinterlassen, wenn er eine andere Person imitiert. Es kommt auf die Einzigartigkeit an, auf das Besondere. Man will doch zeigen, dass man ein toller Hecht ist, besser, schöner, klüger als die anderen. Das bedeutet in der Geschäftswelt genau das Gleiche. Daher dürften es Imitatoren immer schwer haben. Kunden vergleichen häufig alle anderen Angebote und entscheiden dann nach bestimmten Mustern. Immer dann, wenn eine gewisse Austauschbarkeit gegeben scheint, entscheidet der Preis. Sollten jedoch deutliche Unterschiede im Leistungsangebot bestehen, entscheiden sachliche und persönliche Präferenzen. Diese gilt es auf jeden Fall zu kommunizieren. Der Kunde hat ein Recht darauf, zu erfahren, dass Sie der bessere Anbieter sind. Es ist nur entscheidend, dass Sie ihm einen konkreten Nutzen anbieten, der – durch seine Brille betrachtet – für ihn relevant und wahrnehmbar ist.

Sich geheimnisvoll geben: Begehrlichkeiten wecken

Es ist spannend, nicht auf den ersten Blick durchschaut zu werden. Ein kleines Geheimnis müssen Sie immer noch als As im Ärmel halten. Ein Flirtpartner wird sich schnell gelangweilt abwenden, wenn er schon nach wenigen Minuten zu wissen glaubt, wer Sie sind. Wer zu schnell durchschaubar ist, übt keine Faszination mehr aus. Faszinierend ist eine Person dann, wenn wir nicht genau wissen, wo wir wirklich bei ihr dran sind. Wir ahnen nur, dass der Partner erste Klasse ist. Aber das, was noch dahinter steckt, wissen wir nicht. Wir werden neugierig und wollen es herausfinden. Deshalb müssen wir die Person näher kennen lernen. Das ist der Trick. Wenn der Gewerbetreibende zu schnell einen Überblick über die gesamten Leistungen offenbart, vergeht der Zauber einer langen intensiven Beziehung. Es ist eine Gratwanderung zwischen übersichtlicher Langeweile und Nicht-Entdecken von spannenden Angeboten. Von der Ladengestaltung her würde sich das Nischen- oder Kojenprinzip anbieten, um den Besucher hinter jeder Laufkurve neu zu überraschen. Sicherlich ist das Ausmaß der halb versteckten Leistungen von der Erwartungshaltung beziehungsweise dem emotionalen Interesse der Kunden abhängig. Und das ist wiederum von der Branche und dem Betriebstyp abhängig. Dabei muss natürlich zwischen dem reinen Versorgungskauf und dem Erlebniskauf unterschieden werden. Während eines Erlebniseinkaufs sollte es stets Überraschungen geben und immer etwas zu entdecken sein, beim reinen Versorgungskauf ist dies eher hinderlich. In einem Fachgeschäft mit hohem Anspruch dürfte es daher angemessen erscheinen, bestimmte Artikel nicht direkt frei zur Schau zu stellen. Der Flirt wird hier eher gelingen, weil der potenzielle Partner, sprich Kunde, auch die Bereitschaft und Zeit mitbringt, Geheimnisse zu lüften.

Zu den Geheimnissen zählen natürlich auch die Neuheiten. Neue Produkte müssen separat präsentiert werden. Der Besucher soll sie ja als solche erkennen. Wenn sie dann noch »appetitlich« dargeboten werden, dürfte spätestens das Interesse geweckt worden sein. Über attraktive Sonderinszenierungen dürfte das bestens gelingen. Bevor Neuigkeiten auf den Markt kommen, ist in aller Regel der Händler schon vorinformiert. Großartig wäre es, die Kunden ebenfalls im Outlet oder über das Schaufenster bereits darüber vorzuinformieren. Getreu dem Motto: In drei Wochen erscheint der neue Harry Potter in Deutsch. Damit entfachen Sie Vorfreude und machen Lust auf mehr.

Empathisch sein und interessiert zuhören

Zum Flirten gehören eine gute Portion Empathie und die Fähigkeit, zuhören zu können. Empathie – also Einfühlungsvermögen – gehört an sich zu jedem ernsthaften Gespräch. Aktives Kopfnicken, Zustimmung oder auch das Relativieren des Gesagten zeugen von ernsthaftem Interesse am Thema oder am Gegenüber. Unmotiviertes, lautstarkes Unterbrechen des Partners gehört in die Kategorie der Unverschämtheit, nicht nur beim Flirten. Hoffen wir, dass der Verkäufer interessiert zuhört, was der Kunde möchte, für welchen Einsatzbereich, für wen und zu welchem Preis. Wenn der Kunde nicht gleich selbst seine Sehnsüchte offenbart, bedarf es des aktiven Nachfragens. Man möchte annehmen, das sei selbstverständlich. Ist es auch! Ich erwähne es nur der Vollständigkeit halber.

Sich berühren und das Einverständnis des anderen einholen

Der nächste Punkt ist ein wenig heikel. Darf man den Bannkreis, den jeder Mensch um sich herumgebaut hat, durchbrechen? Darf man einen Kunden berühren, so, wie man einen Flirtpartner beispielsweise am Arm berührt? Es erfordert eine außerordentliche Portion Sensibilität. Im Normalfall sollte man es besser lassen. Dennoch glaube ich, dass eine entsprechende Geste, also die Andeutung einer Berührung beim wiederholten Besuch möglich ist. Um seine Mitarbeiter in dieser Angelegenheit fit zu machen, bedarf es diverser Trainings im Bereich Körpersprache. Ohnehin würde ich jedem Vertriebsmitarbeiter und Verkäufer empfehlen, entsprechende Seminare zu besuchen oder besser noch, Schauspielunterricht zu nehmen. Es ist erstaunlich, wie viel des Gelernten in der Praxis eingesetzt werden kann.

Sich die Telefonnummer aufschreiben

Da man sich nach dem ersten erfolgreichen Flirt für ein erstes Date verabreden will, tauscht man die Telefonnummern aus. Wer es nicht tut, dem ist nicht mehr zu helfen. Wie soll man denn einen zweiten Kontakt herstellen, wenn keinerlei Möglichkeit der Kommunikation gegeben ist? Ab und zu hört oder liest man von Hilfesuchenden, die irgendwo bei einem Diskobesuch irgendjemanden kennen gelernt haben, aber offensichtlich nicht mehr dazu imstande waren, die Nummer oder E-Mail-Adresse aufzuschreiben. »Wer hat meine junge blonde Austauschstudentin gesehen? Wir haben uns über meinen letzten Motorradurlaub entlang der französischen Küste unterhalten. Wer kennt ihren Namen? Sie war so süß.« So oder ähnlich lauten die Hilferufe. Aber – Hand aufs Herz – läuft es im Business nicht genauso ab? Wie viele Menschen betreten ein Geschäft, bekunden Interesse an irgendeinem Artikel, der nicht präsent ist, und gehen anonym wieder aus dem Geschäft heraus. Leider hat das Personal seine Hausaufgaben nicht gemacht. Nicht einmal die Geschäftsführerin eines Herrentextilgeschäfts in Köln wollte meinen Namen oder Adresse wissen. Zunächst versicherte sie mir, einen Windsoranzug im Programm zu haben, der meiner Größe entsprechen sollte – mithin ein teures »Stöffchen«. Betrübt kam sie aus ihrem Lagerraum und drückte ihr Bedauern darüber aus, dass er offenkundig von einer Mitarbeiterin schon verkauft worden war. Sie schenkte mir noch einen Kaffee ein und verabschiedete sich sehr freundlich. Leider wird sie mich niemals mehr auffinden können, auch wenn sie dann ein Dutzend neuer Anzüge in meiner Größe hat. Ein typischer Fall, bei dem die Herzen der CRM-Anhänger höher schlagen werden. *Customer Relationship Management* oder: Wie kann ich Einmalkunden zu Stammkunden machen?

Die Analogie mit der Telefonnummer appelliert an das berechtigte Interesse, viele Informationen über den Kunden oder Besucher zu erhalten. Je nach Branche dürften viele Informationen relevant und interessant sein. Zum Beispiel: Alter, Name und Geschlecht. Wie bedeutsam ist ein Kunde im Hinblick auf seine Referenz? Erzählt er vielen Menschen weiter, wie gut oder schlecht wir sind? In welchen zeitlichen Abständen kommt der Kunde zu uns? Wofür interessiert er sich schwerpunktmäßig? Welchen Beruf hat er, welche Hobbys, wann ist sein Hochzeitstag, Geburtstag? Was ist mit seinem Sternzeichen? Viele Informationen lassen sich je nach Branche wunderbar dafür einsetzen, den »Flirtpartner« zu einem neuen »Rendezvous« zu verpflichten. Wenn man schon einmal die Gelegenheit dazu hat, Informationen von seinen Kunden zu bekommen, dann sollte man sie unbedingt nutzen.

Bestimmt fallen Ihnen viele weitere Merkmale ein, die beim Flirten eine Rolle spielen. Vielleicht machen Sie mit Ihren Mitarbeitern einen spieleri-

Prof. Dr. Claudius A. Schmitz
Fachhochschule Gelsenkirchen
www.schmitz-weingartz.de

schen Workshop, auf dessen Basis Sie Handlungskonsequenzen erarbeiten. Auf jeden Fall macht dieses Thema jedem Spaß und bringt einen echten Verkaufsnutzen. Was man nach dem Flirten idealerweise beachten sollte, welche Tricks und Kniffe es gibt, um erfolgreich den Climax zu erreichen, verrate ich Ihnen gerne bei einer guten Tasse eigens zubereitetem Cappuccino.

Gregor Staub
Kann Sex dem Gedächtnis schaden?

Die Antwort lautet zweimal: Nein!!

Erstens: Wenn ich analysiere, welche Art von Informationen gut und welche schlecht erinnert werden, dann gilt folgende Regel: Je unnormaler eine Information ist, die aufgenommen wird, desto größer ist der Aufmerksamkeitsgrad. Je mehr Verknüpfungspunkte im Gedächtnis vorhanden sind, desto besser kann die Information zugeordnet und damit abgespeichert werden.

Wenn also eine Meldung von außen kommt – im Sinne von »Achtung! Erotische Nachrichten von der Umwelt!«, wird dieser Meldung in der Regel große Bedeutung zuteil. Da viele Menschen von ihrer Erziehung her im Kopf haben, Erotik sei etwas Verwerfliches, ist sie umso attraktiver. Dabei ist bei den meisten Erotik außerdem letztlich ein fulminantes, sehr positiv belegtes Gefühl und daher mit vielen Informationen im Kopf verknüpft.

Und schon haben wir die zwei entscheidenden Faktoren: hoher Aufmerksamkeitsgrad und gute Verknüpfungsmöglichkeit. Das ergibt zusammen: Die Information wird sofort gespeichert!

Etwas übertrieben gesagt heißt das: Wenn ich mir etwas nicht so gut merken kann, dann hilft es, wenn wir uns diese Information etwas mit Erotik anreichern, dann wird die Merkfähigkeit in Bezug auf diesen Lernstoff markant gesteigert!

Was bedeutet das für mich praktisch, wenn ich beispielsweise Vorträge halte? Ich lasse kleine Nebensätze und Übungen in meinen Vortrag einfließen, die erotisch angereichert sind. Zum Beispiel lasse ich die Teilnehmer die Hände falten und die Teilnehmer müssen die Daumen betrachten. Wer den rechten oben hat, muss dann beide Hände (die ja noch verschränkt sind) heben, anschließend tut dies die (meist kleinere) Gruppe mit dem linken Daumen oben.

Dann verkünde ich (ernsthaft): Wer seinen linken Daumen oben hat, das sei wissenschaftlich bewiesen, der sei sexuell doppelt so aktiv! Das Gelächter im Saal ist enorm! So habe ich das Thema Sex und Erotik ganz sanft als spaßiges Thema in die Gruppe einbezogen. (Diese Übung habe ich übrigens von einem Freund namens Markus Behles übernommen, der diese eventuell von Jörg Lohr übernommen hat.)

Des Weiteren lasse ich bei der Umsetzung von Fremdwörtern in für uns verständliche Bilder ab und zu erotische Bilder einfließen, quasi um zu demonstrieren, dass dies eben gut funktioniert (Beispiel: liaison = da lieben sich zwei und es gibt einen **Sohn** = Verbindung zwischen zwei Menschen). Am Schluss meines Vortrages hat jeder erlebt, dass erotische Bilder sehr gut haftende Informationen sind und deshalb auch gebraucht werden sollten, jeder nach seinem Geschmack, je nach Gefühlslage, Erziehung oder Religion. Das Ganze mit viel Feingefühl.

Zweitens: Wir lernen eindeutig besser, wenn wir während des Lernprozesses uns körperlich bewegen. Wie wäre es also, wenn wir während des Liebesaktes Lateinwörter üben würden und die Landkarte von Afrika?

Spaß beiseite: Ich kann mir Besseres vorstellen!

Antje Terhaag
Präsentationen mit Sell-Appeal

Ob Sex verkauft? Reine Definitionsfrage. Sex wird in Enzyklopädien eher im engeren Sinne beschrieben. Damit lässt sich in Präsentationen, und um diese soll es in diesem Beitrag gehen, wohl nur Staat machen, wenn auch die zu verkaufende Leistung etwas mit Sex zu tun hat – und man eine dafür aufgeschlossene Zielgruppe erfreut. In allen anderen Fällen lässt man das vordergründig Sexuelle aus einer Präsentation besser heraus.

Was eine gelungene Präsentation sein darf, sein soll, ist: sexy. Sie soll Appeal haben, Lust machen. Lust auf den Fortgang der Präsentation und Lust auf das, was mit ihr verkauft werden soll. Sie soll aktivieren, sinnlich sein, nicht nur in den Kopf, sondern auch in den Bauch fahren.

Es kennzeichnet eine Präsentation in der Abgrenzung zum Referat oder dem Vortrag, dass sie eine bestimmte Entscheidung zum Ziel hat. Der Entscheider und damit Nachfrager folgt naturgemäß seinem Eigeninteresse, also muss der Anbieter mit seiner Präsentation dafür sorgen, dass diese Entscheidung letztlich auch in seinem Sinne ausfällt. Wenn nun nicht gerade ein Stück Seife verkauft werden soll – ein Kaufakt, der üblicherweise ohne Präsentation auskommt – fällt eine Entscheidung unter Unsicherheit: Es liegen nicht alle Fakten vor, die Einfluss haben. Wie trifft man solch eine Entscheidung, insbesondere dann, wenn sie mit einem persönlichen Risiko behaftet ist? Man setzt auf Vertrauen. Wem vertraut man, wem traut man die beste Arbeit zu? Hier nun fällt die Präsentation ins Gewicht: Die Art zu präsentieren ist ein Abbild dessen, wie auch ansonsten gearbeitet wird. Wer eine Standardpräsentation abliefert, wird auch eine Standardlösung haben. Wer eine schludrige Präsentation abgibt, liefert auch schludrige Arbeit ab. Wer eine Präsentation erarbeitet, die sich voll und ganz auf die Situation und die Teilnehmer einstellt, wird auch im Projekt die Kundeninteressen im Blick haben. Wer seine Inhalte fantasievoll verpackt, der hat auch Ideen für seine Klienten.

Genau an dieser Stelle ist es von Vorteil, wenn die Präsentation wirklich sexy ist. Wenn die Verpackung einen Vorgeschmack auf den Inhalt gibt, ohne dabei alles zu entblößen.

Jeder, der ein paar erfolgreiche oder auch ergebnislose Rendezvous absolviert hat, kann die Regeln für eine gelungene Präsentation aufstellen: eine gute Vorbereitung und dann das völlige »Sich-auf-die-Situation-Einlassen«. Wer schon mal eine Frau beobachtet hat, die sich auf ein Date vorbereitet, weiß, dass schnell der komplette Kleiderschrank durchprobiert ist, jeweils mit unterschiedlichen Schuhen, ehe man sich nach mehrmaligem Umentscheiden in einem präsentablen Outfit befindet. Wenn man ein paar Vorlieben des Zielobjektes bereits kennt, wird nun eine intensive Internetrecherche durchgeführt, um kompetent über die aktuelle De-Phazz-CD oder Epoche 4 der (damals noch) Bundesbahn mitreden zu können. Man macht sich Gedanken, was man selbst zum Besten geben wird, übt den dazu passenden Gesichtsausdruck vor dem Spiegel, stellt sich aber im Wesentlichen darauf ein, den anderen mit interessierten Fragen aus der Reserve zu locken, um so (noch) mehr über ihn zu erfahren und dieses Wissen später wieder einsetzen zu können. Am Ende des Abends gibt es, wenn sich Vertrauen entwickelt hat, vielleicht einen winzigen Vorgeschmack auf das, was noch kommen könnte.

Um eine Präsentation sexy zu machen, braucht man drei »i«:

Das erste »i« für Individualität

Wirklich sexy ist eine Präsentation nur dann, wenn die Teilnehmer, die Umworbenen, das Gefühl bekommen, sie seien die Einzigen, für die man sich dies ausgedacht hat. Wenn man sie wirklich wertschätzt und dies auch anhand des Vorbereitungsaufwands zeigt. Dazu muss man eine relativ präzise Vorstellung davon haben, wer an der Präsentation teilnehmen wird. Die Namen, die Funktion, die Entscheidungskriterien, die Vorlieben und Abneigungen, der Sprachgebrauch in der Organisation, all dies kann man recherchieren und entsprechend nutzen: Wenn für die eine Zielgruppe die Kosten entscheiden und für die andere die Zuverlässigkeit, müssen die Inhalte völlig unterschiedlich ausgewählt und aufgebaut werden. Ebenso, wenn in der einen Gruppe der Betriebsrat sitzt und in der anderen die Finanzabteilung.

Es gehört zur Vorbereitung, das akute Problem seiner Zielgruppe zu kennen und (nur) die adäquate Lösung darzustellen: Die Hälfte der Zeit ungefragt über der Firmengeschichte und den Heldentaten und Auszeichnung der Vergangenheit zu schwadronieren, hat in einer Präsentation leider exakt die Wirkung wie beim Flirt. Und selbstredend soll und darf man sich Gedanken darüber machen, welche Wirkung man selbst erzielen möchte. Positioniere ich mich als Sphinx oder die, mit der man Eigentumsdelikte an Pferden begeht? Als der Unnahbare oder der Comedian? Als der arrogante Experte, der verständnisvolle Analytiker, Moderator oder Chartjockey?

Gute Kenntnis der Teilnehmer, die passende Auswahl der Inhalte und das Einbeziehen der eigenen Stärken und Ziele geben dann die Vorlage für das zweite »i«:

Das zweite »i« für Inszenierung

Wer mit seiner neuen Flamme ins Kino geht, tut dies selten, um konzentriert der Handlung des Films zu folgen. Abgedunkelte Räume mit Leinwand haben andere Vorzüge als die der Informationsvermittlung. Was also soll man von Beamerpräsentationen halten, in denen ein kuscheliges Halbdunkel und das monotone Lüftergeräusch sich wie eine Wollmütze über das Gehirn senken? Ich persönlich pflege keine gutnachbarschaftliche Beziehung zu Powerpoint, Keynote und den anderen Familienmitgliedern. Sollen sie bei anderen als Lustkiller anheuern. Wozu brauche ich ein Tortendiagramm an der Wand, wenn ich eine Torte auf dem Teller haben kann? Nichts dagegen, wenn ein Raum mit 200 Menschen mit visuellen Reizen versorgt werden soll oder Filme und Musik eingesetzt werden. Aber warum mit Spiegelstrichen, der Standard-Bullet-Point-Vorlage, jede Faser einer Orange erläutern, wenn man den Menschen stattdessen eine Orange zum Sehen, Fühlen, Riechen und Schmecken geben kann? Gegenüber anderen Formen der Visualisierung hat die Beamerpräsentation, wie sie einem permanent vorgesetzt wird, einige entscheidenden Schwächen: Beispielsweise fällt es schwer, die innere Logik der Stichworte und Satzfetzen zu überprüfen. Kaum ist ein Chart besprochen, verschwindet es im Nirwana der Projektionsfläche. Keine Chance, in Ruhe nachzuvollziehen, ob die Schlussfolgerungen auch auf die Prämissen passen. Ein weiterer Schwachpunkt ist die Eigenwirkung des Mediums. Bei den Beamerpräsentationen ist die Aussage »Ich bin so, wie ich bin, nimm mich oder lass es«. Im Gegensatz dazu sagt beispielsweise ein Flipchart, auch wenn die Blätter bereits geschrieben und mit den Rechner-Charts identisch sind: »Okay, wir krempeln jetzt mal die Ärmel hoch und sehen uns die Sache zusammen von allen Seiten an. Was wir ändern wollen, ändern wir sofort, gemeinsam.« Man kann also mit einem Medium Distanz halten oder Nähe schaffen.

Richtig sexy wird es mit den richtigen Requisiten. Was stellt man nicht alles für eine gekonnte Verführung an? Das richtige Outfit, die passenden Accessoires, ein dezenter Duft, Kerzen, unterstützende Musik, würziges Essen und gekühlte Getränke, Schokolade. »Deine Augen sind so grün wie Klee in der Morgensonne« – geschicktes Arbeiten mit Analogien. Nichts wie in die Präsentation damit.

Für jedes Thema und jede Zielgruppe lässt sich eine Leitidee entwickeln, die die Inhalte in die Köpfe der Teilnehmer transportiert. Oftmals liegt diese Idee auf der Hand, manchmal fördert der Einsatz von Kreativitätstechniken sie zutage. Wenn es beispielsweise um das systematische Finden von ungenutzten Potenzialen im Unternehmen geht, springt einen die Idee einer Schatzsuche geradewegs an. So wurde es dann auch bei einem deutschen Technikkonzern umgesetzt. Die Teilnehmer einer zweitägigen Tagung – etwa 2.000 Mitarbeiter weltweiter Herkunft und jeden Alters – sollten das Thema »Ungenutzte Potenziale« innerhalb von 30 Minuten präsentiert bekommen. Innerhalb eines Marathons an Powerpoint-Präsentationen – selbstverständlich professionell gestaltet und mit entsprechender Konferenztechnik aufgesetzt – tauchten plötzlich drei gestandene Männer im Piratenlook auf und schleppten eine riesige Schatztruhe an. Darin befanden sich verschiedene Arten von Schatzkarten und eine unerschöpfliche Menge an Dukaten und Juwelen. Selbstverständlich wurden zwischendurch weiterhin Charts gezeigt, die die Situation im Unternehmen wiedergaben, aber die Geschichte, die Nettonachricht befand sich im Rucksack der Inszenierung: Jeder kann den Schatz heben, wenn er die Augen aufhält und die Signale wahrnimmt, Schatzkarten als solche erkennt und auszuwerten versucht, auch wenn der Weg sich nicht mehr an der Eiche gabelt. Fragen Sie heute, nach einigen Jahren, mal die Teilnehmer, an welchen der rund 25 Tagesordnungspunkte dieser Konferenz sie sich noch erinnern.

Die Inszenierung eines Themas entlang einer Leitidee fördert das Behalten, es erleichtert aber auch das Verstehen. Wer etwas so erklärt bekommt, dass er es mit einer ihm vertrauten Sache vergleichen kann, kann neue Informationen leichter an Bekanntes andocken und damit erfassen. Und er muss sich später nur an den längst bekannten Sachverhalt erinnern, um die neue Information abrufen zu können. Kinder fragen »Ist das wie wenn …?«, um sich abzusichern, etwas richtig verstanden zu haben. Diese Brücke lässt sich subtil auch in Präsentationen bauen. Abgesehen davon, dass mit der Inszenierung anhand einer Leitidee alle mehr Lust bekommen und bei der Sache bleiben. Selbst scheinbar langweilige Säulendiagramme lassen sich erlebbar machen. Unterschiedlich lange oder hohe Schrauben, Nägel, Dübel, Leisten, Löffel, Gabeln, Legotürme, Flaschen, Wasserstände, Bücherstapel – für jede Zielgruppe lässt sich etwas finden, und sei das Thema anscheinend noch so trocken.

Vorausgesetzt immer, die Inszenierung passt zum Inhalt, den Teilnehmern und dem Selbstverständnis der Präsentierenden. Aber mit einigen Abstufungen kann man immer einen gangbaren Weg finden.

Die Sache mit der Schatzsuche nahm ein Ende, das ebenfalls noch allen im Gedächtnis haftet. Einer der Piraten trat an den Rand der Bühne und blickte grimmig in die 2.000 Gesichter: »Sie sehen, man kann einen Schatz heben, wenn man eine exakte Karte hat. Man kann ihn finden, wenn ein Teil der Karte fehlt oder die Bedingungen sich in der Zwischenzeit geändert haben. Man findet ihn, wenn man ihn sucht, und manchmal nur durch Zufall, weil man einfach gegraben hat. Manchmal sitzt man förmlich drauf und merkt es nicht.« Es dauerte ein wenig, bis die Ersten sich aus dem wutstarren Blick des Piraten lösen konnten und auf die Idee kamen, unter ihren Sitz zu sehen. Dort hing für jeden der 2.000 Teilnehmer ein kleines Jutesäckchen mit drei Schoko-Dukaten, ein geistiger Anker, der die Inhalte physisch festhielt. Es dauerte dann noch einige Minuten, bis der Letzte seinen Schatz befreit, wieder auf seinem Sitz Platz genommen und sich das Stimmengewirr aufgelöst hatte. Minuten, in denen der Pirat sich nicht bewegt hatte. »Nochmal: Manchmal sitzt man förmlich drauf und merkt es nicht. Aber eines ist klar. Wenn man den Schatz heben will, muss man als Erstes seinen Hintern hochkriegen.« Sprach es und ging.

Das dritte »i« für Interaktion

Selbst mit 2.000 Menschen ist Interaktion also noch planbar und machbar, wenn logischerweise auch in einem geringeren Ausmaß. Beim Rendezvous sollte der Anteil der beiden Partner sehr ausgewogen sein, bei einer Präsentation mit bis etwa zehn Teilnehmern trifft dies ebenfalls zu, danach wird sich der Redeanteil verschieben. Eine Freundin kam bei ihrer ersten Verabredung mit ihrem jetzigen Ehemann auf einen Redeanteil von etwa einem Prozent. Das zeigt, dass auch Frontalpräsentationen nicht zwangsläufig scheitern müssen, aber fragen Sie nicht, was der Mann alles anstellen musste, um überhaupt eine zweites Date zu bekommen.

Es ist immer sinnvoll, die Menschen in die Präsentation einzubinden. Zum einen, weil es schließlich um eine Lösung für deren Problem geht. Es geht um ureigene Belange der Teilnehmer, da sollte man dem Bedürfnis nach Gehörtwerden von Anfang an entsprechen. Stellen Sie sich einen Arztbesuch vor, bei dem dieser Ihnen in den höchsten Tönen von einem Medikament vorschwärmt, dem Neuesten aus den Laboratorien, ohne zuvor eine Diagnose erstellt zu haben. Es macht also Sinn, auch während der Präsentation noch Informationen zu bekommen, mit denen man arbeiten kann (insbesondere, wenn dies im Vorfeld nicht möglich war). Zum

Zweiten weiß der Präsentierende, wie weit die Teilnehmer mit seinen Ausführungen übereinstimmen oder wo er noch nacharbeiten sollte, solange er mit ihnen im Gespräch bleibt. Es gibt schöne Situationen, in denen die Einschätzungen der Präsentierenden und der Teilnehmer auseinander driften und es beim »Okay, steigen wir in die Diskussion ein« zum Showdown kommt. Drittens wird kein Teilnehmer später gegen etwas argumentieren, das er zuvor selbst artikuliert hat. Und viertens steht nirgendwo geschrieben, dass die Präsentierenden die ganze Arbeit alleine machen müssen.

Die richtige Dosis lässt sich noch während der Präsentation einstellen, je nachdem, wie die Teilnehmer der Aufforderung zum Tanz folgen. Das Wie ist eine Frage der Vorbereitung. Die nächstliegende Form der Interaktion besteht sicher im Fragen und Antworten. Selbstverständlich sollten die Fragen in erster Linie von den Präsentierenden gestellt werden, und sie sollten so gestellt werden, dass die Antwort im Sinne aller ausfällt. »Was haben wir Ihrer Ansicht bei unseren Überlegungen vergessen?«, ist so desillusionierend wie »Was gefällt Ihnen daran nicht?«. »Welche Zielgruppe erreichen wir Ihrer Meinung nach damit besonders gut?« oder »Welcher Vorschlag bildet Ihre Vorstellung am besten ab?«, hingegen hebt die positiven Seiten hervor. Und die Antworten lassen trotzdem darauf schließen, wo man noch nacharbeiten kann, ohne sich die Präsentation zu torpedieren.

Interaktiv kann aber auch vieles andere in der Inszenierung angelegt werden. Wer eine Carrera-Bahn zur Veranschaulichung von Projektabschnitten, Nadelöhren im Projekt und Wenn-Dann-Abzweigungen benutzt, darf die Autos natürlich nicht selbst fahren. Wer den Aufbau eines Konzepts (und seiner Statik) wie ein Haus mit beschrifteten Bausteinen bauen will, sollte die Steine in die Hände der Teilnehmer geben.

Noch haben wir ausschließlich über die Vorbereitung gesprochen. Das ist auch in Ordnung, sollte sie doch den größeren zeitlichen Anteil haben – zumindest bei der Präsentation. Doch auch nach so viel vorbereitenden Maßnahmen kommt irgendwann der große Augenblick. Jetzt kann man sich ganz auf den anderen konzentrieren. Jede Minute auskosten. In der

Antje Terhaag
Präsentationsberatung
info@leicht-sinn.de

Situation aufgehen. Man hat ja vorher an alles gedacht. Jetzt zählt nur das Gegenüber. Auch in der Präsentation. Je besser die Präsentierenden vorbereitet sind, desto weniger krampfhaft müssen sie sich an ihr Drehbuch halten. Wer weiß, was er zu sagen hat, kann sich nun auf die Teilnehmer konzentrieren.

Der Abend ist gut gelaufen. Die Frage »Zu mir oder zu dir?« wurde gestellt und beantwortet. Nun ist alles offen. »Ich ruf dich an.« Die Prozesskontrolle liegt normalerweise beim Mann. Die Frau wartet.

In der Präsentation werden die Anbieter anrufen und nachfragen, wie weit man denn mit der Entscheidung sei. Die Prozesskontrolle liegt bei den Teilnehmern der Präsentation. »Konnten wir noch nicht besprechen«, »Budget ist noch nicht freigegeben«, »wollen uns noch andere Anbieter ansehen«. Nach einem halben Jahr hören die Anrufe auf.

Die kluge Frau jedoch lässt etwas beim Mann liegen. Nichts, was sie sofort braucht wie Schlüssel oder Telefon, aber doch etwas, das sie wiederhaben will. Parfum, Lippenstift, ein Ohrring. Die Legitimation eines Anrufs.

Auch in der Präsentation lassen sich Dinge in die Zeit nach der Präsentation herüberretten. »Ich denke, das können wir für Sie leisten. In welcher Form dürfen wir Sie denn davon überzeugen?« Schon haben die Präsentierenden die Kontrolle zurück.

Das ist nicht nur sexy, das ist raffiniert.

Helmut E. Wirtz
Die Wunschnummer

Wer erinnert sich noch an »DU-DU 53«? Ja, richtig, das ist Herbie, der tolle Käfer, aus dem Jahr 1963. Da begann die Geschichte der Wunschnummer: 1964, die Zeit der ersten Fotobeweise bei Sünden im Straßenverkehr. Damals wurde noch von hinten geblitzt. Einer meiner Schulfreunde besaß einen Käfer, mit dem er dummerweise aufgefallen war. Wir fanden das damals natürlich lächerlich und ungerecht und sannen auf Rache. Die Rachegedanken fanden Nahrung in dem Gedanken, mit einem verhöhnenden, unentdeckbaren Kennzeichen die Behörden zu ärgern. Schnell war das Kennzeichen ausgedacht und hergestellt: AR-SCH 1. Nun musste nur noch ein weiteres Beweisfoto entstehen. Also ging die Fahrt in der Abenddämmerung zu der besagten Blitzampel. Einer saß hinten und presste seinen nackten Po an die Scheibe (was eine akrobatische Leistung war), einer stand Schmiere, damit die Kreuzung wirklich frei war. Es war ein gelungenes Foto, was da einige Tage später in der Tageszeitung als Fahndungsanfrage veröffentlicht wurde. Damit hatten wir absolut nicht gerechnet. Da wir schweigen konnten und uns nicht damit gebrüstet haben, hatten wir nur kurzfristig Bedenken, erwischt zu werden. Die Erinnerung an die Reaktion unserer Eltern ist noch gegenwärtig. Ob sie es gemerkt haben, ist bis heute ein Geheimnis.

Für die meisten Menschen ist ein Autokennzeichen lediglich eine verwaltungstechnische Registrierung zur Identifizierung von Halter oder Fahrer.

Nicht wenige Fahrzeughalter versuchen aber auch, ihren Mitmenschen mit ihrem Kennzeichen etwas mitzuteilen. Am häufigsten wird wohl versucht, die eigenen Initialen in die Buchstabenkombination aufzunehmen. Damit kann man im Bekanntenkreis punkten. Ist ein spezielles Datum möglich, wird es bestellt. Heute behandeln die Straßenverkehrsbehörden diese Sonderwünsche sehr flexibel. Ist ein Wunschkennzeichen frei, wird es gegen eine Extragebühr zugeteilt.

Schnapszahlen oder zum Fahrzeugtyp passende Kennzeichen sind schnell vergriffen. So sind bei Porsche fahrenden Menschen die Kombinationen mit P 911 oder P 996 oder P 997 ähnlich beliebt, wie es früher in Opladen für Opelfahrer die OP-EL-Kennzeichnung war. Zu ihrem Bedauern gibt es OP heute nicht mehr. Stattdessen müssen die Autofahrer aus dieser Region heute mit LEV vorlieb nehmen. Einen Rückschluss auf die schwachen Verkaufszahlen von Opel lässt diese behördliche Änderung jedoch nicht zu.

Dafür haben die Fans der weißblauen Flotte, die aus Freude am Fahren fahren, heute die Chance, ihrer Freude durch B-MW oder auch BM-W Ausdruck zu verleihen. Da brauchen dann auch die mit dem »Sternzeichen« nicht zuzuschauen. Sie haben die Möglichkeiten von MB-D (steht für Mercedes Benz-Diesel) bis hin zu M-B.

Die Kennzeichen, die den kompletten Städtenamen zeigen, gehören unter anderem zu den gefragtesten Kombinationen: von BAD-EN über EMD-EN nach KI-EL. Dort ein BI-ER und anschließend zum S-EX auf den KI-EZ.

Reichlich rationale Fakten, um die emotionale Bindung, zu wem oder was auch immer, zu zeigen.

Aus der Motivationsforschung wissen wir, dass erotische Betätigung zu den antreibenden Lebensmotiven zählen kann. Natürlich bei jedem Menschen unterschiedlich stark ausgeprägt. Nun nehmen wir einmal an, dass diejenigen, die wunschgemäß mit einem »SEX«-Kennzeichen durch die Lande fahren, erotisch Spaß verstehen und dies über ihr Autokennzeichen kundtun. Wie aber kommt das bei den Betrachtern an? Wird das Kennzeichen wahrgenommen. Löst es eine Reaktion aus? An einem schönen, sonnigen Wintertag auf einem Autobahnrastplatz der A7 wurde versucht, das herauszufinden. Den rastenden Menschen wurden Fragen zu dem bemerkenswerten Kennzeichen mit der Buchstabenfolge SEX gestellt. Nach der Beantwortung hatten die Interviewten die Chance, einen kurzen Fragebogen zur Selbsteinschätzung auszufüllen, in dem auch die persönliche Ausprägung des Motivs Eros erfragt wurde. Die überwiegende Mehrheit der Befragten hatte eine eher deutliche Ablehnung zu der Wunschnummer SEX. Die Auswertung des anonym gehaltenen Fragebogens ergab im Gegensatz dazu, dass die Mehrheit sich sehr wohl als erotisch und sexuell aktiv sieht.

Um welche Erkenntnis sind wir nun schlauer? Ist es mit der sexy Wunschnummer wie mit dem »etwas anderen Restaurant«, keiner geht hin, aber die Geschäfte gehen glänzend? Laut ADAC sind diese Wunschkennzeichen stark nachgefragt. Sie fallen auf. In Interviews wollte allerdings kaum jemand bestätigen, dass es fröhlich, aber nutzlos ist. Wenige macht es froh und niemandem schadet es. Offensichtlich haben nur die Nutzer und sehr wenige Betrachter ihren Spaß mit der Wunschnummer.

Welche Motivation im Einzelfall auch immer dahinter steht, ist mit Sicherheit sehr vielschichtig. Ob das Motiv Eros durch die Äußerlichkeiten eines sexy Wunschkennzeichens bedient werden kann, ist hier nicht endgültig zu klären. Dass es aber hilfreich ist, dass Menschen sich darüber klar werden, welche der Lebensmotive bei ihnen wie stark zünden, ist unstrittig. Da aktiv zu sein, wo die größte Energie zur Verfügung steht, ist äußerst effektiv und fördert die Freude an der Realisierung eigener Ziele. Insofern wiederum ist die sich selbst gemachte (erotische) Freude ein Stück Lebensqualität. Auch das Motiv Rache und Kampf kann zu ungeahnter Kreativität führen, wie der Beginn dieses Beitrages zeigt.

Exkurs:
Ist Sex wirklich
Thema Nummer 1?

Bei einer Internetrecherche ergab sich folgende
Hitliste ausgewählter Stichworte:

Jesus Christus	2.620.000
Kirche	7.330.000
Gott	9.810.000
Porno	12.400.000
Liebe	17.700.000
Sex	217.000.000
Sport	342.000.000
Love	477.000.000
Money	745.000.000
House	844.000.000

Literatur

Beckedahl, Sven: Sex sells – der sportliche Blößenwahn. In: Welt am Sonntag, 08. 06. 2003

Buhr, Andreas: Agiere – Schritte zur Kraft des Handelns, Zürich, 2005

Enkelmann, Claudia E.: Die Venus-Strategie. Ueberreuter Wirtschaft, 2002

Fink, Klaus: Bei Anruf Termin, Gabler, 2005

Fischer, Claudia: telefonsales, GABAL-Verlag, 2006

Frädrich, Stefan: Günter, der innere Schweinehund. Ein tierisches Motivationsbuch, GABAL-Verlag, 2004

Franck, Roland: WINNING! Wie Sieger Finanzdienstleistungen verkaufen, vmi, 1997

Fuchs, Helmut/Huber, Andreas: Metaphoring. GABAL-Verlag, 2002

Günter-von Pritzbuer, Uwe: So gewinnen Sie jeden Kunden, Redline Wirtschaftsverlag, 2005

Immisch, Gunnar: »Sex sells?«, FGM-Verlag, 2002

Jaffè, Diana: Der Kunde ist weiblich, Econ, 2005

Jendrosch, Thomas: SexSells, GTI-Verlag, 2000

Köhler, Hans-Uwe L.: Verkaufen ist wie Liebe: Nutzen Sie Ihre emotionale Intelligenz. Metropolitan, 2005

Köhler, Joachim: Dienstleistungsmarketing – ein Leitfaden für die Augenoptik, Heidelberg, 1998

Kröncke, Gerd: Im sicheren Schatten der Platanen, Französische Stimmungen, Picus-Verlag, Wien, 2001

Kurt, Chandra: Sex Sells – Warum man sich für Werbung auszieht, Orell Füssli, 2004

Müller-Gerbes, Geert: Achtung Aufnahme, Erfolgsgeheimnisse prominenter Fernsehmoderatoren, Hrsg. Nina Ruge, Econ, 1997

Pfeifer, Helmut: Power ja – Stress nein, Mvg, 2003

Richter, Horst-Eberhard: Die hohe Kunst der Korruption. Verlag Hoffmann und Campe, 1989

Uhse, Beate: Sex sells, Knaur, 2002

Zettl, Sigi: Sex sells – but Love is a Bestseller, Asaro, 2003

GABAL: powered by Hans-Uwe L. Köhler

Eine sensationelle Story: Am 05.05.05 trafen sich auf der Zugspitze in 2962 m Höhe 55 internationale Verkaufsexperten und Marketingspezialisten, um in weniger als 555 Minuten ein komplettes Buch mit dem Titel »Best of 55 – Die Olympiade der Verkaufsexperten« zu schreiben. Das fertige Buch wurde in weniger als 555 Stunden produziert!

Best of 55
304 Seiten, broschiert, 5-eckig
ISBN 3-89749-555-4

GABAL: Bücher fürs Management

**Die M.O.T.O.R.-
Strategie**
280 Seiten, gebunden
ISBN 3-89749-441-8

**Das verborgene
Netzwerk der Macht**
240 Seiten, gebunden
ISBN 3-89749-122-2

**next practice – Erfolgreiches
Management von Instabilität**
224 Seiten, gebunden
ISBN 3-89749-439-6

Instant Marketing
366 Seiten, gebunden
ISBN 3-89749-350-0

NAME-POWER
224 Seiten, gebunden
ISBN 3-89749-508-2

surpriservice
280 Seiten, gebunden
ISBN 3-89749-197-4

**Verkaufen.
Aber wie? Bitte!**
184 Seiten, gebunden
ISBN 3-89749-346-2

**Arbeiten.
Aber wie? Bitte!**
180 Seiten, gebunden
ISBN 3-89749-458-2

**Auf der Suche
nach dem richtigen
Mitarbeiter**
168 Seiten, gebunden
ISBN 3-89749-442-6

Rasierte Stachelbeeren
264 Seiten, gebunden
ISBN 3-89749-080-3

**Positionierung –
das erfolgreichste
Marketing
auf unserem Planeten**
296 Seiten, gebunden
ISBN 3-89749-506-6

Co-Aktives Coaching
336 Seiten, gebunden
ISBN 3-89749-507-4

GABAL: Bestseller von Stephen R. Covey

Die 7 Wege zur Effektivität
368 Seiten, gebunden
ISBN 3-89749-573-2

Der 8. Weg
Mit 8 Filmen auf DVD. 428 Seiten, gebunden
ISBN 3-89749-574-0

Seit der Erstveröffentlichung 1989 gelten »Die 7 Wege zur Effektivität« als revolutionärer Managementklassiker und gehören mit über 15 Millionen verkauften Exemplaren auch heute noch zu den wichtigsten Business-Bestsellern. Die vorliegende Fassung beruht auf der amerikanischen Neuausgabe der »7 Habits« von 2004. Sie wurde sprachlich überarbeitet, enthält ein neues Vor- und Nachwort und zahlreiche anschauliche Beispiele, die bisher in den deutschen Ausgaben der »7 Wege« nicht zu finden waren.

Das Buch liefert ein ganzheitliches Konzept für eine harmonische Balance zwischen Beruf und Privatleben auf der Basis gesteigerter Effektivität. Die zentrale Botschaft von Covey ist, dass nicht angelernte Erfolgstechniken, sondern Charakter, Kompetenz und Vertrauen zu einem erfüllten und erfolgreichen Leben führen.

Alles verändert sich. Ständig. Immer schneller. Das Leben präsentiert sich als permanentes Wildwasser. Alte Verhaltensmuster funktionieren nicht mehr. Im turbulenten Wildwasser der modernen Wissensgesellschaft müssen wir vor allem unser Hirn einsetzen und auch unsere Herzen, wenn wir etwas erreichen und uns leidenschaftlich für etwas engagieren wollen. Doch wie entfachen wir unser inneres Feuer? Und was heißt das für Führungskräfte? Sie müssen bei sich selbst anfangen, ihr inneres Feuer und ihre innere Stimme finden. Und dann die anderen in ihrer Umgebung dazu inspirieren, die ihre zu finden.

Ist dies ein Buch nur für Führungskräfte? Nein, für jeden! Denn ein sinnerfülltes Leben und wahre Größe ist eine Frage der Wahl, nicht der Position.

GABAL: Business-Bücher
für Erfolg und Karriere

Love it don't leave it
200 Seiten
ISBN 3-89749-502-3

**Beziehungs-
management**
144 Seiten
ISBN 3-89749-503-1

Die souveräne Stimme
200 Seiten
ISBN 3-89749-505-8

Die 18-Loch-Strategie
176 Seiten
ISBN 3-89749-362-4

**Souverän
freie Reden halten**
168 Seiten
ISBN 3-89749-363-2

**Empfehlungs-
marketing**
170 Seiten
ISBN 3-89749-467-1

Erfolg durch Effizienz
192 Seiten
ISBN 3-89749-433-7

**Erfolgreiche
Führungsgespräche**
192 Seiten
ISBN 3-89749-464-7

**Gestern Kollege –
heute Vorgesetzter**
176 Seiten
ISBN 3-89749-463-9

**Ganz einfach
verkaufen**
136 Seiten
ISBN 3-89749-341-1

**Moderation &
Kommunikation**
136 Seiten
ISBN 3-89749-003-X

Mit Worten führen
160 Seiten
ISBN 3-89749-250-4

GABAL: Bücher für Training und Personalentwicklung

Trainerkarriere
464 Seiten, gebunden,
mit zahlreichen
Abbildungen und Grafiken
ISBN 3-89749-218-0

Trainingstools
326 Seiten, gebunden
ISBN 3-89749-179-6

Praxis Weiterbildung
448 Seiten, gebunden,
mattkaschiert
ISBN 3-89749-473-6

Persönlichkeitsmodelle
250 Seiten, gebunden
ISBN 3-89749-180-X

**Seminare erfolgreich
durchführen**
224 Seiten, gebunden,
mattkaschiert
ISBN 3-89749-353-5

**Seminare erfolgreich
planen**
224 Seiten, gebunden,
mattkaschiert
ISBN 3-89749-301-2